Björn Krey
Textarbeit

Qualitative Soziologie

——

Herausgegeben von
Jörg R. Bergmann
Stefan Hirschauer
Herbert Kalthoff

Band 24

Björn Krey

Textarbeit

Die Praxis des wissenschaftlichen Lesens

DE GRUYTER
OLDENBOURG

ISBN 978-3-11-057735-8
e-ISBN (PDF) 978-3-11-058024-2
e-ISBN (EPUB) 978-3-11-057751-8
ISSN 1617-0164

Library of Congress Control Number: 2020938102

Bibliografische Information der Deutschen Nationalbibliothek
Die Deutsche Nationalbibliothek verzeichnet diese Publikation in der Deutschen
Nationalbibliografie; detaillierte bibliografische Daten sind im Internet über
http://dnb.dnb.de abrufbar.

© 2020 Walter de Gruyter GmbH, Berlin/Boston
Coverabbildung: Bildnachweis / iStock / Getty Images Plus
Druck und Bindung: CPI books GmbH, Leck

www.degruyter.com

Inhalt

Einleitung

Dieses Buch handelt vom Lesen von Wissenschaftsliteratur im Forschen, Lehren und Studieren – davon also, was Sie hier und jetzt tun: So sitzen Sie vielleicht auf einem Stuhl oder einem Sofa, in einem Sessel oder auf einer Bank oder Sie liegen auf einem Bett oder einer Wiese. Sie befinden sich in einem Büro, einem Arbeits-, Wohn- oder Schlafzimmer oder in der Küche daheim oder in Bus oder Bahn, einem Café, einem Restaurant oder in einem Park. Das Buch haben Sie entweder in der publizierten Form, als Kopie oder Scan zur Hand oder auf einem Tisch, ihren Oberschenkeln oder woanders abgelegt.

Während Sie lesen, sitzen oder liegen Sie für eine Weile ruhig da und fixieren den Text mit Augen und Händen, schauen auf, verändern Ihre Körperhaltung, wenden sich ab und wenden sich wieder zu, Ihre Gedanken schweifen ab, Sie konzentrieren sich, unterbrechen das Lesen und tun etwas anderes – essen, trinken, plaudern, mailen etc. Vielleicht müssen Sie sich fortwährend zwingen zu lesen, sind gelangweilt, irritiert oder verärgert; oder Sie haben Lust zu lesen, interessieren sich für den Text, sind davon angetan oder begeistert.

Sie lesen, um das Gelesene gemeinsam mit anderen zu diskutieren, zu begutachten, zu kritisieren, zu rezensieren oder zu zitieren, sich inspirieren zu lassen oder weil Sie finden, dass das Buch bzw. dessen Klappentext oder andere Beschreibungen interessant klingen oder Sie den Autor bzw. einen anderen Text von ihm kennen. Sie lesen entsprechend langsam, schnell, genau, oberflächlich, in einem Rutsch, in unterschiedlichen Etappen, in Auszügen oder komplett. Und dabei bearbeiten Sie den Text mit Blei- oder Buntstift, Kuli und Textmarker, schreiben etwas an den Rand des Textes, in das Textverarbeitungsprogramm eines Computers oder Tablets, in ein Notebook oder Notizbuch.

Und nicht zuletzt lesen Sie dieses Buch als Literatur einer Wissenschaftsdisziplin, d. h. als etwas, das in spezifischen Sozialzusammenhängen geschrieben, publiziert und rezipiert wurde und wird. Das Buch weist eine für Publikationen in dieser Disziplin typische Sequenz von Textabschnitten auf: Eine Einleitung, ein Kapitel zum Stand der Forschung, daran anschließend Kapitel, in denen Forschungsgegenstände beschrieben und diskutiert werden, einen Schluss und ein Literaturverzeichnis. In den einzelnen Kapiteln wiederum finden sich Textelemente wie z. B. Datenmaterialien, Fußnoten und Zitate ebenso wie Worte und Sätze, in denen verschiedenste wissenschaftliche Perspektiven formuliert werden. Auf diese Formulierungen reagieren Sie hin und wieder mit eigenen Formulierungen: mit Markierungen von Textstellen und Annotationen am Textrand.

https://doi.org/10.1515/9783110580242-001

Lesen als Phänomen

Um dieses Zusammenspiel zwischen der Praxis des Lesens und den Objekten des Lesens geht es im Folgenden: um das Lesen als ein ebenso körperliches wie kommunikatives Verhalten, das durch (1) soziale Strukturen und Situationen, (2) materiale und mediale Gestaltungen und Formulierungen der Texte und (3) die Sozial- und Solidarbeziehungen literarischer Gemeinschaften orientiert wird.

Untersucht wird dieses Zusammenspiel an einem konkreten empirischen Gegenstand: am Lesen von Wissenschaftsliteratur im universitären Forschen, Lehren und Studieren. Dabei konzentriert sich diese Studie auf das Lesen in einer spezifischen Disziplin: der Soziologie. Diese Konzentration begrenzt die Reichweite der folgenden Analyse.

Diese Konzentration ist einerseits notwendig, da Lesen und Literatur, wie Have schreibt, zugleich allgegenwärtige wie kultur-historisch spezifische Phänomene sind (Have 1999: 273): Eine an empirischen Details interessierte Studie kann diese Vielgestaltigkeit des Lesens und der Literatur nicht angemessen abbilden und muss sich entsprechend fokussieren. Und andererseits folgt diese Konzentration der Annahme, dass sich in wissenschaftlichen Disziplinen im Allgemeinen und in der Soziologie im Besonderen Aspekte des Lesens analysieren lassen, die woanders nur bedingt zu beobachten sind oder gar verborgen bleiben.

Lesen wird oft als eine vor allem gedankliche Tätigkeit wahrgenommen, die passiv rezipiert, was in Texten geschrieben steht. Und in der Tat ist genau dies – die Rezeption des Geschriebenen – ein offensichtlicher Bezugspunkt des Lesens. Wie dies jedoch genau geschieht, ist weitaus weniger offensichtlich. Vieles spielt sich in Gedanken ab, die Körper der Lesenden sind mehr oder minder ruhiggestellt.

Dies ist auch beim wissenschaftlichen Lesen oft der Fall. Jedoch bearbeiten die Lesenden ihre Texte hier mitunter intensiv mit Markern und Stiften, schreiben sich etwas heraus, sprechen mit anderen über das Gelesene oder zitieren es in eigenen Texten. Zudem ist das Lesen hier, so argumentiere ich, eine Arbeit, d. h. eine professionelle Praxis in den Strukturen und Situationen der Organisation des Forschens, Lehrens und Studierens und in den formellen und informellen Sozialbeziehungen wissenschaftlicher Disziplinen. In dieser professionellen Praxis wird vieles von dem, was anderweitig in aller Ruhe geschieht, explizit: in einer intensiven körperlichen Textarbeit und im Austausch mit anderen.

Diese Explikationen werde ich im Folgenden für analytische Zwecke nutzen. Die Soziologie eignet sich dabei m. E. mehr als andere Wissenschaften für eine solche Leseforschung.

Lepenies zufolge hat sich die Soziologie zwischen dem ersten Drittel des 19. Jahrhunderts und dem Beginn des 20. Jahrhunderts in Frankreich, England und Deutschland in der Auseinandersetzung mit und in der Abgrenzung zu alternativen Schriftkulturen herausgebildet: zur Literatur auf der einen Seite und zu den Naturwissenschaften auf der anderen. Dabei ging es um die Frage, wie sich eine soziologische Beschreibung der Gesellschaft zu alternativen Beschreibungen durch die Literatur und zum aufkommenden Szientismus verhalten sollte, der u. a. dazu führte, dass die deskriptive Naturgeschichtsschreibung mehr und mehr von den als „empirisch" oder „exakt" bezeichneten Naturwissenschaften abgelöst wurde. Lepenies sieht hier „ein Dilemma der Soziologie, das nicht nur ihre Entstehungsgeschichte, sondern auch ihre weitere Entwicklung bestimmt: das Schwanken zwischen einer szientistischen Orientierung, die auf eine Nachahmung der Naturwissenschaft hinausläuft, und einer hermeneutischen Einstellung, die das Fach in die Nähe zur Literatur rückt" (Lepenies 2006: I; 1978). Wie Kuzmics und Mozetič schreiben ist dieses Schwanken im Laufe des 20. Jahrhunderts deutlich abgeklungen. Einerseits ist es zu einer „Verwissenschaftlichung" der Soziologie gekommen, die sich den Szientismus naturwissenschaftlicher Disziplinen zu eigen machte. Und andererseits hat eine „binnensoziologische Differenzierung" in „Schulen" stattgefunden, die mal szientistisch und mal hermeneutisch orientiert sind, d. h. beide Orientierungen existieren nebeneinander in verschiedenen Subdisziplinen (Kuzmics u. Mozetič 2003: 2f.).

Die von Kuzmics und Mozetič beschriebene Konsolidierung der Soziologie hat dem Schwanken der Disziplin insgesamt entgegengewirkt. Bezogen auf die Literatur und den damit verbundenen Verhaltensweisen des Lesens und Schreibens lassen sich hier aber nach wie vor Orientierungsschwierigkeiten ausmachen. So problematisieren die Herausgeber/-innen der „Zeitschrift für Soziologie" in ihrem Editorial zum Jahrgang 2014, dass die Literatur unterschiedlicher Soziologieschulen unterschiedlich gestaltet und formuliert wird. Sie unterscheiden vor allem zwischen „quantitativer" und „qualitativer" Soziologie und schreiben, dass sich „quantitative Analysen durch eine starke Formalisierung der Verfahrensschritte [ausweisen], die auch für die *Präsentation der Resultate* gilt. Die mit quantitativer Empirie arbeitenden Texte gleichen sich teils bis in die Formulierung der Überschriften hinein (Einleitung, Stand der Forschung, Hypothesen, Analyse, Fazit etc.)". Für die Herausgeber/-innen ist dies „bei Texten mit qualitativer Empirie nicht der Fall". Textgestaltungen und -formulierungen müssen hier „gegenstandsadäquat", d. h. abhängig „vom untersuchten Forschungsfeld" und „entsprechend von Fall zu Fall und Feld zu Feld neu ‚erschrieben' werden". Entsprechend fallen „auch die Gestaltungsformen vielfältiger aus, sind stärker abhängig von der individuellen Virtuosität der Verfasser – und die Chancen des Misslingens sind größer" (Ayaß u. a. 2014: 3).

In diesem Zitat kommt zum Ausdruck, was die Soziologie m. E. zu einer analytisch instruktiven Lese- und literarischen Disziplin macht: Es handelt sich hier um eine Disziplin, in der unterschiedliche literarische Gattungen existieren und in der – in Teilen – unklar und umstritten ist, was einen „adäquaten" Text ausmacht und wie er u. a. gestaltet und formuliert sein und werden muss. Forschende, Lehrende und Studierende bekommen es hier mit unterschiedlichsten Texten zu tun und müssen – im Lesen und Schreiben – aushandeln und ausprobieren, wie sie welche Texte lesen und schreiben. Die Soziologie ist eine Disziplin, die stark über das Lesen und Schreiben von Texten unterschiedlichster Sorten funktioniert und zugleich kaum eine Didaktik des Lesens und Schreibens und eine eindeutige Haltung ihren literarischen Gattungen gegenüber ausbildet. Die Ausbildung zum Lesen und Schreiben findet allenfalls vereinzelt statt und müssen sich Forschende, Lehrende und Studierende meist selbst erarbeiten.

Die einzelnen Disziplinen der Soziologie und die einzelnen Soziolog/-innen definieren sich über Positionierungen zu Methoden- und Theorieperspektiven; und sie definieren sich wesentlich über die Literatur, über die diese Methoden und Theorien kommuniziert, d. h. einander mitgeteilt und miteinander geteilt werden. Wie man sich adäquat gegenüber dieser Literatur verhält, d. h. wie man sie liest und schreibt, ist jedoch oft unklar. Diese praktischen Probleme der Textarbeit nutze ich im Folgenden, um Lesen und Literatur soziologisch zu verstehen. Das Zitat der Herausgeber/-innen der Zeitschrift für Soziologie bringt zum Ausdruck, dass das Schreiben wissenschaftlicher Texte ein nicht minder interessanter Gegenstand ist (vgl. Engert u. Krey 2013). Ich konzentriere mich hier auf das Lesen von Wissenschaftsliteratur; die Schreibarbeit im Forschen, Lehren und Studieren miteinzubeziehen, würde den Rahmen dieser Studie sprengen.

Das Lesen im Forschen, Lehren und Studieren wurde bislang kaum systematisch beforscht. Dies allein wäre Grund genug, sich eingehender damit zu befassen.

Wie bereits angedeutet, ist die Fokussierung auf dieses Phänomen jedoch wesentlich konzeptuell, d. h. im soziologischen Diskurs begründet. Lesen und Literatur sind m. E. gute empirische Fälle, um theoretischen Forschungsinteressen nachzugehen. Mir geht es im Folgenden darum, wie körperliche Verhaltensweisen durch kommunikative Objekte sozial orientiert und koordiniert werden und andersherum kommunikative Objekte in spezifische soziale Situationen und Strukturen eingebettet und zu gemeinsam geteilten Bezugsobjekten kollaborativen Verhaltens werden. Es geht mir um das Verhältnis von Praxis und Kommunikation und darum, Formen von Sozialität zu identifizieren, in und mit denen körperliche Verhaltensweisen nach und nach an anwesenden und abwesenden anderen orientiert und so wechselseitig aufeinander bezogen werden. Lesen und Literatur sind m. E. gute empirische Fälle einer an konzeptuellen Grundlagen interessierten Soziologie. Und es sind zudem Fälle, an denen sich beforschen lässt, was gegenwärtig als Digitalisierung diskutiert wird: Die Frage, wie unterschiedliche Materialien und Medien unser jeweiliges kommunikatives Verhalten alleine und gemeinsam mit anderen prägen. Manches, wovon dieses Buch handelt, wird sich so oder so ähnlich nicht nur in der Soziologie und im wissenschaftlichen Lesen, sondern auch woanders finden.

Zum Aufbau des Buches

In Kapitel 1 diskutiere ich zunächst den Stand der Forschung zum Lesen von Wissenschaftsliteratur und formuliere die Perspektiven, derer ich mich in diesem Buch bediene; zum Ende dieses Kapitels thematisiere ich auch die Methoden und Datenmaterialien, die dieser Studie zugrunde liegen. Die anschließenden Kapitel nehmen dann einzelne analytische Aspekte in den Blick: Kapitel 2 handelt vom Lesen als einer universitären Arbeit, die durch die Strukturen und Situationen der Organisation des

Forschens, Lehrens und Studierens orientiert ist. In Kapitel 3 geht es um die Gestaltungen und Formulierungen von Wissenschaftsliteratur in ihrer publizierten Form, denen spezifische Perspektiven und Leseweisen eingeschrieben werden. Kapitel 4 nimmt in den Blick, wie Lesende auf diese Gestaltungen und Formulierungen reagieren und sich die Literatur für ihre Zwecke umgestalten und umformulieren. Dabei greifen die Strukturen und Situationen des Lesens und die Gestaltungen und Formulierungen der Texte ineinander. In Kapitel 5 diskutiere ich, wie diese Wechselwirkungen zwischen Lesen und Literatur in die Sozialbeziehungen von Disziplinen als Lesekulturen und Wissenschaftsgemeinschaften eingelassen werden. Im Schlusskapitel fasse ich die Analysen zusammen und formuliere einige Gedanken zur soziologischen Theoriediskussion und zum Lesen und zur Literatur in Zeiten der Digitalisierung.

Spätestens hier – wenn ich über den Aufbau der Studie schreibe – ist offenkundig, dass dieses Buch nicht zuletzt auch von mir und ebenso davon handelt, was ich getan habe, um dieses Buch schreiben zu können. Diese Publikation basiert auf einem Typoskript, das ich im April 2017 als Inauguraldissertation am Fachbereich 02 – Sozialwissenschaften, Medien und Sport – der Johannes Gutenberg-Universität Mainz eingereicht habe. Es handelt sich hierbei also um die überarbeitete Publikationsform des Textprodukts einer mehrjährigen Arbeit an einem Promotionsprojekt. Im Zuge dieser Arbeit und meiner Lehrtätigkeit am Institut für Soziologie des genannten Fachbereichs – und auch schon zuvor als Student – habe ich ebenfalls einiges an Wissenschaftsliteratur gelesen, diskutiert und in Texte wie den vorliegenden eingearbeitet. Diese Leseerfahrungen waren Ausgangspunkt dieser Studie und sind auch in die folgenden Analysen eingeflossen. Auf das Verhältnis meines eigenen Lesens zum beforschten Lesen komme ich am Ende von Kapitel 1 zurück.

Danksagung

Mein Lesen und Schreiben und die Arbeit an der Dissertationsschrift und an diesem Buch haben von dem Austausch mit zahlreichen Kolleg/-innen profitiert. Vielen Dank Euch und Ihnen allen! Stellvertretend für all diese Kolleg/-innen möchte ich einige namentlich erwähnen: Stefan Hirschauer und das „Colloquium Praxisforschung", Jörg Bergmann, Kornelia Engert, Michael Liegl, Robert Mitchell, Tobias Röhl, Peter Hofmann, Lilian Coates, Herbert Kalthoff und das „Forschungskolloquium Theoretische Empirie", Christoph Hoffmann, Oliver Scheiding und die Studierenden des Seminars „Ethnomethodologische Diskursforschung" und des empirischen Projekts „Literatursoziologie".

Ich danke zudem der Stipendienstiftung Rheinland-Pfalz und deren Stellvertreter/-innen an der Johannes Gutenberg-Universität Mainz für die Förderung und Unterstützung des Promotionsprojekts in den Jahren 2010 bis 2012. Mathias Stolarz danke ich für die gründliche Korrektur und die vielen guten Hinweise zur Lesbarkeit dieses Textes.

Über die Grenzen der Wissenschaft hinaus bedanke ich mich bei Käthe und Paul, Hannelie und Peter, Annegret und Dieter, Katja und Torsten, Lena und Simon und vor allem bei Ute.

1 Die Literatur der Textarbeit

In diesem Kapitel frage ich, wie sich das in der Einleitung skizzierte Forschungsvorhaben zu anderen Studien, die wissenschaftliches Lesen und wissenschaftliche Literatur auf die eine oder andere Weise untersucht haben, verhält. Es ist entlang dreier Begriffe organisiert – „Literatur", „Text" und „Arbeit" –, die helfen sollen, sowohl den Forschungsstand als auch die theoretischen und methodischen Prämissen zu sortieren, auf denen die Analysen in den folgenden Kapiteln aufbauen. In Abschnitt 1.1 werden zunächst Beiträge behandelt, die die rhetorischen und anderweitigen sprachlichen Merkmale von wissenschaftlicher *Literatur* herausgearbeitet haben. Abschnitt 1.2 diskutiert dann Studien zur Schriftkommunikation und zur Wissenschaftsgeschichte auf der einen Seite und die Laborstudien und vergleichbare Ansätze innerhalb der Wissenschaftsforschung auf der anderen. Diese können dazu beitragen, die Materialität von *Texten* als Schriftobjekte wissenschaftlicher Kommunikation und wissenschaftlichen Räsonierens analytisch in den Blick zu nehmen. Die in Abschnitt 1.1 und 1.2 vorgestellten Forschungsstränge stehen bislang eher unvermittelt nebeneinander. Diesen Umstand möchte die folgende Studie ändern. Hierzu werden in Abschnitt 1.3 ethnomethodologische und interaktionistische Beiträge zur Erforschung wissenschaftlicher *Arbeit* und Arbeitsplätze diskutiert, die die Wissenschaftsforschung für eine Analyse von Fachliteratur als Objekt einer körperlichen Praxis öffnen. In Abschnitt 1.4 werden die Datenmaterialien und das methodische Vorgehen skizziert, auf denen die Ausführungen in den folgenden Kapiteln beruhen.

1.1 Die Literatur

Bevor ich tiefer in eine Diskussion der unterschiedlichen analytischen Betrachtungen von wissenschaftlicher Fachliteratur einsteige, möchte ich zunächst in aller Kürze klären, was im Folgenden unter „Literatur" verstanden werden soll.

Folgt man der Definition des Universalwörterbuchs von Duden, so handelt es sich bei „Literatur" um „veröffentlichte [gedruckte] Schriften" – „wissenschaftliche Literatur, belletristische, schöngeistige, schöne Literatur"; „einschlägige, philosophische, scholastische, medizinische Literatur" –, die man „kennen, lesen, zusammenstellen, zitieren" und „[in Fußnoten] angeben" kann. Für die folgenden Ausführungen ist von Bedeutung, dass es sich bei „Literatur" um einen Feldterminus handelt, mit dem Objekte alltäglicher praktischer Aktivitäten bezeichnet werden. Die Begriffsbestimmung des Wörterbuchs deckt sich dabei weitgehend mit dem Wortgebrauch in den unterschiedlichen Wissenschaften. Beziehen sich Forschende, Lehrende und Studierende auf die Literatur einer Disziplin, so meinen sie damit all die Publikationen innerhalb eines Fachgebiets, die als (mit-)geteilter Wissensvorrat eben jener Disziplin be- und verhandelt werden (vgl. Holmes 1987: 220).

https://doi.org/10.1515/9783110580242-002

Diesen Literaturbegriff des beforschten Feldes lege ich den folgenden Analysen zugrunde, um so dem sozialen Leben von Fachliteratur nachzuspüren – der Frage also, wie Fachliteratur im wissenschaftlichen Alltag be- und verarbeitet wird.[1] Diese analytische Haltung orientiert sich an einer „konstruktivistischen" Literatursoziologie, wie der bei Dörner und Vogt, die „dem feststellbaren alltäglichen Sprachgebrauch folgen und all das als Literatur bezeichnen, was in unterschiedlichen Zeiten und Verwendungssituationen [...] als ‚Literatur' erkannt und behandelt wird" (Dörner u. Vogt 2013: 5). Im Sinn eines solchen literatursoziologischen Forschungsprogramms werden im weiteren Verlauf dieser Studie sowohl die Feldvokabulare als auch die praktischen Aktivitäten wissenschaftlicher Literaturarbeit zum Gegenstand gemacht.

Zur bisherigen Debatte innerhalb der Wissenschaftsforschung verhält sich dieses Programm so, dass dort die Konstruktion von Fachliteratur zwar ebenfalls in den Blick genommen, jedoch in aller Regel als eine rein sprachliche Leistung betrachtet wird: als eine Leistung der Rhetorik der Wissenschaft auf der einen Seite oder aber des Räsonierens im wissenschaftlichen Diskurs bzw. in der wissenschaftlichen Argumentation auf der anderen. Die Untersuchungsobjekte der unterschiedlichen Beiträge zu diesen Forschungslinien sind meist die jeweiligen Publikationen selbst, d. h. die Fachliteratur entsprechender Disziplinen; die praktische Auseinandersetzung mit diesen Publikationen in der alltäglichen wissenschaftlichen Arbeit wird dabei meist nicht betrachtet.

In diesem Abschnitt möchte ich einige Beiträge zu beiden Forschungslinien diskutieren. Die Entdeckung der Literatur durch die Wissenschaftsforschung geht dabei wesentlich auf Beiträge zur Rhetorik zurück.

1.1.1 Rhetorik der Wissenschaft

Charakteristisch für die unterschiedlichen Studien, die die Rhetorik der Wissenschaft zum Gegenstand machen, ist eine philologische Forschungshaltung – Philologie hier mit Watkins als eine „Kunst langsamen Lesens" verstanden, die darauf abzielt, Kulturen durch deren Literatur zu erkunden (Watkins 1990: 23 f., 25).[2] Ein Beispiel für diese Haltung ist die Studie von Gross. Ihm geht es darum, „wichtige Fälle der Erzeugung von wissenschaftlichem Wissen zu analysieren" (Gross 2006: 81). Um dies zu tun, untersucht er Monographien und Zeitschriftenaufsätze aber auch Notizbücher und Gutachten, Kommentare und Urteile, die im Zuge von Publikationsverfahren erstellt wurden. Dabei richtet er die Aufmerksamkeit auf die großen Persönlichkeiten der – westlichen – Wissenschaftsgeschichte: Charles Darwin, René Descartes, Galileo Galilei, Nikolaus Kopernikus, Isaac Newton oder James Watson und Francis Crick.

---

1 Zum „sozialen Leben der Dinge" vgl. Appadurai 1986.
2 Alle Zitate von im Original in englischer Sprache publizierten Texten wurden von mir ins Deutsche übersetzt.

Gross ist bewusst, dass die von ihm beforschten Texte auf „einem Set an Praktiken außerhalb der Reichweite rhetorischer Analyse" beruhen. Letztere hat in diesem Sinn eine beschränkte Perspektive auf die Wissenschaft, wie sie sich innerhalb von Texten darstellt: Alles, was außerhalb solcher Texte an wissenschaftlicher Arbeit geschieht, bleibt analytisch ausgeblendet. Zugleich jedoch schärft diese Fokussierung für ihn den Blick für die „Kommunikation in der Wissenschaft"; diese Kommunikation ist ihrerseits eine wissenschaftliche Praxis – eine Praxis „gleichwertig einer jeglichen anderen Praxis" (Gross 2006: 21). Für die folgenden Ausführungen sind bei alledem vor allem drei Punkte relevant:

(1) In wissenschaftlichen Texten wird die jeweilige Argumentation in Erzählstrukturen bzw. Handlungsstränge eingebettet; eine Entwicklung, als deren Ausgangspunkt Gross die naturwissenschaftlichen Debatten des 16. Jahrhunderts erachtet. Seit dieser Zeit und insbesondere durch die Institutionalisierung wissenschaftlicher Publikationsformate wie dem Zeitschriftenaufsatz wurde die argumentative Ordnung wissenschaftlicher Texte immer wichtiger und dabei an mehr und mehr rigiden formalen Vorgaben ausgerichtet: „Einleitung", „Forschungsstand", „Untersuchungsdesign", „Datenanalyse" und „Fazit". Zudem sind wissenschaftliche Texte durch Referenzen auf den Wissensbestand einer jeweiligen Disziplin und einen spezifischen Stil geprägt: So wird einschlägige Fachliteratur zitiert, werden Wissensbehauptungen in den bestehenden Methoden- und Theoriekanon dieser Disziplin eingereiht und werden Aufträge und Ausblicke für mögliche folgende Forschungsvorhaben formuliert. Der Stil wissenschaftlicher Argumentation ist „passiv". Dies erzeugt „unseren Eindruck, dass die Wissenschaft eine Realität unabhängig von ihren linguistischen Formulierungen beschreibt" (Gross 2006: 29 f.).

(2) Wissenschaftliche Texte ent- und bestehen innerhalb eines „Netzwerks von Autoritätsbeziehungen", das diese Texte an den mal expliziten, mal impliziten Regeln, Überzeugungen und Wissensbeständen einer Disziplin orientiert. Zwar zielt die wissenschaftliche Argumentation im Kern darauf ab, „innovativ" zu sein und Neues in eine Debatte einzubringen; zugleich jedoch ist die Wissenschaft ein „fortwährendes Bestreben, Konsens aufrechtzuerhalten" (Gross 2006: 26 f., 44). Dies geschieht zum einen, indem Texte andere Texte zitieren und somit gewissermaßen deren „Autorität" in einem Forschungsbereich anerkennen; und zum anderen, indem die Wissensbehauptungen von Texten im Zuge von Publikationsprozessen intersubjektiv „zertifiziert" werden. Letzteres ist institutionalisiert im „Peer Review" – in einer „kommunikativen Unternehmung", in der Wissensbehauptungen auf der Basis „intersubjektiver Argumentation" und Debatte überprüft werden. Hier versuchen die Mitglieder einer Fachkultur – die „peers" also – als Herausgeber/-innen und Gutachter/-innen einer Zeitschrift, einer Buchreihe oder eines anderen Publikationsforums eine Übereinkunft darüber zu erzielen, ob und wie der Text eines anderen Mitglieds als adäquater Beitrag zu einem Forschungsgebiet rezipiert, evaluiert und entsprechend publiziert werden kann. Die Urteile, die auf solchen „rational ermöglichten Sprechorientierungen" beruhen, führen mitunter zur Ablehnung oder aber sie setzen Überarbeitungsprozesse in Gang, in und mit denen ein Text näher an den

Wissenskanon einer Fachgemeinschaft herangeführt wird. Die Publikation eines Textes wiederum bringt diesen in eine wissenschaftsöffentliche Debatte ein, in der er im Kontext anderer Fachliteratur gelesen und beurteilt wird (Gross 2006: 99, 109).

(3) Die Rhetorik wissenschaftlicher Texte ist „epistemisch", d. h. „konstitutiv für wissenschaftliches Wissen" (Gross 2006: 5, 13). Gross geht in Anlehnung an Davidson davon aus, dass Kommunikation die Basis allen propositionalen Wissens ist – sowohl der Wissensbestände, die wir mit anderen teilen, als auch jener, die unser eigenes Denken über uns selbst und über die anderen ausmachen.[3] In diesem Zusammenhang fungieren wissenschaftliche Publikationen als Medien der Kommunikation, mithilfe derer sich die Mitglieder einer Fachkultur darüber verständigen, wie sie sich sowohl als Gemeinschaft als auch individuell zu jeweiligen Forschungsresultaten verhalten. Neben bzw. noch vor diesem wissenschaftsöffentlichen Austausch steht dabei für Gross die „rhetorische Transaktion innerhalb des Selbst" (Gross 2006: 42 f., 97 f.): Fachpublikationen – aber auch Beobachtungsprotokolle, Feld- und Labortagebücher, Typoskripte etc. – sind Medien der Kommunikation mit einem „professionellen Selbst", in der Ideen formuliert und weiterentwickelt, durchdacht und verworfen werden. Dies ist ein Akt der „Selbst-Persuasion", der in der Auseinandersetzung mit publizierten Forschungsresultaten und der Methoden- und Theorieliteratur einer Disziplin mehr und mehr an den rhetorischen Transaktionen mit anderen orientiert wird (Gross 2006: 81 f.).

Alle drei von Gross thematisierten Aspekte – (1) die erzählerische Organisation und der Stil wissenschaftlicher Argumentation, (2) die Einbettung wissenschaftlicher Texte in die Sozialbeziehungen jeweiliger Fachkulturen und (3) die rhetorische Konstitution wissenschaftlichen Wissens – sind von unterschiedlichen Beiträgen zu dieser Forschungslinie der „Rhetorik der Wissenschaft" untersucht worden.

Gusfield z. B. schlägt vor, eine „Literaturkritik der Wissenschaft" zu betreiben, die die „Sprache und den literarischen Stil der Wissenschaft zum Forschungsgegenstand" macht (Gusfield 1976: 17 f.).[4] Ein wesentlicher Bezugspunkt der „literarischen Kunst der Wissenschaft" besteht für ihn darin, bestimmte Rahmungen jeweiliger Texte nahezulegen und andere auszuschließen. Dafür sorgt zum einen das „szenische Umfeld" – u. a. Fachverlage, Buchreihen und Zeitschriften, die Texte mit einer institutionellen Autorität ausstatten – und zum anderen ein „literarischer Stil", den Gusfield als „Stil des Nicht-Stils" charakterisiert: Ein Stil, der Texte als wissenschaftlich und nicht etwa belletristisch formuliert und der darauf abzielt, das Publikum davon zu überzeugen, dass ein Text das Resultat wissenschaftlicher Forschung und nicht bloß erzählerischer Komposition ist. Der jeweilige Sprachgebrauch wird als neutrales Medium von „intrinsischer Irrelevanz [...] für das Unternehmen Wissenschaft" gerahmt (Gusfield 1976: 16 f., 18 f.).

---

3 Vgl. Davidson 2001.
4 Dabei orientiert er sich vor allem an den Arbeiten von Burke (1962).

Das wichtigste Merkmal dieses Stils ist die „passive Stimme des Autors". Der Autor des Textes tritt hier nicht als literarisch brillanter Schriftsteller mit subjektiven Empfindungen und Interessen auf, sondern ordnet sich methodischen und theoretischen Paradigmen und Prozeduren unter, aus denen sich eine Argumentation objektiv ergibt. Diese Stimme etabliert ein „Äquivalenzverhältnis zwischen Autor und Publikum". So beziehen Erstere Letztere z. B. durch den Gebrauch des „majestätischen oder redaktionellen ‚Wir'" in eine Argumentation mit ein – „wir sind nun an einem Punkt", „wie wir gesehen haben" – und rahmen das wissenschaftliche Räsonieren und dessen Resultate als eine gemeinschaftliche, Konsens herstellende Leistung (Gusfield 1976: 20 f.).

Diese Stimme bedient sich einer „reduktionistischen Beschreibungssprache", die Themen – Forschungsfragen, Fachliteratur und Datenmaterial – auf eine Weise kanalisiert, dass sie den argumentativen Kern eines Textes stützen und mögliche alternative Wissensbehauptungen ausschließen oder unterminieren. Gusfield identifiziert hier vor allem drei rhetorische Stilmittel einer solchen Reduktion: Metonymien, die umfassendere und vielgestaltige Phänomene in Worte fassen; Metaphern, die Perspektiven auf Phänomene verändern; und Synekdochen, die Beobachtungen und Beschreibungen in allgemeinere Zusammenhänge stellen (Gusfield 1976: 18, 23 f.). Die Theoriearbeit bedient sich „konzeptueller Archetypen": u. a. durch die Alltagssprache und massenmediale Vorlagen „konventionalisierter Formen, mit denen Objekte beschrieben werden können". Diese halten „universelle Kategorien von Geschehnissen und Personen bereit, mithilfe derer eine Studie ihrem Publikum verständlich gemacht wird" (Gusfield 1976: 25 f.).

Bei alledem gilt es zu berücksichtigen, dass es sich bei diesem literarischen Stil von Wissenschaftspublikationen um eine historisch gewachsene Form der Kommunikation handelt, die in die Sozialbeziehungen und Organisationsformen spezifischer Disziplinen eingebettet ist. Diese Zusammenhänge zwischen Text- und Sozialstrukturen untersucht Bazerman in seiner Studie zu „Genre und Aktivität des Forschungsartikels in der Wissenschaft". Dabei konzentriert er sich auf naturphilosophische und -wissenschaftliche Beiträge, die in den „Philosophical Transactions of the Royal Society of London" publiziert wurden (Bazerman 1988: 5, 15 f.). Unter einem „Genre" versteht er in Anlehnung an Miller eine „rhetorische Aktivität", deren Sinnhaftigkeit an spezifische diskursive Kontexte gebunden ist (Bazerman 1988: 6 f., 62).[5]

Die „Royal Society" war eine der ersten wissenschaftlichen Akademien, wie sie beginnend im Italien des 16. Jahrhunderts im Kontext der Universitäten gegründet wurden.[6] Im Umfeld dieser Akademien wiederum entstanden Journale, die zunächst als Periodika angelegt waren, mit denen die Akademien ihre Mitglieder über Neuigkeiten zu informieren und den wissenschaftlichen Austausch zu befördern versuch-

---

5 Vgl. Miller 1984: 154 f.
6 In Europa wurden die ersten Universitäten ab dem 12. Jahrhundert zunächst in Bologna, Cambridge, Oxford und Paris gegründet (vgl. Stein 2010: 166 f.).

ten. Im Laufe der Zeit entwickelten sich die Journale zu eigenständigen Foren wissenschaftlicher Kommunikation; die „Philosophischen Transaktionen" haben diese Entwicklung als erstes englischsprachiges Journal wesentlich beeinflusst (vgl. Vickery 2000: 72 f., 75 f.).

Wissenschaftskommunikation basierte bis zu dieser Zeit in aller Regel auf Monographien – d. h. vor allem auf Büchern. Daneben wurden wissenschaftliche Fragen oftmals auch mündlich erörtert – bei regelmäßigen Zusammenkünften ebenso wie bei informellen Treffen, wie sie auch die „Royal Society" organisierte. Die ersten Ausgaben der „Philosophischen Transaktionen" enthielten vor allem Beiträge, in denen über solche Monographien und Diskussionen berichtet wurde. Das Journal schien in diesem Sinne lediglich – so Denis de Sallo, der Herausgeber des „Journal des sçavans", der ersten in Europa erschienen wissenschaftlichen Fachzeitschrift – „erfunden zur Erleichterung jener, die entweder zu träge oder zu beschäftigt sind, ganze Bücher zu lesen. Es ist ein Mittel, Wissbegierde zu befriedigen und sich ohne große Mühe zu bilden". Am Ende der Ausgaben fanden sich zudem kurze Artikel von oftmals nur ein oder zwei Seiten Länge, in denen Autoren dem Fachpublikum Ergebnisse ihrer – naturwissenschaftlichen – Experimente präsentierten (Bazerman 1988: 75 f.; vgl. Vickery 2000: 78).

Das Wissenschaftsjournal wurde zunächst als eine Art Sekundärliteratur behandelt. Mehr und mehr jedoch lösten die darin publizierten Forschungsartikel „Bücher als die primären Mittel der Kommunikation wissenschaftlicher Ergebnisse" ab (Bazerman 1988: 80). Entscheidend hierfür war, dass sie die weiter oben so beschriebenen rhetorischen Transaktionen mit anderen ermöglichten. In dem Maße, in dem die Journale zu Foren wissenschaftlichen Austauschs wurden, wurden die dort publizierten Aufsätze mehr und mehr zu Mitteln und Objekten der akademischen Auseinandersetzung. Deren Autoren erhielten nun Reaktionen des Publikums – in Form schriftlicher Beiträge, deren Autoren wiederum zuvor publizierte Artikel diskutierten. Die publizierten Aufsätze wurden nicht als bloße Berichte über wissenschaftliche Erkenntnisse, sondern als Produkte erzählerischer Gestaltung – als Literatur also – verstanden, die in der wissenschaftlichen Debatte infrage gestellt werden können. Auf diese Debatten hin wurde die Textorganisation zunehmend ausgerichtet: Die Gegenstände der Argumentation bzw. Auseinandersetzung wurden bestimmt, die Beiträge anderer Mitglieder der Wissensgemeinschaft diskutiert, die eigene Position und das eigene analytische Vorgehen benannt, Forschungsergebnisse präsentiert und mögliche allgemeinere Schlussfolgerungen gezogen (Bazerman 1988: 76, 78). Auf diese Weise entstand eine „besondere literarische Gemeinschaft mit bestimmten Erwartungen" an die Formen wissenschaftlicher Kommunikation – eine Gemeinschaft, die „Modi eines geregelten wissenschaftlichen Diskurses" entwickelt, und deren Bezugsobjekt der Forschungsartikel ist, wie er sich u. a. mit den „Philosophischen Transaktionen" herausgebildet hat (Bazerman 1988: 63, 79).

Die Text- und Sozialstrukturen wissenschaftlicher Argumentation stehen also in Wechselwirkung miteinander: Auf der einen Seite wurden im Zuge dieser Entwicklungen Texte zu „literarischen Objekten" einer Praxis des Entwerfens und Überarbeitens, die darauf abzielte, Manuskripte in einem diskursiven Kontext zu verorten – und so auf und durch den Austausch mit den anderen Mitgliedern einer Wissenschaftskultur zu orientieren (vgl. Bazerman 1988: 219 f.). Und auf der anderen Seite brachten diese Produktions- und Publikationsmodi wissenschaftlicher Literatur eine „neue Konfiguration" der Kommunikation mit sich. Die zur Publikation eingereichten Manuskripte wurden zunehmend Prozessen der Begutachtung unterzogen – dies zunächst durch einzelne Persönlichkeiten und dann jedoch durch Gremien, die den Publikationsprozess regulierten (Bazerman 1988: 131 f., 133). Dies hatte zur Folge, dass neben den Autor/-innen und Leser/-innen, Bibliothekar/-innen und Enzyklopädist/-innen nun zunehmend die Herausgeber/-innen und Gutachter/-innen der Fachzeitschriften zu wichtigen Figuren innerhalb akademischer Schriftkulturen wurden (Bazerman 1988: 80 f.; vgl. Vickery 2000: 44–50, 81–84).

Bazermans Studie steht exemplarisch für die oben beschriebene philologische Haltung der „Rhetorik der Wissenschaft", die darauf abzielt, wissenschaftliche Disziplinen durch deren Literatur zu erkunden. Einen solchen Versuch unternimmt auch Fahnestock. Ihr geht es jedoch weniger um eine Bestimmung der literarischen Genres wissenschaftlicher Kommunikation und ihren Wechselwirkungen mit den Sozialstrukturen wissenschaftlicher Gemeinschaften als vielmehr um die Mikrostrukturen wissenschaftlichen Räsonierens (Fahnestock 2002: viii, 43 f.). Dabei bezieht sie sich auf wissenschaftshistorische Studien von Holmes zur Wechselwirkung von Schreiben, Denken und kreativer wissenschaftlicher Arbeit, wenn sie davon ausgeht, dass der Sprachgebrauch und somit die Rhetorik das wissenschaftliche Räsonieren wesentlich figurieren.[7] Ihr geht es um Verkörperungen des Räsonierens in Abbildungen, Tabellen und im Wortgebrauch in der wissenschaftlichen Schriftkommunikation (Fahnestock 2002: xi, 23 f.). So untersucht sie, wie empirische Daten anhand qualitativer oder quantitativer Attribute kategorisiert, eigene Begriffe und Theorien alternativen Begriffen und Theorien antithetisch gegenübergestellt und Textteile als Abfolge aneinander anschließender und aufeinander aufbauender Argumente gebracht werden (Fahnestock 2002: 46 f., 82–96). Solche und andere Redefiguren bilden „Leserahmen", d. h. Interpretationsschemata, die nahelegen, wie ein Text adäquat zu lesen und zu verstehen ist (Fahnestock 2002: 49 f., 127).

Allerdings bleibt genau dies – die Frage, wie Wissenschaftsliteratur gelesen und verstanden wird – bei Fahnestock wie auch bei den anderen bis hierher diskutierten Beiträgen ungeklärt. Zwar können diese, so Felsch, dabei helfen, das „Innere der Bleiwüste" von Fachpublikationen offen zu legen (Felsch 2015: 19). Jedoch wird nicht gefragt, wie sich Lesende in und zu dieser Wüste konkret verhalten. Bazerman begründet dies damit, dass „der Akt des Lesens" analytisch nur schwer greifbar ist, da er nur „wenige physische Spuren hinterlässt" (Bazerman 1988: 133). Dass die bis hierher diskutierten Beiträge diese Spuren nicht finden, mag daran liegen, dass das wissenschaftliche Lesen dort nicht zum Forschungsgegenstand gemacht, sondern als For-

---

7 Vgl. Holmes 1987.

schungsstrategie genutzt wird – als philologische „Kunst langsamen Lesens", die auf das, so Gross, „hermeneutische Enträtseln" von Texten abzielt (Gross 2006: ix). Das wissenschaftliche Lesen ist hier nicht Gegenstand, sondern Ressource der Analyse: Es wird selbstverständlich betrieben, jedoch nicht empirisch beforscht (vgl. Zimmerman u. Pollner 1970: 80 f., 84 f.). Erste Hinweise darauf, wie das Lesen und dessen Wechselwirkungen mit den rhetorischen Strukturen von Texten zu Forschungsgegenständen gemacht werden können, finden sich in Studien zu wissenschaftlichen Diskursen und Argumentationen.

1.1.2 Wissenschaftliche Diskurse und Argumentationen

Ihren Ausgangspunkt hat diese Forschungslinie in den diskursanalytischen Studien von Gilbert und Mulkay. Beiden geht es um „eine Form soziologischer Analyse, die die Diskurse von Wissenschaftlern anvisiert". Sie folgen dabei einer soziolinguistischen Theorietradition, die Diskurse als Formen konkreten Sprachgebrauchs begreift (Gilbert u. Mulkay 1984: 3). Ihr Anliegen ist es, die „interpretativen Praktiken, derer Wissenschaftler sich bedienen und die in ihren Diskursen zum Ausdruck kommen", zu erforschen. Sie suchen nach den Methoden und Regeln, mittels derer Teilnehmer „den Diskurs konstruieren, durch den sie die Beschaffenheit ihrer Handlungen und Überzeugungen im Zuge ihrer Interaktion herstellen" (Gilbert u. Mulkay 1984: 13 f., 15).

Diese „wiederkehrenden Muster" des wissenschaftlichen Sprachgebrauchs konstituieren Gilbert und Mulkay zufolge „Kontexte linguistischer Produktion". Fachliteratur ist dabei *ein* Kontext neben *anderen*, z. B. Büro- oder Flurgesprächen, Briefen oder dem Austausch in Kolloquien, auf Tagungen, bei Workshops. Diese Kontexte sind durch spezifische „interpretative Repertoires" gekennzeichnet. Wenn Wissenschaftler/-innen Fachliteratur lesen, schreiben oder diskutieren, dann bedienen sie sich anderer Ausdrucks- und Wahrnehmungsschemata, als wenn sie sich z. B. informell über Forschungsaktivitäten und -ergebnisse austauschen. Bürogespräche, Fachliteratur, Seminare oder Tagungen sind „Formen des Diskurses", die Wissenschaftler/-innen voneinander – und füreinander – unterscheiden (Gilbert u. Mulkay 1984: 39 f.). Gilbert und Mulkay beziehen sich in ihren Studien zwar auf die Beiträge zur „Rhetorik der Wissenschaft" u. a. bei Bazerman und Gusfield; sie nehmen jedoch stärker noch als die bislang diskutierten Ansätze den alltäglichen Sprachgebrauch und die alltägliche Konstruktion von Literatur durch die Mitglieder wissenschaftlicher Gemeinschaften in den Blick. Dabei identifizieren sie „Vokabulare des wissenschaftlichen Diskurses", mit denen (1) Forschungsaktivitäten und -resultate mit den sozial etablierten Handlungsweisen und Überzeugungen wissenschaftlicher Gemeinschaften in Verbindung gebracht werden und die (2) je spezifische Auffassungen über das Herstellen wissenschaftlichen Wissens und wissenschaftlicher Rationalität reproduzieren (Gilbert u. Mulkay 1980: 169 f., 291).

Das Vokabular von Fachliteratur bezeichnen Gilbert und Mulkay als „empirizistischen Diskurs". Dieser ist durch einen „unpersönlichen Stil" geprägt, der Forschungsaktivitäten als den Regeln wissenschaftlicher Methode folgend und Resultate als sich notwendig aus den Datenmaterialien und der Logik wissenschaftlicher Argumentation ergebend präsentiert. Ihre eigenen Handlungen und Überzeugungen stellen die Autoren wissenschaftlicher Texte als „neutrale Medien" dar, durch die sich Erkenntnisse und Phänomene evident machen – durch eine „exakte, reproduzierbare Beobachtung der natürlichen Welt". Dieses Vokabular reproduziert ein „traditionelles", in der jeweiligen Fachkultur etabliertes Bild wissenschaftlicher Rationalität und ist „stabil institutionalisiert im System wissenschaftlicher Publikation" und in den „formalen Organen wissenschaftlicher Kommunikation" (Gilbert u. Mulkay 1980: 289–293; 1984: 56). Dem „formalen Vokabular" wissenschaftlicher Literatur steht ein „informales Vokabular" im „alltäglichen Diskurs" gegenüber. Dieser hebt – im Gegensatz zum literarischen Diskurs – die Kontingenz von Forschungsaktivitäten und -resultaten hervor: In der alltäglichen Beschreibung erscheinen diese oft wesentlich weniger eindeutig und wesentlich mehr in spontanen Eingebungen und in Erfahrungen, in den individuellen handwerklichen Fertigkeiten und Gewohnheiten, in der jeweiligen technischen Ausrüstung und anderweitigen Infrastruktur und in den sozialen Positionen und der Zugehörigkeit zu jeweiligen Bezugsgruppen begründet (Gilbert u. Mulkay 1980: 286, 290; 1984: 55 f.).

Gilbert und Mulkay schreiben, dass sich diese unterschiedlichen Vokabulare beim Lesen miteinander vermischen: So übersetzen sich Lesende die formelle Rhetorik von Fachliteratur oft in das informelle Vokabular ihres Alltagssprachgebrauchs. Die Frage, wie dies geschieht, lassen beide jedoch unbeantwortet. Sie deuten lediglich an, dass Lesende „Mitglieder bestimmter sozialer Gruppen" sind, für die wissenschaftliche Texte geschrieben werden (Gilbert u. Mulkay 1980: 285–287). Hier schließt Yearley mit seiner Studie an. Ihm geht es einerseits in Anlehnung an Gilbert und Mulkay darum, die „Feinstruktur der Beschreibung" in einem „formalen wissenschaftlichen Text" zu untersuchen. Und andererseits möchte er die „rhetorische Orientierung" dieser Struktur erforschen – ein Anliegen, bei dem er sich auf Gusfield bezieht. Yearley verbindet das Interesse der Rhetorik an den Erzählstrukturen wissenschaftlicher Texte mit der Frage, wie diese Erzählstrukturen auf das jeweilige Leseverhalten einwirken; es geht ihm darum, auf „Basis einer (soziologisch informierten) Theorie des Lesens oder Beschreibens" die persuasive Struktur wissenschaftlicher Texte offenzulegen (Yearley 1981: 410 f.).

Hierfür arbeitet Yearley die „sequenzielle Organisation der Erzählmodi" wissenschaftlicher Texte heraus: Die Argumentation „bewegt sich zeitlich durch eine Reihe von Erzählprozeduren": Von der Auseinandersetzung mit den Grundparadigmen und -prämissen einer Fachkultur in der Diskussion anderer Beiträge zu einem Thema und den damit verbundenen Hinweisen auf übersehene Forschungsfelder und -fragen, theoretische Unzulänglichkeiten und ungeeignete methodische Vorgehensweisen über die Neubestimmung zentraler Begriffe und Methoden bis hin zur Darstellung des eigenen Vorgehens und der Diskussion eigener Forschungsergebnisse (Yearley 1981: 418 f., 429 f.).

Um aufzuzeigen, wie die „sequenzielle Organisation der Erzählmodi" mit dem Lesen wissenschaftlicher Texte zusammenhängt, greift Yearley auf Beiträge zur ethnomethodologischen Diskursanalyse zurück.[8] Diese Organisation beinhaltet „Instruktionen für das Lesen und kreiert bedeutungsgebende Kontexte", innerhalb derer sie verstanden werden können. Leseinstruktionen basieren auf „Präsuppositionen": auf innerhalb einer Wissenschaftskultur existierenden Grundannahmen, deren Faktizität Lesende im Nachvollzug einer Erzählsequenz als gegeben annehmen und anerkennen (Yearley 1981: 430 f., 433 f.). Die Erzählstrukturen wissenschaftlicher Texte sind Erzeugnisse der „Orientierung" des Schreibens auf ein Publikum und dessen Rezeptionsverhalten. „Texte sind", so Yearley, „Beiträge zu wissenschaftlichen Debatten. Sie nehmen die Form einer Argumentation an, die darauf abzielt, Lesende von der Richtigkeit einer bestimmten Sichtweise zu überzeugen" (Yearley 1981: 410, 415).

Wie Yearley, so bezieht sich auch Anderson in seiner Studie auf die ethnomethodologisch inspirierte Diskursanalyse. Er fragt jedoch, „welche Ressourcen Lesende nutzen, um Geschriebenes zu verstehen" und als „glaubhaft" wahrzunehmen. „Einer Beschreibung zu glauben scheint", so Anderson, „eng damit verbunden, die Beschreibung als ein geordnetes Produkt", als ein „nachvollziehbares und geordnetes Ganzes" lesen zu können (Anderson 1978: 115). Bleibt der analytische Fokus sowohl in der Rhetorik der Wissenschaft als auch in der Diskursanalyse bei Gilbert und Mulkay ganz auf Seite der Produktion wissenschaftlicher Texte – ihrer rhetorischen bzw. diskursiven Komposition –, so wechselt Anderson die Perspektive hin zur Rezeption und zur Frage, wie wissenschaftliche Texte gelesen und verstanden werden. Er betrachtet das „Lesen eines Textes als ein interaktives Geschehen", das durch die rhetorischen Kunstgriffe literarischer Kommunikation „instruiert" wird und auf diese Kunstgriffe reagiert. Anderson hebt hier zum einen – wie die zuvor diskutierten Beiträge – die Bedeutung der „sequenziellen Organisation" von Worten, Sätzen und Absätzen hervor; und zum anderen zeigt er, dass diese Textorganisation zusammenhängt mit der Beschreibung von Forschungshandeln und Forschungsobjekten und mit einem „Rezipienten-Design". Mit Letzterem bezeichnet er die einem Text eingeschriebenen Vorstellungen über Lesende und über adäquate Leseweisen und Lesarten (Anderson 1978: 118 f., 134 f.).

An der sequenziellen Organisation interessiert Anderson eine Ebene der Textorganisation, die jenseits der grammatikalischen Struktur von Sätzen zu verorten ist. Wenngleich Letztere zentral ist für das Lesen und das Textverstehen, lassen sich doch Techniken einer Textorganisation ausmachen, die noch vor den Regeln richtiger Satzbildung wirken. Anderson bezieht sich hier auf Studien von Turner zur „Äußerungs-Positionierung" in Interaktionen (Turner 1974, 1976). In der Schriftkommunikation hilft diese Positionierung, Texte in diskursive Zusammenhänge einzuordnen. So fungieren z. B. Text- und Kapitelüberschriften als „Themenführer", die Lesende instruieren, Texte als Beiträge innerhalb einer bestimmten akademischen Disziplin, zu

---

8 Vgl. Smith 1978.

einer bestimmten Debatte oder zur Erforschung eines bestimmten Phänomens zu verstehen. Formulierungen werden kontextualisiert, d. h. durch die Orientierung auf und durch ein Thema gerahmt und das Lesen durch ebensolche Rahmungen instruiert (Anderson 1978: 121 f.).

In diesem Zusammenhang nimmt Anderson literarische Kategorisierungstechniken in den Blick. In wissenschaftlichen Texten umfassen diese einerseits Kategorisierungen von Forschungsobjekten und -themen und andererseits Kategorisierungen der „Interaktionsteilnehmer" der Schriftkommunikation – dies sind in erster Linie „Autoren" und „Lesende". Autoren z. B. „argumentieren", „beschreiben", „finden heraus" oder „schlussfolgern". Das Lesen wird als kommunikativer Gegenpart zu dieser Autorenschaft kategorisiert: Als Aktivität, die von einem Wissensgefälle zwischen den Kommunikationspartnern ausgeht und auf „Wissen erwerben" orientiert ist. Von Lesenden wird erwartet, dass sie eine passive Rezeptionshaltung einnehmen und dem Argumentationsfluss folgen, bis dieser zum „Schluss" kommt (Anderson 1978: 120 – 124). Anderson weist jedoch darauf hin, dass das akademische Lesen wesentlich ein „strategisches Lesen" ist, das Texte oftmals allenfalls überfliegt und sich so widerständig gegenüber den Kategorisierungen durch das Rezipienten-Design verhält (Anderson 1978: 118).

Das Ordnen und die Organisation von Texten ist in diesem Sinne, so Woolgar, eine Tätigkeit des Lesens. Die Leseinstruktionen von Texten bezeichnet er als „Pfadtechniken": Die rhetorische Organisation von Publikationen legt Pfade an, die das Lesen durch die narrative Textstruktur leiten. Lesende folgen diesen Pfaden, weichen mitunter aber auch eigensinnig davon ab (Woolgar 1980: 258). Wie sich Lesende konkret zu diesen Pfaden verhalten, bleibt bei Woolgar jedoch offen. So konzentriert er seine Studie analytisch auf die in der Textorganisation angelegten Lesepfade. Diese Forschungshaltung beschreibt er gemeinsam mit Pawluch als „Ethnographie der Argumentation". Unter „Ethnographie" verstehen beide einen „distanzierten (oder anthropologisch befremdenden) Blick"; „Argumentation" ist für sie „eine gattungsmäßige Bezeichnung für Aktivitäten wie Räsonieren, Erklären, Überzeugen und Verstehen" (Woolgar u. Pawluch 1985: 214). Die Forschungsstrategie einer solchen Ethnographie der Argumentation liegt für Woolgar in der „Reflexion": „Reflexivität" zielt darauf ab, den „Prozess der Repräsentation" durch Wissenschaftspublikationen „kontinuierlich zu befragen und zu befremden". Sie soll zudem helfen, ein Verständnis davon zu entwickeln, dass ein Text „lediglich ein Element in einer Leser-Text[-]Gemeinschaft" ist (Woolgar 1988: 29 f., 32).[9]

Wie diese „Leser-Text[-]Gemeinschaft" konstituiert wird, fragt Woolgar dann allerdings nicht, d. h. das Leseverhalten selbst wird nicht empirisch erforscht, sondern bleibt hier wie in den zuvor diskutierten Beiträgen zur Rhetorik der Wissenschaft und zur Diskursanalyse eine philologisch-textanalytische Strategie, die Woolgar nutzt, um die Argumentation und Repräsentation in Wissenschaftsliteratur zu untersuchen.

---

9 Vgl. Anderson 1989; Mulkay 1985.

Anders ist dies in der Peer-Review-Forschung, die sowohl nach einigen der besonderen Entstehungsbedingungen von Literatur in wissenschaftlichen Disziplinen als auch nach den Reaktionen von Lesenden auf publizierte oder zu publizierende Texte fragt. Die Peer-Review-Forschung fokussiert die analytische Aufmerksamkeit dabei auf Aushandlungsprozesse zwischen Autor/-innen, Gutachter/-innen und Herausgeber/-innen von Fachzeitschriften, Sammelbänden und anderen Sorten von Fachliteratur (vgl. Lamont 2009).

Für Myers sind die Lesereaktionen und die Lesarten, die die Gutachter und Herausgeber im Zuge des Peer-Reviews von einem Manuskript entwickeln, Teil eines sozialen Prozesses, in und mit dem wissenschaftliche Gemeinschaften Formen und Formate von Literatur verhandeln. In diesem Prozess ist ein Spannungsverhältnis angelegt: Autor/-innen versuchen in und mit ihren Typoskripten zu zeigen, dass sie etwas Neues zu einer jeweiligen Fachkultur beizutragen haben, während Gutachter/-innen und Herausgeber/-innen darum bemüht sind, die Argumente und Behauptungen eines Textes in den literarisch aufbewahrten Wissensbestand dieser Kultur einzusortieren (Myers 1985: 593, 595). In ihren Lesereaktionen artikulieren Letztere, ob und wie ein Typoskript in diesen Wissensbestand „passt" und den „konventionellen Formaten" der Literatur der Disziplin entspricht: Werden einschlägige Themen behandelt? Sind Fragestellungen angemessen formuliert und bearbeitet? Ist die Argumentation im Datenmaterial begründet? Wird einschlägige Literatur diskutiert? An diesen Lesereaktionen wiederum orientieren sich Autor/-innen im Überarbeiten von möglicherweise zunächst abgelehnten Typoskripten (Myers 1985: 596, 610). Hier wird also die rhetorische Organisation von Literatur durch die Lesereaktionen von Gutachter/-innen und Herausgeber/-innen instruiert.

In diesem Prozess wird auch das Lesen selbst zum Gegenstand des Räsonierens: Auf der einen Seite verhandeln Gutachter/-innen und Herausgeber/-innen, ob ein Text „von Interesse" und „lesenswert" für eine breitere Wissenschaftsöffentlichkeit sein könnte. Und andererseits (hinter-)fragen Autor/-innen im Fall kritischer oder gar ablehnender Reaktionen, ob und wie ihre Typoskripte (nicht genau genug) gelesen, (nicht) verstanden oder sonst wie (nicht angemessen) bearbeitet worden sind. So werden die unterschiedlichen Lesarten, die Texte hervorrufen können, thematisiert (Myers 1985: 607 f.).

Genau diese „Rahmungsaktivität" des Lesens macht Hirschauer in seiner Studie zur „Lektüre und Bewertungspraxis im Peer[-]Review" zum Gegenstand, in der er die Lesereaktionen von Gutachter/-innen und Herausgeber/-innen erforscht. Dabei zeigt sich, dass diese Lesereaktionen nicht nur Anschlüsse an „ein schriftliches Produkt" sind, sondern sich zudem und vor allem auf die spezifische Situation der „Peer[-]Review[-]Kommunikation" orientieren, d. h. auf „ein späteres Sprechen über das Manuskript" in der „Herausgebersitzung". Das Lesen im Prozess des Peer-Reviews ist ein „*bewertungs*orientiertes Lesen", das sich vom ansonsten „verwertungsorientierten Lesen" im wissenschaftlichen Alltag unterscheidet (Hirschauer 2005: 57 f.).

Hirschauer weist auf „den Aspektreichtum und die Vielbezüglichkeit der Sozialität" dieses „bewertungsorientierten Lesens" hin (Hirschauer 2005: 57 f., 80). Ich möchte hier drei Aspekte thematisieren, die für die folgenden Analysen wichtig sind: (1) Das Lesen „interferiert" mit den in einem Text als kulturellem Artefakt eingelassenen Gebrauchsanweisungen. So werden Leseerwartungen aufgebaut, erfüllt oder enttäuscht; die formale Gestaltung, die Rhetorik, das Datenmaterial und die Wissensbehauptungen eines Textes werden hinterfragt und dessen methodischen und theoretischen Perspektiven kritisiert (Hirschauer 2005: 59–62). (2) Das Lesen ist „im Körper verankert". Es ist anregend oder anstrengend, eine Freude oder eine Qual. Solche Körperreaktionen und andere „Spontanbekundungen" äußern sich sowohl in den handschriftlichen Annotationen am Text als auch in deren Niederschrift im Gutachten (Hirschauer 2005: 63). (3) Das Lesen ist auf und durch praktische Zwecke orientiert; hier: auf und durch die Anschlüsse an das Lesen im Sprechen über die Texte in der „Herausgebersitzung". In diesem Zusammenhang bilden „Genrebestimmungen" einen wesentlichen Bezugspunkt: Die zu begutachtenden Typoskripte werden zu Objekten von „Rahmungsaktivitäten", die „in der Lektüre bestimmen, ‚worum es sich handelt': um Wissenschaft? [W]elche Disziplin? [W]elches Genre? Auf verschiedene Weise wird dabei ‚der Fachaufsatz' und die Zeitschrift selbst zum Standard gemacht, an dem Manuskripte gemessen werden" (Hirschauer 2005: 76).

Die Betrachtung dieser drei Aspekte führt die Analyse des Lesens wissenschaftlicher Literatur näher heran an die konkrete praktische Auseinandersetzung mit Texten als kulturellen Objekten. Dabei werden Lesereaktionen auf die rhetorische Organisation von Typoskripten ebenso zugänglich gemacht, wie die Körperlichkeit dieser Aktivitäten und das Verhandeln wissenschaftlicher Textgattungen im interaktiven Austausch zwischen den Mitgliedern jeweiliger Fachkulturen. Gleichzeitig belässt es auch Hirschauer in seiner Studie bei einer Analyse wissenschaftlicher Rhetorik. Der primäre Forschungsgegenstand ist „das ‚Votum' als literarische Miniatur – eine kommunikative Praxis, die wissenschaftliche Güte konstituiert". Sein Anliegen ist „eine Prozessanalyse, die wiederkehrende rhetorische Figuren auf ihre pragmatische Funktion in der Peer[-]Review[-]Kommunikation hin betrachtet". Lesende und Leseweisen bleiben also wesentlich rhetorische Figuren, d. h. schriftstellerische Hervorbringungen in Voten, die für den Austausch über Textmanuskripte angefertigt werden (Hirschauer 2005: 55 f., 64).

Das, was die in diesem Abschnitt diskutierten Beiträge zur Rhetorik der Wissenschaft und zu wissenschaftlichen Diskursen und Argumentationen betreiben, ließe sich als „Literaturwissenschaftsforschung" bezeichnen: Als eine Forschungslinie, die sich ihren Gegenständen im Kern philologisch, d. h. über eine Analyse der Schriftobjekte wissenschaftlicher Disziplinen nähert – unterschiedlichen Genres publizierter Literatur, Voten im Peer-Review, Beobachtungsprotokollen und Feld- und Labortagebüchern, Briefen und anderweitigen wissenschaftlichen Schriftmaterialien. Jedoch findet sich, so McHoul, neben der „[I]n[-T]ext-" auch eine „[I]n[-]situ-Organisation" wissenschaftlicher Literatur und wissenschaftlichen Lesens, die sowohl die Körperlichkeit und die praktischen Relevanzen und Zwecke des Lesens als auch die Materialität der Objekte dieser Tätigkeit umfasst (McHoul 1982: 6 f.). In den zwei folgenden Abschnitten möchte ich fragen, wie sich diese In-situ-Organisation des Lesens analytisch nachvollziehen lässt, und greife hierfür auf Beiträge zur Geschichte der Wissenschaftskommunikation und zu einer ethnographisch ausgerichteten Analyse des wissenschaftlichen Alltags zurück.

1.2 Der Text

Die unterschiedlichen Beiträge zur Geschichte der Wissenschaftskommunikation und zur Ethnographie des wissenschaftlichen Alltags machen die materialen Gegenstände und Umgebungen ebenso wie die körperlichen Vollzüge in jeweiligen Fachkulturen zum Thema. Wissenschaftsliteratur wird in beiden Forschungslinien als „Text" begriffen: Als ein Schriftmaterial, dem Daten, Fragen und Ideen eingeschrieben und das zur Publikation und Zirkulation wissenschaftlichen Wissens genutzt werden kann.

1.2.1 Geschichte der Wissenschaftskommunikation

Die erste Forschungslinie betreibt etwas, was Assmann u. a. als „Archäologie der literarischen Kommunikation" bezeichnen (Assmann u. a. 1998). Diese zielt darauf ab, die historische Entstehung literarischer Formen der Kommunikation in deren Konsequenzen für die Erzeugung und Aufbewahrung von Wissen zu untersuchen. Dabei unterscheiden sie zwischen dem, „was man in einem vorwissenschaftlichen und ahistorischen Sinne ‚literarisch' nennt" – bestimmte Genres, wie z. B. Gedichte oder Romane – und der „Literalität" bestimmter Formen der Kommunikation, d. h. der materialen und medialen Fundierung der Kommunikation in der und durch die Schrift (Assmann 1998: 82; Assmann u. Assmann 1998: 266, 268). Dabei geht es jedoch weniger um die Schrift allein, als vielmehr um die „Textualität" von Kommunikation, d. h. um die „trans-situative Verfestigung des *Gesagten* zum Text [...]. Textualität entsteht dort, wo die Sprache sich hinreichend aus ihrer *empraktischen* Einbettung in *Situationen* (d. h. soziokulturelle Interaktionstypen, ‚Sitze im Leben') gelöst hat, um als *Text* eine unabhängige Gestalt zu gewinnen". Für die Erzeugung und Aufbewahrung von Wissen und die Wissenschaft ist die Textualität der Kommunikation insofern von wesentlicher Bedeutung, als diese einen diskursiven Rahmen schafft, der darauf beruht, „nicht von vorn anzufangen, sondern sich in anknüpfender Aufnahme an Vorangegangenes anzuschließen und in ein laufendes Kommunikationsgeschehen einzuschalten". Textkommunikation konstituiert eine „zerdehnte Situation": eine Bezugnahme sowohl auf Abwesende als auch auf Abwesendes, das durch „Rahmen", d. h., durch institutionalisierte Formen des „Dialogs mit Texten", gesteuert und organisiert wird (Assmann 2013: 282 f., 284 f.).[10]

---

10 Zum Konzept der „zerdehnten Situation" durch Texte vgl. Ehlich 1998.

Die Textualität literarischer Kommunikation ermöglicht zum einen eine „archiv-arische Kopräsenz", die unterschiedliche Situationen der Wissensarbeit auch über große räumliche und zeitliche Distanzen hinweg miteinander verbindet und so aus der Notwendigkeit unmittelbaren körperlichen Erlebens und interaktiven Austauschs herauslöst, und zum anderen eine „trans-situative Fixierung von Relevanz", indem sie sowohl „Themenfelder" als auch sozial organisierte Umgangsweisen für kommu-kative Anschlüsse bereithält (Assmann 2013: 287 f.; Assmann u. Assmann 1998: 268). Zugleich befördert diese Textualität Formen der Kommunikation, die für den wis-senschaftlichen Austausch geradezu konstitutiv sind. Der über Texte vermittelte Dialog ist toleranter gegenüber mitunter auch harter Kritik, als dies die moralische Ordnung und insbesondere die Höflichkeitsregeln der Interaktion zumeist erlauben; unter diesen Bedingungen wird „Schriftkultur zu einer Kultur des Konflikts" (Assmann 2013: 286 f.).

Für die Frage nach dem Zusammenhang der In-Text- und der In-situ-Organisation wissenschaftlichen Lesens bedeutet all dies, dass Literatur stärker unter diesem Ge-sichtspunkt der Textualität – d. h. der schriftlichen und anderweitigen Materialität –, und Lesen stärker unter dem Gesichtspunkt der zerdehnten Situation einer kommu-nikativen Bezugnahme auf Abwesende(s) betrachtet werden muss; eine einfache Übernahme des analytischen Vokabulars der Rhetorik hilft insofern nur bedingt weiter.

In der Wissenschaftsforschung finden sich Studien zur Textualität wissen-schaftlicher Wissensarbeit vor allem unter Stichworten wie „Inskription" oder „lite-rarische Technologien". Lenoir zufolge betonen diese Stichworte die Materialität wissenschaftlicher Kommunikation und der „graphemischen" Repräsentation wis-senschaftlichen Wissens; viele Beiträge zu einer solchen Wissenschaftsforschung sind dabei wesentlich beeinflusst von poststrukturalistischen und semiotischen Überle-gungen zu Sprach- und Schrifttheorien bei Derrida und anderen (Lenoir 1998: 3 f., 12 f.).[11]

Für Rheinberger sind „Grapheme" die „primären, materialen, signifikanten Ein-heiten" der epistemischen Praxis. Ihm geht es um das Räsonieren in „experimentellen Situationen", d. h. in Situationen, in denen „epistemische Dinge" hergestellt werden. Dies sind „die Dinge, denen die Anstrengung des Wissens gilt – nicht unbedingt Objekte im engeren Sinne, es können auch Strukturen, Reaktionen, Funktionen sein". Solche Dinge sind oft vage und verschwommen; sie „verkörpern, paradox gesagt, das, was man noch nicht weiß". Mithilfe „graphemischer Repräsentationen" werden epistemische Dinge in Forschungsmaterialien ein- und somit – vorläufig – festge-schrieben (Rheinberger 1998: 287; 2002: 24 f.). Abbildungen und Beschreibungen in Fachpublikationen sind in diesem Sinne ebenso „Grapheme" bzw. „graphemische Repräsentationen" wie Notizen und Skizzen in Feld- und Forschungstagebüchern oder Diagramme und Tabellen, die mittels technischer Apparaturen angefertigt wur-

---

11 Zum Begriff des „Graphems" vgl. Derrida 1983: 21

den. Diese „Inskription" bezeichnet Rheinberger in Anlehnung an Wittgenstein als ein „Schreib-Spiel": als „Spurenlegespiel der Wissenschaft", in und mit dem epistemische Dinge artikuliert und be- und verhandelt werden. Im wissenschaftlichen Schreib-Spiel werden epistemische Dinge „praktisch hervorgebracht" – ein „Konstruktionsprozess", der „von einer Art Probierbewegung beherrscht [wird], die im Hinblick auf Wissensobjekte als ‚Spiel der Möglichkeiten' oder als ‚Spiel der Differenz' beschrieben werden kann". Diese „differen[z]ielle Reproduktion" treibt das kreative Räsonieren voran (Rheinberger 1992: 23, 26 f.; 1998: 295 f.).

Wie Holmes betont, ist Fachliteratur in diesem Zusammenhang nicht als „Endprodukt" einer solchen Inskription, sondern als immanenter Teil des Arbeitsprozesses selbst zu verstehen. Im Schreiben wissenschaftlicher Literatur werden Forschungsfragen, -objekte und -ergebnisse kreativ erarbeitet – eine Arbeit, die den Forschungsprozess anleitet und strukturiert (Holmes 1987: 226, 229). Schaffer zufolge ist das Schreiben eine „literarische Technologie". Diese bedient sich „Texten als wissensgenerierenden Hilfsmitteln und verbindet die literarische mit anderer wissenschaftlicher Arbeit". Diese Technologien sind sowohl „soziohistorisch lokal" – d. h. Bestandteile einer historisch entstandenen Schriftkultur – als auch „spezifisch für jeweilige Praktiken der Repräsentation: handschriftliche Notizen, Kupferstiche, Daguerreotypen, Blattschreiberpapiere [...] und Computerausdrucke sind alle Teil verschiedener Repräsentationsregime und Arbeitsvorgänge" (Schaffer 1998: 182 f.). Shapin stellt diese literarischen neben andere Technologien wissenschaftlicher Arbeit: Den materiellen Technologien der Apparate und Werkzeuge, mittels derer Wissensobjekte be- und verarbeitet werden, auf der einen Seite und den sozialen Technologien der Umgangsformen bezogen auf den Austausch der Mitglieder einer Fachkultur untereinander auf der anderen. Die literarischen Technologien stehen gewissermaßen genau zwischen diesen beiden anderen Technologieformen: Literatur ist das zentrale Mittel der Kommunikation und somit der Konstitution ebenjener Fachkulturen. Über das Mitteilen wissenschaftlicher Erkenntnisse entsteht eine Gemeinschaft, die Wissensobjekte teilt und intersubjektiv be- und verhandelt (Shapin 1984: 481 f., 484).

Sowohl Schaffer als auch Shapin machen ausgehend von diesen Überlegungen die rhetorischen Strategien und somit das historische Entstehen „literarischer Gemeinschaften" und „literarischer Genres" zum Gegenstand (Schaffer 1998: 198, 204; Shapin 1984: 497 f.). Ihre Studien gehen in diesem Sinne ähnlich vor und kommen zu ähnlichen Ergebnissen wie die oben diskutierten Beiträge zur „Rhetorik der Wissenschaft". Das Verhältnis der In-situ- und der In-Text-Organisation von Literatur denken Schaffer, Shapin und andere Vertreter/-innen dieser Forschungslinie dabei als Verhältnis der Praxis zu den Materialien der Inskription. Die Materialität wissenschaftlicher Literatur und literarischer Technologien wird hier vor allem mit Blick auf das (Ein-)Schreiben als Prozess der Wissenskonstruktion mithilfe graphemischer Repräsentationen diskutiert.

Goody zeigt auf, dass der Gebrauch von Schrifttechnologien spezifische körperliche Fertigkeiten erfordert; insbesondere eine „minutiöse Koordination der Bewegungen von Auge und Hand" im Hantieren mit Griffeln und Tafeln, Stiften und Papier und anderen Schreib- und Lesematerialien. Er bezieht also die Körperlichkeit des Schriftgebrauchs in seine Betrachtung der Materialität von Literatur mit ein. Beides hängt für ihn eng miteinander zusammen: Unterschiedliche „Modi der Kommunikation" – Mündlichkeit oder Schriftlichkeit, logographische oder Alphabetschrift – beruhen auf unterschiedlichen körperlichen Fertigkeiten (Goody 2000: 133 f., 136). Ihm geht es um den „Prozess des Schreibens und Lesens", den er als Interaktion zwischen dem „Selbst und einem Objekt, dem geschriebenen Wort" bezeichnet. Schrift ist Goody zufolge eine „Technologie des Intellekts", die dem Selbst die eigenen Gedanken und die Gedanken anderer vor Augen führt und ein Räsonieren über diese Gedanken auch über längere Zeitabschnitte hinweg ermöglicht (Goody 2000: 145 f., 148 f.). Dieser Prozess des Schreibens und Lesens ist wesentlich geprägt durch die griechische Antike und daran anschließende geschichtliche Entwicklungen. Wie Goody gemeinsam mit Watt aufzeigt, betrifft dies (1) die Übernahme und Fortentwicklung semitisch-phönizischer Alphabetschriften, und (2) die zunehmende „Literalisierung" – d. h. Schreib- und Lesekompetenz – in Gesellschaften und das Einüben und die Institutionalisierung des Umgangs mit Texten beginnend u. a. in der platonischen Akademie (Goody u. Watt 1963: 319 f., 332 f.).

In seiner „Geschichte des Schreibens und Lesens" arbeitet Stein heraus, dass im Zuge dieser Entwicklungen die Schriftmaterialien vereinheitlicht und vereinfacht wurden. So setzte sich u. a. die Rechtsläufigkeit der Schrift durch und Papyrus löste Holz, Leder, Stein und Ton als „Beschreibstoff" ab (Stein 2010: 63 f.). Zugleich begann die griechische Antike, Schrift für Zwecke zu nutzen, die über eine bloße Gebrauchsschrift zu wirtschaftlichen oder Verwaltungszwecken hinausging: für „die Poesie und die Wissenschaft". Stein zufolge sind „Poesie/Literatur und Philosophie/Wissenschaft" „als zwei spezifische Formen griechischer Literalität zu betrachten" (Stein 2010: 67 f.).

Für die Frage nach den Auswirkungen auf das Lesen ist in diesem Zusammenhang interessant, dass der wissenschaftliche Diskurs im Zuge dieser Entwicklungen zwar mehr und mehr zu einer Schriftkultur wurde; so schreibt Assmann: „Nicht mehr Sprecher reagieren auf Sprecher, sondern Texte reagieren auf Texte. Der schriftliche Text wirkt nicht allein informierend, anweisend, sichernd in den außerschriftlichen Raum gesellschaftlicher, z. B. wirtschaftlicher oder politischer Interaktion hinein, sondern er wirkt zugleich auch bezugnehmend und in diesem Sinne *autorerefen[z]iell* auf andere schriftliche Texte innerhalb des vom jeweiligen Diskurs gesteckten Rahmens" (Assmann 2013: 281). Jedoch ist die antike Schriftkultur noch durch eine „strukturelle Mündlichkeit" geprägt: Schrift und Schreiben waren in der griechischen Philosophie dem mündlichen Austausch nachgelagert; die Alphabetschrift „ein abstraktes Aufzeichnungsmedium für die Stimme, in der die Sprache ihre eigentliche Präsenz und Wirklichkeit hat. Griechenland wird zur Schriftkultur nur auf dem Wege der Wortkultur" (Assmann 2013: 265 f., 271).

In dieser „strukturellen Mündlichkeit" wird gelesen, um Texte zu beleben; zu lesen heißt hier, laut zu lesen bzw. vorzulesen (vgl. Goody u. Watt 1963: 319). „Das geschriebene Wort war", so Manguel, „beginnend mit den sumerischen Steintafeln" und bis hinein ins Mittelalter „dafür gedacht, laut ausgesprochen zu werden, da die Zeichen implizit einen bestimmten Ton trugen". Der „Akt des Lesens" war vor allem ein „Akt des Sprechens" (Manguel 2014: 45). Die „Literaturrezeption war", wie Stein schreibt, „eingebunden in den Kontext einer primär oralen Kommunikation". Da trotz der zunehmenden Literalisierung zunächst nur wenige Menschen lesen konnten, waren öffentliche Lesungen durch Gelehrte, professionelle Leser oder Sklaven weit verbreitet (Stein 2010: 74). Die meisten Menschen hörten Texte also eher, als dass sie diese lasen.

Die soziohistorische Genese literarischer Technologien steht in Wechselwirkung mit dieser praktischen Ingebrauchnahme von Texten in den sozialen Kontexten des jeweiligen Geschehens. Da Texte ihrem Publikum mündlich und öffentlichen vorgelesen wurden, mussten sie weder über ein kohärentes Schriftbild, noch über Leseinstruktionen oder ein Rezipienten-Design verfügen; ob und wie das Publikum einen Text verstand, war vielmehr eine Frage der körperlichen und stimmlichen Performanz des Vorlesens und Vortragens ebenso wie des Zuhörens (Manguel 2014: 116 f. 120 f.).[12] Sowohl für die griechische Antike wie für daran anschließende Schriftkulturen gilt entsprechend, dass Buchstabenfolgen nicht in Worte und Sätze getrennt wurden, sondern man schrieb ohne Wortlücke – die *„scriptio continua"*. Zudem setzte sich eine einheitliche Rechts- oder Linksläufigkeit der Schrift nur langsam und längst nicht in allen Schriftkulturen durch: Manche Texte wurden von links nach rechts, von rechts nach links, in Spalten von oben nach unten oder in wechselnden Richtungen geschrieben (Manguel 2014: 47 f.).[13]

In dem Maße, in dem die Textkommunikation aus solchen Zusammenhängen einer primären Mündlichkeit herausgelöst wurde, bediente sie sich mehr und mehr literarischer Technologien, die, so Stein, zu einer „Verschriftlichung" führten (Stein 2010: 163 f.). So finden sich ab dem 7. Jahrhundert zunehmend Methoden der Textorganisation, die auf eine „Erleichterung der (Vor-)Lesbarkeit" von Texten zielen: Formen der Worttrennung und der Interpunktion, des Hervorhebens von Text-, Seiten- und Kolumnenanfängen, der Unterscheidung von Sinneinheiten durch Absätze und Überschriften ebenso wie durch Schriftarten und -größen etc. (Stein 2010: 161 f.). Entscheidend war bei alledem die Erfindung des Druckes mit beweglichen Lettern: die „Typographie". Diese zog sowohl eine Standardisierung dieser Verschriftlichung als auch die Entstehung breiterer literarischer Öffentlichkeiten nach sich (Stein 2010: 185, 210). Für McLuhan hat dies zufolge, dass nun nicht mehr das Ohr (und die Stimme), sondern das Auge das wichtigste Sinnesorgan des Lesens ist; die Materialität des Lesens ist mit der Typographie wesentlich graphisch bzw. visuell fundiert (McLuhan 1962: 84 f., 124 f.).

---

12 Vgl. Stein 2010: 149, 260.
13 Vgl. Stein 2010: 63 f.

Das, was wir heute als Lesen bezeichnen – jene abwesend wirkende, meist schweigsame, körperlich mehr oder minder stillgestellte Praxis, in der Lesestoffe allein mit Auge und Hand bearbeitet werden –, ist in diesem Prozess der Verschriftlichung begründet: Einem Prozess, in dem Texte mehr und mehr als kommunikative Objekte eigener Qualität unabhängig von deren mündlicher Belebung wahrgenommen wurden. Dieser Prozess ist eng verbunden mit der zunehmenden Institutionalisierung und Professionalisierung des Schreibens und Lesens in der Verwaltung, der Kirche, der (belletristischen) Literatur und nicht zuletzt der Universität. Das „stumme Lesen", so Stein, dürfte „zuerst von jenen Menschen praktiziert worden sein, die professionell mit Texten zu tun hatten. [...] Es war, so kann man sagen, eine Spezialität, die den unterschiedlichen Anforderungen ihrer Profession angepasst war und die überdies in unterschiedlicher Gestalt (situationsabhängig, subvokalisiert, mitlesend usw.) auftreten konnte. Professionelle Leser waren bestimmte Verwaltungsbeamte, Schriftgelehrte und Theologen, Bibliothekare und – ab dem hohen Mittelalter in zunehmendem Maße – Universitätslehrer in den sich ausbildenden Wissenschaftsdisziplinen" (Stein 2010: 256).

Wie Vickery betont, kommt in diesem Prozess bestimmten Typen von Lesenden – den Bibliothekar/-innen, den Enzyklopädist/-innen und den Herausgeber/-innen und Redakteur/-innen von Fachjournalen – eine ebenso wichtige Rolle in der Geschichte der Wissenschaftskommunikation zu wie sozialen und technischen Einrichtungen wie dem Skriptorium, in denen Texte von „Schreibern" bzw. „Kopisten" abgeschrieben bzw. „kopiert" wurden. Diese haben wesentlich dazu beigetragen, Texte für Wissenschaftsöffentlichkeiten zugänglich zu machen und die oben beschriebenen literarischen Technologien in die unterschiedlichen wissenschaftlichen Disziplinen einzubringen (Vickery u. a 2000: 33 f., 64 f.). Gleichzeitig gilt es zu berücksichtigen, dass die Prozesse und Technologien der Verschriftlichung und der Typographie – und insbesondere der darauf aufbauende Buchdruck – Literatur zu einer Ware und das Publikationswesen zu einem wichtigen Faktor in der Wissenschaftskommunikation haben werden lassen (vgl. Vickery 2000: 147 f., 186 f.). Deren Geschichte ist auch eine Geschichte der Professionalisierung und Ökonomisierung von wissenschaftlichen Publikationsformen und -infrastrukturen. So wurde z. B. die Lektüre als „Lektor/-in" zu einem etablierten Beruf in der Verlagsbranche und wurden Verleger/-innen und Lektor/-innen zu wichtigen Kommunikationspartner im wissenschaftlichen Publikationssystem, die Texte recherchieren und lesen, bewerten und kommentieren und Kontakte zu Autor/-innen und zu Herausgeber/-innen von Buch- und Zeitschriftenreihen pflegen (Stein 2010: 220 – 225; vgl. Schneider 2005).

Diese Professionalisierung und Ökonomisierung der literarischen Wissenschaftskommunikation hatte und hat (1) eine stetige Vermehrung und gleichzeitige Spezialisierung von Publikationsformen und -foren durch Buchreihen, Zeitschriften und – seit den 1980er-Jahren – digitale Formate und Plattformen und (2) eine ebenso stetige Konzentration des Marktes für Wissenschaftsliteratur auf einige Großverlage zufolge (Taubert u. Weingart 2016: 10 – 14; vgl. Rosenbaum 2016). All dies hat die Zahl jährlich erscheinender Wissenschaftspublikationen in einer Weise steigen lassen, dass heute niemand auch nur annähernd in der Lage wäre, die Literatur einer Disziplin oder Subdisziplin zu überschauen, geschweige denn zu lesen. Entsprechend hat sich ein Rezeptionsverhalten eingelebt, in dem Literatur angesammelt, abgespeichert und abgelegt und dann allenfalls oberflächlich, quer- oder gar nicht gelesen wird (Weingart 2001: 99 f.; vgl. Bohn 2010). Wie Hoffmann schreibt: „Manchmal wird Literatur gelesen, aber nicht zitiert. [...] Häufiger wird Literatur hingegen zitiert, aber nicht gelesen; Legion die Titel, die den Verfassern eben noch so gerade vom Hörensagen bekannt sind" (Hoffmann 2013: 105). Der Zwang, sich an diesem Publikationsbetrieb zu beteiligen, führt Wissenschaftler/-innen zudem dazu, selbst literarisch produktiv zu sein und somit mehr Zeit mit dem Schreiben als mit dem Lesen zu verbringen (Weingart 2001: 103). Wissenschaftskulturen sind heute in diesem Sinn vor allem Schreib- und weniger Lesekulturen. Zur gleichen Zeit haben manche Gattungen wissenschaftlicher Literatur gerade im Zuge der Entwicklung von mal kleineren und mal größeren Verlagen einen Fetischcharakter erworben. In der Kommodifizierung von Fachliteratur – in Deutschland u. a. durch den Merve- und den Suhrkamp-Verlag – wurden, so Felsch, Theorietexte zu Fanobjekten und Fachkulturen zu Fankulturen, die „Theorie als ästhetisches Erlebnis" betrieben und „Leser in Fans und Autoren in Denkstilikonen" verwandelten (Felsch 2015: 13, 18 f.).

Die hier diskutierten Beiträge zur Wissenschaftsgeschichte machen das Lesen stärker unter dem Gesichtspunkt der spezifischen materialen Fundierung der Textarbeit und ihrer Lesestoffe zum Gegenstand, als dies für die in Kapitel 1.1 angeführten Studien gilt. Die literarische Kommunikation wird dabei stärker von der In-situ-Organisation des Schriftgebrauchs her gedacht. In diesem Zusammenhang gilt es, begrifflich schärfer zwischen Interaktion und Kommunikation und zwischen mündlichem und schriftlichem Sprachgebrauch zu unterscheiden. Wenn z. B. Anderson das Lesen als ein „interaktives Geschehen" betrachtet, so übersieht er dabei die Besonderheiten dessen, was Assmann als „zerdehnte Situation" bezeichnet: Die Besonderheiten der „Trans-Situativität" eines Diskurses, der nicht unmittelbar in physischer Kopräsenz, sondern vermittelt über Literatur stattfindet. Für Assmann konstituiert sich so eine kommunikative Konstellation der „archivarischen Kopräsenz" (Assmann 2013: 287 f.; Anderson 1978: 119).

Das Lesen von Fachliteratur muss also als eine Schriftkommunikation untersucht werden, die sich von der Logik von Interaktionssituationen unterscheidet. In der historischen Betrachtung zeigt sich dabei, dass (1) nicht nur die In-Text-Organisation von Literatur das Lesen als Tätigkeit, sondern Letzteres seinerseits die Gestaltung von Literatur geprägt hat und (2) das Lesen wiederum durch eine Ebene der Textualität instruiert wird, die noch vor bzw. unterhalb ihrer rhetorischen Organisation in der graphemischen Gestaltung von Literatur zu finden ist. Die Grenzen der zuletzt diskutierten Beiträge liegen dabei in deren archäologischen bzw. historischen Forschungsperspektive, die das situative Geschehen literarischer Kommunikation als „verdeckte Rahmenbedingungen sprachlichen Handelns" behandeln muss (Gumbrecht 1998: 158 f.). Das analytische Bezugsproblem liegt demnach darin, die kulturellen Gebrauchsweisen und Nutzungskontexte in deren alltäglichen Selbstverständlichkeit über räumliche und zeitliche Distanzen hinweg rekonstruieren zu müssen. Nähert man sich dem Lesen von Fachliteratur im wissenschaftlichen Alltag, ohne diese Gebrauchsweisen und Nutzungskontexte mit in den Blick zu nehmen, so betreibt man, was Cicourel „Archäologie aus freiem Willen" nennt: Man betrachtet Phänomene als seien deren kulturellen Kontexte der Analyse nicht zugänglich und bringt sich so künstlich in ebenjene Forschungssituation, in der Archäologen sich gezwungenermaßen befinden (Cicourel 1964: 122). Beiträge, die die „Wissenschaft als Praxis und Kultur" untersuchen, finden sich in den Laborstudien und den dort angefertigten Ethnographien wissenschaftlichen Alltags (vgl. Pickering 1992). Ausgehend von diesen Beiträgen lässt sich das Lesen von Wissenschaftsliteratur analytisch als ein konkretes körperliches Verhalten in sozialen Situationen zugänglich machen.

1.2.2 Wissenschaft als Praxis und Kultur

Im Kern geht diese Forschungslinie auf die Studien von Knorr Cetina, Latour und Lynch zurück. Zwar finden sich parallele Entwicklungen in der Soziologie wissenschaftlichen Wissens u. a. bei Bloor und Collins (vgl. Bloor 1981, 1991; Collins 1981, 2011); es sind jedoch vor allem die erstgenannten Autor/-innen, die dabei helfen können, die Frage nach der Materialität von Literatur an die Betrachtung der wissenschaftlichen Praxis in jeweiligen Wissenschaftskulturen heranzuführen. Was die Laborstudien für Knorr Cetina kennzeichnet, ist, dass sie die Orte der Wissenserzeugung und dabei insbesondere das Laboratorium als den „Ort der naturwissenschaftlichen Erkenntnisproduktion" zum Gegenstand detaillierter ethnographischer Beobachtungen gemacht haben. Ziel dieses Vorgehens ist es, „zu untersuchen, wie Naturerkenntnis am Ort wissenschaftlicher Forschung geschaffen wird". Dabei bedienen sich Knorr Cetina und ihre Kolleg/-innen einer „anthropologischen Methode", mit „deren Hilfe Naturwissenschaft-an-der-Arbeit beschrieben werden kann" (Knorr Cetina 2012: XI f., 21 f.). Diese „anthropologische" bzw. „ethnographische Methode" hilft dabei, „die Situationspragmatik des spezifischen Beobachtungsfeldes nachzuzeichnen und deren Konsequenzen zu etablieren". Dies bedeutet, dass die Wissenschaftsforschung „eine radikal naive Haltung einnehmen und das Offensichtliche zum Problematischen machen" muss (Knorr Cetina 2012: 44 f., 49).

Knorr Cetina geht es um das „praktische Räsonieren" in der alltäglichen (natur-)wissenschaftlichen Arbeit. Dabei unterscheidet sie zwischen der Situationslogik des Räsonierens im Labor, das durch die *instrumentelle Produktionsweise der Forschung"* charakterisiert ist, und dem Räsonieren im „wissenschaftlichen Papier" – der *„literarischen Produktionsweise"* im Manuskript. Für Ersteres gilt es, „Raum und Zeit wieder ins Bild wissenschaftlicher Operationen zu bringen und diese als lokal situierte, ‚ansässige' Praktiken zu sehen, die durch die physische Tatsache ihrer Durchführung-am-Ort sowie durch eine örtliche Geschichte gekennzeichnet sind" (Knorr Cetina 2012: 63, 240 f.). In ihrer Studie unterscheidet Knorr Cetina also die In-situ-Organisation der Forschungspraxis von der In-Text-Organisation des wissenschaftlichen Papiers. In der In-situ-Organisation der Forschung ist das wissenschaftliche Räsonieren eingebunden in die „Opportunitätslogik" sowohl des Hantierens mit unterschiedlichsten Geräten und Materialien als auch des Arbeitsplatzes als Ort des interaktiven Austauschs mit den Kolleg/-innen und der umfassenderen professionellen Organisation der Forschungspraxis (Knorr Cetina 2012: 63 f., 82 f.). In der In-Text-Organisation des Papiers ist das wissenschaftliche Räsonieren wiederum eingebunden in eine „literarische Räson" – in die Logik der „editierten, polierten Kohärenz des schriftlichen Diskurses" (Knorr Cetina 2012: 175, 185 f.). Das wissenschaftliche Papier ist das Produkt der Forschung – derjenige „Teil wissenschaftlichen Räsonierens [...], der das Labor verläßt, zirkuliert und möglicherweise in nachfolgende wissenschaftliche Arbeiten integriert wird". Dieses Räsonieren umfasst die „literarische Kompetenz", die Erkenntnisse der „Forschungsdynamik des Labors" aus deren Logik und Rationalität herauszulösen und in die literarische Räson der Schriftkommunikation zu transformieren. Das wissenschaftliche Papier folgt „einer literarischen Strategie", einer „literarischen Dramatik", die sich weniger an den „Laboranliegen" und mehr „an den autoritativen Schriften eines Spezialgebiets" orientiert (Knorr Cetina 2012: 176 f., 241 f.).

Diese literarische Räson betrachtet Knorr Cetina nicht mit ethnographischen, sondern mit textanalytischen Methoden, mit denen sie der literarischen Dramatik des Papiers nachzuspüren versucht. Raum und Zeit wissenschaftlicher Operationen nimmt sie bezogen auf die literarische Räson wissenschaftlicher Arbeit also nicht in den Blick; die literarischen Fähigkeiten der Beforschten werden allein über das wissenschaftliche Papier zum Gegenstand der Analyse. Gleichzeitig weist sie darauf hin, dass das Papier dann, wenn es „gelesen und ‚verwertet' [wird], neuerlich in eine situationale Logik eingegliedert und von dieser aus neu aufgerollt, uminterpretiert sowie in seinen Ergebnissen analogiemäßig oder anderweitig transformiert" wird (Knorr Cetina 2012: 242). Wie diese Logik des Lesens analytisch zu fassen ist, lässt sie jedoch offen. Bei Knorr Cetina gerät der Zusammenhang von In-situ- und In-Text-Organisation literarischer Wissenschaftskommunikation also insofern in den analytischen Fokus, als sie die literarische Dramatik des wissenschaftlichen Papiers auf deren Ursprung in der instrumentellen Produktionsweise wissenschaftlicher Erkenntnis im Labor zurückführt. Jedoch bleibt unklar, wie es um die Situationspragmatik des wissenschaftlichen Lesens selbst bestellt ist. Knorr Cetina untersucht das wissenschaftliche Räsonieren im, nicht jedoch am Papier.

Näher heran an die wissenschaftliche Arbeit am Papier zoomen Latour und Woolgar in ihrer Studie zum wissenschaftlichen Laboralltag. Ähnlich wie Knorr Cetina, sehen beide in ihrer Studie einen Beitrag zur „Anthropologie der Wissenschaft". Darunter verstehen sie eine analytische Haltung, die sich der wissenschaftlichen Arbeit in einer ähnlichen Weise nähert, in der sich ein Ethnologe einer ihm unbekannten Kultur nähert; es geht ihnen darum, die eigene Vertrautheit und die eigenen Vorannahmen der wissenschaftlichen Arbeit gegenüber „einzuklammern" und Letztere so zu betrachten, als sei sie fremd und unvertraut (Latour u. Woolgar 1986: 27 f., 29). Das von ihnen erforschte Laboratorium sehen Latour und Woolgar von einem

„Stamm von Lesern und Schreibern" bevölkert. Die wissenschaftliche „Papierarbeit" hat dabei ihre eigenen Orte und ihre eigene Stellung im Laboralltag. Diese Orte sind ebenso vielfältig wie die literarischen Objekte dieses Tuns. So werden Notiz- und Forschungstagebücher geschrieben und bewertet, Dokumente mit Apparaten und in der Arbeit an den Werkbänken des Labors erstellt und ausgewertet und Aufsätze und andere Fachliteratur im Büro und am Schreibtisch gelesen und geschrieben. Andere Orte, an denen Papierarbeit betrieben wird, sind z. B. Bibliotheken und Sekretariate (Latour u. Woolgar 1986: 45 f., 69).

Diese Papierarbeit und insbesondere die Arbeit an und mit Literatur ist nicht einfach ein Aspekt des Laboralltags unter anderen, sondern sie ist das, was Wissenschaftler/-innen als das Hauptanliegen und das wesentliche Ziel ihrer Aktivitäten beschreiben. Um diesem Anliegen zu folgen, bedarf es einer „Kette von Schreiboperationen von einem auf ein Blatt Papier notierten und enthusiastisch den Kollegen mitgeteilten Resultat bis hin zur finalen Registrierung publizierter Literatur im Laborarchiv. Die vielen Zwischenschritte (wie Vorträge mit Präsentationsfolien, die Zirkulation von Vorabdrucken und so weiter) betreffen alle auf die eine oder andere Weise diese literarische Produktion" (Latour u. Woolgar 1986: 71). Letztere umfasst eine materiale und eine sozialstrukturelle Komponente: Bei der materialen geht es um die „literarische Inskription" wissenschaftlicher Erkenntnisse zum Zwecke der Überzeugung von Lesenden durch „Fakten"; und bei der sozialstrukturellen um das, was die Beforschten selbst als „Publikationsliste" bezeichnen. Diese Publikationsliste wird den anderen Wissenschaftler/-innen im Labor und der Fachgemeinschaft gegenüber als Index der „Produktivität" der eigenen Arbeit gehegt und gepflegt (Latour u. Woolgar 1986: 72, 76).

Die materiale Komponente der literarischen Produktion bezeichnet Latour gemeinsam mit Fabbri als die „textuale Dimension" des wissenschaftlichen Papiers, die sozialstrukturelle als dessen „pragmatische Dimension". Die textuale Dimension umfasst die „Marker", „Modalitäten" und „Referenten" der Wissenschaftskommunikation. Marker – z. B. Autorennamen, Schlüsselworte, Texttitel und -überschriften ebenso wie Angaben zu etwaigen institutionellen Rahmenbedingungen und Art, Ort und Zeit einer Publikation – verweisen auf die „Produktionszusammenhänge" eines Papiers; Modalitäten hingegen auf dessen „Aussagesystem", d. h. darauf, wie Wissensbehauptungen rhetorisch als mehr oder minder faktisch gerahmt werden: „wir wissen", „ich denke", „es könnte sein" oder etwas „ist der Fall" (Latour u. Fabbri 2000: 118 f., 123 f.). Die Materialität des wissenschaftlichen Papiers setzt sich zudem aus unterschiedlichen Referenten zusammen; Referenten sind „einfach das, wovon ein jeweiliger Diskurs spricht". Im wissenschaftlichen Papier finden sich dabei Referenten, die auf den Text selbst verweisen, und Referenten, die auf andere Texte verweisen. Erstere stellen Bezüge her zu den unterschiedlichen Schreiboperationen der Forschungsarbeit und Letztere zu anderer Fachliteratur und zum wissenschaftlichen Diskurs. Referenten, die auf den Text verweisen, sind zum einen Formulierungen wie „im Folgenden möchte ich fragen" ebenso wie Überschriften, Inhaltsangaben und Zusammenfassungen am Beginn oder am Schluss eines Textes; und zum anderen sind dies all die Dokumente der Papierarbeit im Laboratorium: Diagramme, Tabellen und andere graphische Darstellungen, d. h. die „symbolischen Schriften" der Instrumente, mit denen im Laboralltag hantiert wird. Latour und Fabbri bezeichnen diese Schriften als „Literatur der Instrumente". Die Besonderheiten des wissenschaftlichen Schreibens im Vergleich zu anderen Papierarbeiten liegen für beide darin begründet, dass das wissenschaftliche Papier sein Publikum zu überzeugen versucht, „indem es Textschichten kreiert, die miteinander in Einklang stehen und als wechselseitige Referenten fungieren" (Latour u. Fabbri 2000: 121 f.).

An anderer Stelle prägt Latour hierfür den Begriff der „unveränderlichen Mobile". Damit zielt er darauf ab, nicht nur den Aspekt der graphemischen bzw. visuellen Repräsentation, sondern zudem den Aspekt der „Mobilisierung" von kommunikativen Objekten durch Inskriptionen in Texte zu berücksichtigen. Literarische Inskriptionen sind „mobil, aber ebenso unveränderlich, präsentierbar, lesbar und miteinander kombinierbar" und „präsentieren absente Dinge" (Latour 1990: 26, 27 f.). Latour geht es im Wesentlichen um das, was Assmann als „trans-situative Fixierung von Relevanz" und als „zerdehnte Situation" literarischer Kommunikation bezeichnet (Assmann 2013: 283, 287 f.). Fachliteratur ist das „*finale Stadium* in einem ganzen Prozess der Mobilisierung, der die Reichweite der Rhetorik modifiziert" – einer „*Kaskade* stets vereinfachter Inskriptionen, die die Produktion harter Fakten erlaubt" (Latour 1990: 40).

Die pragmatische Dimension des Textes betrifft in diesem Zusammenhang den Umstand, dass das wissenschaftliche Papier in seiner Unveränderbarkeit, Präsentierbarkeit, Lesbarkeit und Kombinierbarkeit zu einem, so Latour, „obligatorischen Passagepunkt" der Wissenszirkulation wird, mit dem sich andere, wollen sie am wissenschaftsöffentlichen Diskurs teilnehmen, im Lesen und im Zitieren im Zuge eigener Schreiboperationen auseinandersetzen müssen. Die literarische Produktion zielt nicht nur darauf ab, Wissen graphemisch ins Papier, sondern insbesondere auch den Text und sich selbst bzw. das Forscherselbst in den Wissenschaftsdiskurs einzuschreiben. Die von Latour und Woolgar erwähnte Literaturliste und jedes Einzelstück Literatur, aus dem sie sich zusammensetzt, ist die Währung, in der in Wissenschaftskulturen Anerkennung und Autorität erworben und vergeben wird. Je mehr Publikationen und je größer die Publikationsliste, desto mehr Anerkennung und Autorität; je mehr Anerkennung und Autorität, desto größer die Leserschaft. Jede Papierarbeit versucht, in eine „nächste Generation von Papieren" einzugehen, d. h. zitiert und so zum Bestandteil des literarischen Korpus einer Fachgemeinschaft zu werden (Latour 1987: 38, 149 f.; vgl. Latour u. Woolgar 1986: 200 f.).

Latour und Fabbri geht es darum, die „moderne Literaturanalyse" und die „semiotische Analyse" für die Wissenschaftsforschung zu öffnen – ein Anliegen, das sich mehr oder weniger durch alle Studien zieht, an denen Latour beteiligt ist. Wie Lynch kritisiert, wird dabei die Semiotik der Textproduktion, d. h. die Ebene zeichenhafter Materialität, überbetont: Die In-situ-Organisation wissenschaftlicher Arbeit wird auf die semiotische Funktion der Stabilisierung von Wissensbehauptungen reduziert (Lynch 1997: 99; vgl. Krey 2014: 176). Lynch selbst möchte in seiner Studie hingegen die

„Werkstattarbeit" und die „Werkstattgespräche" in einem Laboratorium und in der „sozialen Organisation wissenschaftlicher Arbeit" untersuchen (Lynch 1985: 25). Lynch folgt einem ethnomethodologischen Forschungsprogramm, das darauf aus ist, soziale Phänomene „von innen heraus" als eine „lokal bewerkstelligte soziale Leistung" zu betrachten. Es geht ihm darum, „den ‚Leser' in die gewöhnlichen Schauplätze praktischen Verhaltens" zu führen (Lynch 1985: 6, 58). Dabei fragt er, wie sich Werkstattarbeit und Werkstattgespräche sequenziell vollziehen und diese zugleich in die umfassenderen räumlichen und zeitlichen Strukturen der Laborumgebung eingelassen sind. Letztere ist Umwelt unterschiedlicher wissenschaftlicher Fachgebiete, die sich mit ihren Apparaturen, Werkbänken und sonstigen Instrumentarien in den Räumen des Laboratoriums ausbreiten; die Wissenschaftler/-innen wiederum sind ihrerseits auf Fachgebiete spezialisiert und besiedeln entsprechend spezifische Orte und Räume des Laboratoriums (Lynch 1985: 27 f.).

Die zeitliche Organisation des Labors ist durch eine „Temporalisierung von Werkstattpraktiken in übergreifende Forschungsprojekte" charakterisiert. „Projekte" sind in sich geschlossene Einheiten der Laborarbeit, die die einzelnen Arbeitsschritte „seriell ordnen". Solche Forschungsprojekte – Promotionsprojekte, Postdocforschung, lokale Forschungsprojekte, internationale Kollaborationen etc. – sind zeitlich begrenzt durch angebbare Phasen: Projektplanung und -recherche, Feld- und Laborforschung, Auswertung und Aufbereitung von Datenmaterialien und Abschluss des Projekts in „Form des Aufschreibens der Resultate im Format einer Forschungspublikation" (Lynch 1985: 53 f.). Die wissenschaftliche Arbeit ist für Lynch in erster Linie eine „Praxis mit Papier": eine körperliche Praxis, die durch eine Orientierung auf unterschiedlichste Papiermaterialien geprägt ist. So lassen sich zum einen unterschiedliche Formen des Schreibens von Papieren ausmachen: Von Textdokumenten, die als Datenmaterialien in der Forschungsarbeit gebraucht werden, bis hin zu Manuskripten zur Publikation von Forschungsresultaten. Zum anderen ist das Lesen von Papieren Teil der Arbeit in den jeweiligen Stadien der Forschungsprojekte: Fachpublikationen werden herangezogen, um methodische Fragen zu klären oder Anregungen für den Erhebungs- und Auswertungsprozess zu bekommen, und all die im Projektverlauf erarbeiteten Datenmaterialien müssen gelesen und gemeinsam mit anderen Mitgliedern eines Projekts diskutiert werden (Lynch 1985: 152 f., 284). Diese oft solitäre „Praxis mit Papier" wird eingebunden in die Zusammenarbeit mit anderen durch Gespräche im Labor und in den an das Labor angrenzenden Büros und sonstigen Arbeitsstätten (Lynch 1985: 81). Als Praxis mit Papier ist die wissenschaftliche Arbeit also durch eine strukturelle Schriftlichkeit geprägt, die jedoch immer wieder in den mündlichen Austausch mit anderen und in das situationale Laborgeschehen übersetzt wird. Gemeinsam mit Amann bezeichnet Knorr Cetina solche Laborgespräche als „Vehikel des Denkens", mittels derer interaktiv und kollaborativ an und mit Datenmaterialien räsoniert wird (Amann u. Knorr Cetina 1989: 6 f., 22).

Lynchs Studie führt die Wissenschaftsforschung heran an die Praxis mit Papier. Er selbst lässt die „[I]n-situ-Arbeit" und die körperliche Logik des Lesens und Schreibens aus seiner Analyse zwar heraus, betont jedoch, dass sich diese – u. a. mit Audio- und

Videoaufzeichnungen – auf vergleichbare Weise untersuchen lassen und dabei eine ähnliche lokale und sequenzielle Organisation der Praxis zutage treten sollte, wie dies bei der Erforschung von Interaktionsvollzügen der Fall ist (Lynch 1985: 282, 153 f.).

Die Laborstudien können dabei helfen, die wissenschaftliche Papierarbeit und das Lesen von Wissenschaftsliteratur als Praxis zu untersuchen. Gleichzeitig machen sie sich – obwohl sie darum bemüht sind, eine naive Haltung einzunehmen, die das Offensichtliche zum Problematischen macht und dabei die eigenen Vorannahmen einzuklammern sucht – allzu sehr zu eigen, was Hoffmann in Anlehnung an Althusser als „spontane Philosophie der Wissenschaftler" bezeichnet (Hoffmann 2013: 82; vgl. Althusser 1974: 102): die Selbstbeschreibung wissenschaftlicher Arbeit als eine „produktive" Tätigkeit. Die Laborstudien und die daran anschließenden Beiträge zur Wissenschaftsforschung gehen wesentlich davon aus, dass „die Arbeit der Wissenschaften unter der Prämisse ihrer Produktivität" zu betrachten ist (Hoffmann 2013: 13 f., 126). Die Analyseheuristik ist dabei, Wissenschaft als produzierendes Gewerbe zu betrachten, in dem „Erkenntnis" hergestellt wird (vgl. Knorr Cetina 2012: XI f.). Dies war und ist einerseits ein wichtiger Impuls für die Wissenschaftsforschung. Konzentrierte sich die Analyse vor den Laborstudien meist darauf, die institutionellen und organisationalen Rahmenbedingungen ebenso wie die erkenntnistheoretischen Grundlagen der Wissenschaften zu untersuchen, so wurden und werden Letztere nun als Felder professioneller Praxis erforscht – einer Praxis, die sich in mancherlei Hinsicht von der professionellen Praxis in anderen Berufsfeldern unterscheidet, in anderen Hinsichten aber auch nicht (vgl. Heintz 1993). Andererseits jedoch wird die Produktivität wissenschaftlicher Arbeit von den Laborstudien überbetont. So wird übersehen, dass Produktivität nur ein Aspekt von Arbeit im Allgemeinen und von wissenschaftlicher Arbeit im Besonderen ist. Dass z. B. das gelesene Papiere im Laboralltag für die eigene Forschungsarbeit verwertet und als Inspirationsquellen jeweiliger Forschungsprojekte dienen, gehört zur Selbstbeschreibung von Wissenschaftskulturen, die die Alltagspraxis mit entsprechenden Motivlagen versorgen. Diese und andere Selbstbeschreibungen der wissenschaftlichen Praxis und Kultur darf sich die Wissenschaftsforschung nicht zu eigen machen, sondern muss sie anthropologisch befremden und zum Gegenstand der Analyse in Form empirischer Studien machen.

Der Titel dieses Buches – „Textarbeit" – setzt also nicht voraus, dass das Lesen von Wissenschaftsliteratur eine genuin produktive Tätigkeit ist. Ob und wie dies einmal der Fall ist und ein andermal nicht, muss empirisch beantwortet werden. Der hier verwandte Begriff der „Arbeit" soll darauf verweisen, dass dieses Buch von einer spezifischen Form des Lesens handelt: vom Lesen als eine wissenschaftlich disziplinierte professionelle Praxis. Im folgenden Abschnitt möchte ich skizzieren, an welche theoretischen Überlegungen ich mit dieser Begriffsbestimmung anschließe, bevor ich dann in Abschnitt 1.4 Anmerkungen zum methodischen Vorgehen und zum Datenmaterial dieser Studie mache.

1.3 Arbeit

Im Kern geht das hier vertretene Verständnis von „Arbeit" als einer professionellen Form von Praxis auf Beiträge zur Ethnomethodologie und zum Interaktionismus zurück. Beide Forschungsperspektiven möchte ich hier kurz diskutieren.

1.3.1 Ethnomethodologische Erforschung von Arbeit

Die Ethnomethodologie fragt nach dem Alltagswissen der Mitglieder einer jeweiligen Sozialgemeinschaft oder Volkskultur. Auf diesen gemeinschaftlichen bzw. volkskulturellen Charakter des Gegenstands verweist das Wort „Ethno" (Garfinkel 1974: 16 f.). Das Wort „Methode" gebrauchen Vertreter/-innen dieser Schule, weil sie davon ausgehen, dass dieses Alltagswissen die Wahrnehmungen und das Verhalten der Mitglieder von Gemeinschaften systematisch ordnet und organisiert, wie sie körperlich agieren und reagieren und miteinander kommunizieren. Zugleich gehen sie davon aus, dass die Mitglieder über eine gemeinsam geteilte „Methodologie" verfügen. Ihr Alltagswissen versorgt die Mitglieder mit Kategorien und Taxonomien, die ihnen helfen, sich selbst und anderen diese Sozialordnung zu beschreiben und zu erklären. Diese Beschreibungen und Erklärungen bezeichnet Garfinkel – der Begründer der Ethnomethodologie – als „Accounts", d. h. als Berichte, Darstellungen oder Erzählungen (Garfinkel 1967: vii f., 1 f.).

Innerhalb der Ethnomethodologie hat sich ein Forschungszusammenhang etabliert, den Garfinkel als „ethnomethodologische Studien von Arbeit" bezeichnet (Garfinkel 1986: vii). Diese Beiträge erforschen Ethnomethoden in professionellen Arbeitsfeldern: z. B. in Beratungs- und Notrufgesprächen in Telefonzentralen, in der Falldokumentation in Krankenhäusern und in der Polizeiarbeit, im Verhalten beim Lastwagenfahren oder beim Musizieren oder aber beim Lehren und Lernen in der Schule. Viele dieser Beiträge untersuchen zudem wissenschaftliche Arbeitsfelder wie das Forschen, Lehren und Studieren (vgl. Garfinkel 1986; Sacks 1972; Turner 1974). Damit rücken auch die Sozialwissenschaften in den Fokus der analytischen Aufmerksamkeit. Für die Ethnomethodologie ist die Soziologie eine Form des Räsonierens über soziale Phänomene neben anderen; und sie ist als solche ein Gegenstand empirischer Forschung eigenen Rechts. Bleiben bei oben diskutierten Forschungssträngen die Sozialwissenschaften außen vor, so sind sie hier also Teil des Phänomenbereichs. Ethnomethodolog/-innen betonen dabei in Anlehnung an Schütz, dass die soziologische Arbeit auf einem Alltagswissen und auf Alltagsvokabularen beruht, die deren Mitglieder aus dem Miteinander mit anderen in den unterschiedlichsten Alltagssituationen erlernt haben (vgl. Schütz 1953). Soziologische Wissensformen und Vokabulare sind, so Garfinkel und Sacks, die akademischen Verwandten alltäglicher Wissensformen und Vokabulare, „die an die Universität gegangen und gebildet zurückgekommen sind" (Garfinkel u. Sacks 1986: 177). In der Soziologie und anderen Sozialwissenschaften spielen zudem Texte eine große Rolle. Diese Disziplinen sind für

Garfinkel u. a. wesentlich „Sprachwissenschaften", die ihre Phänomene zunächst und vor allem in „literarischen Unternehmungen durch die Künste des Lesens und Schreibens von Texten, durch das Handhaben ordentlicher Schriftstücke und das Herumschieben von Worten" be- und verarbeiten (Garfinkel u. a. 1981: 133).

Der ethnomethodologische Begriff der „Arbeit" zielt darauf ab, die Charakteristika der professionellen Arbeit in den Wissenschaften und in anderen Tätigkeitsfeldern in deren Eigenlogik zu beforschen und zu bestimmen. Er wird zwar manchmal synonym zum Begriff der „Methode" verwandt, zielt jedoch stärker auf das tätige Moment, d. h. das körperliche Schaffen im Vollzug. Die soziale Ordnung und Organisation dieses Geschehens wird entsprechend als „Vollzugswirklichkeit" verstanden (Bergmann 1974: 115 f.; vgl. Garfinkel 2002: 210, 248 f.). Zur Rahmung solcher Arbeitsvollzüge bedienen sich Mitglieder, so Garfinkel und Sacks, „formaler Strukturen". Dies sind sprachliche Formulierungen, die eine Praxis „kontextualisieren", d. h. als Teil einer Situation und Sozialordnung praktisch erklären und verständlich machen. Die Arbeit und deren Formulierungen sind „indexikal", d. h. sinnhaft aufeinander bezogen (Garfinkel u. Sacks 1986: 169 f., 176 f.). Keines von beidem geht dem anderen voraus; vielmehr bringen die Arbeit und deren Formulierungen sich wechselseitig sozial hervor. Die Ethnomethodologie bezeichnet dies als die „Reflexivität" von Methoden und praktischen Erklärungen (Bergmann 1974: 90 f.)

Die Bezugsobjekte dieses Geschehens – Gegenstände und Umgebungen, Gesprächsthemen und -partner etc. – sind für Garfinkel „orientierte Objekte", d. h. Objekte einer körperlich-sinnlichen und kommunikativ-sinnhaften Bezugnahme (Garfinkel 2002: 178 – 181). Kommunikation selbst basiert auf dem „Arbeitsakt" als dem „Vehikel der Kommunikation". Dieser Arbeitsakt ist ein körperlicher Vollzug, der Anwesendes oder Abwesendes sinnhaft be- und verhandelt (Garfinkel 2006: 180 f.).

Ich möchte diese Überlegungen aufgreifen und Fachliteratur im Folgenden als orientiertes Objekt des Lesens beschreiben, das in und mit den formalen Strukturen ebenjener Praxis als Objekt einer wissenschaftlichen Arbeit gerahmt wird. Dabei greife ich u. a. auf Bergmanns Öffnung der Ethnomethodologie für eine Erforschung „kommunikativer Gattungen" zurück.[14] Unter „kommunikativen Gattungen" versteht er „kommunikative Formen, die als ‚verfestigt' gelten können, weil sie wie ein Muster das Handeln der Beteiligten in seinem Ablauf über eine gewisse Zeitspanne hinweg vorbestimmen". Formen von Literatur und anderen kommunikativen Gattungen sind „reale kulturelle Objekte, die ihren Ursprung in den „Typisierungsprozesse[n] im Alltagsverstand" und in dessen „(Ethno-)Kategorien und Taxonomien" haben (Bergmann 1987: 35 f., 38). Diesen Ethnokategorien und -taxonomien des Lesens von Fachliteratur gehe ich im Folgenden nach. Neben den Beiträgen zur Ethnomethodologie bilden dabei Beiträge zu einer interaktionistischen Erforschung von Arbeit wichtige Ausgangspunkte, die Erstere um eine stärker organisationssoziologische Perspektive ergänzen.

---

14 Zum Begriff der „kommunikativen Gattungen" vgl. Luckmann 1986.

1.3.2 Interaktionistische Erforschung von Arbeit

Dieser Forschungsstrang ist geprägt durch die „Studien von Arbeit" bei Strauss und anderen und durch die „Arbeitsplatzstudien" u. a. bei Heath und Luff, die die ethnomethodologische Erforschung von Arbeit mit interaktionssoziologischen Fragestellungen zu verbinden versuchen (vgl. Heath u. Luff 2000; Straus u. a. 1993).

Betreibt die Ethnomethodologie eher eine Erforschung von Arbeit in Organisationen, so unternehmen die interaktionistischen Beiträge von Strauss und anderen eher eine Erforschung von Organisationen.[15] Arbeit wird dabei – anders als in der Ethnomethodologie – weniger als ein körperliches Vollzugsgeschehen gedacht als vielmehr als Kooperation in den Zusammenhängen professioneller Organisationen. Die empirischen Felder und Gegenstände sind entsprechend Formen der Zusammenarbeit in Krankenhäusern und in der Pflege, in Bereichen der Industrie und im Forschen und Studieren in universitären und außeruniversitären Einrichtungen (vgl. Becker u. a. 1995; Glaser u. Strauss 1965; Strauss 2001; Strauss u. Rainwater 2011). Strauss stellt seine Forschung in eine pragmatistische Denktradition. Arbeit ist danach eine spezifische Form von Interaktion: eine Tätigkeit im Austausch mit anderen, die in unterschiedliche Aufgabenstellungen und Handlungsabläufe untergliedert ist. Die Arbeit in professionellen Organisationen ist zwar auch, jedoch nicht ausschließlich und oftmals lediglich in nachgelagerter Hinsicht eine rationale bzw. rationalisierte Form der Interaktion (Strauss 1993: 81 f.).

Wenngleich sich die Forschungsinteressen und -methoden bei Strauss von denen der Ethnomethodologie unterscheiden, so gibt es doch – wie Strübing aufzeigt – wichtige Parallelen. Hier wie dort sind Organisationen keine von der Arbeit unabhängige Strukturen. Vielmehr werden Erstere erst im interaktiven Prozess der „Artikulation" von Arbeitszusammenhängen hervorgebracht. So werden Projekte und deren Aufgaben, Ziele und der Ressourcenge- und -verbrauch ebenso definiert und verhandelt wie die damit verbundenen Möglichkeiten und Notwendigkeiten der Arbeitsteilung. Neben der sozialen Dimension der Arbeitsteilung geht es dabei vor allem um die zeitliche Organisation der Arbeit in „Arbeitsbögen" und „Trajektorien", d. h. in den konkreten zeitlichen Verläufen. Dabei entwickelt sich eine „prozessuale Eigenlogik einmal in Gang gesetzter Abläufe, die den Beteiligten, bei aller eigenen Verstrickung darin, wie eine mit eigener [Agenzie] begabte Entität entgegentreten können und sich aus der Erlebens- bzw. Erleidensperspektive der Betroffenen kontrollierendem oder beeinflussendem Handeln weitgehend zu verschließen scheinen" (Strübing 2008: 25 f.; vgl. Strauss 1988: 164 f.).

Heath und Luff führen die Frage nach der kollaborativen Arbeit in organisationalen Zusammenhängen mit der Frage nach der materialen Infrastruktur und dem Gebrauch von Technologien in Interaktionen zusammen. Beide richten die analytische Aufmerksamkeit auf die „sozial organisierten Praktiken" und das „Räsonieren, in

---

15 Ich danke Tobias Röhl für diesen Hinweis.

und mit dem Teilnehmer ihre (technologisch durchdrungenen) Aktivitäten an den Arbeitsplätzen herstellen, erkennen und koordinieren" (Heath u. Luff 2000: 15 f., 19). Sie zeigen auf, dass unterschiedliche Technologien die Koordination an Arbeitsplätzen auf je spezifische Weise ermöglichen: Papiere können annotiert, herumgereicht und herumgeschoben, aufbewahrt und abgelegt werden und haben dabei eine eigene „Geographie", die einen unmittelbaren Überblick z. B. über eine Akte im Lesen und Schreiben zulässt; digitale Dokumente und Dokumentationssysteme hingegen ermöglichen einerseits eine stärkere Verknüpfung und Systematisierung des Zugriffs an unterschiedlichen Orten und zu unterschiedlichen Zeiten, sind jedoch weniger flexibel in der Handhabung (Heath u. Luff u. a. 2000: 31 f., 36 f.). Sellen und Harper bezeichnen dies als die „Affordanz" des Papiers: als Ermöglichung von Handhabungs- und Wahrnehmungsweisen aufgrund der materialen Eigenschaften des Papiers (Sellen u. Harper 2003: 16 f., 53).[16]

Die Papierarbeit im wissenschaftlichen Lesen ist neben den formalen bzw. organisationalen Strukturen des wissenschaftlichen Alltags wesentlich durch diese Affordanz beeinflusst. Mit Suchman lassen sich Fachaufsätze, Manuskripte und andere literarische Objekte als „interaktive Artefakte" bezeichnen, die eine „Dissoziation" der Gelegenheiten ihrer Produktion von denen ihres Gebrauchs und gerade dadurch eine Kollaboration bzw. „Koproduktion in einer gemeinsamen soziomaterialen Welt" ermöglichen; genau dies macht für Suchman die „unveränderliche Mobilität" von Papier- und anderen Textdokumenten aus (Suchman 2007: 22 f., 46 f.).

Diese Studien helfen dabei, das Lesen von Wissenschaftsliteratur (1) als ein körperliches Vollzugsgeschehen zu begreifen, dessen feldeigene Sinnhaftigkeit in den formalen Strukturen der professionellen Organisation wissenschaftlicher Arbeit begründet ist, und (2) als eine Papierarbeit mit Literatur als Objekt mit spezifischen materialen Charakteristika, die Formen der Koordination in einer Gemeinschaft ermöglichen.

Bei aller empirischen Öffnung der oben diskutierten literaturwissenschaftlichen und diskursanalytischen Beiträge hin in Richtung einer Betrachtung der Materialität von Texten und des körperlichen Vollzugsgeschehens des Lesens in dessen formalen Strukturen, gilt es jedoch zu berücksichtigen, dass Leseobjekte kommunikative Objekte sind: kulturelle Objekte einer spezifischen kommunikativen Gattung – hier: Wissenschaftsliteratur– mittels derer sich die Mitglieder von Sozialgemeinschaften sinnhaft austauschen. Neben der In-situ- und der In-Text-Organisation des Lesens findet sich eine Ebene der Organisation, die in den kommunikativen Gattungen und den Ethnokategorien und -taxonomien ebenjener Praxis zu finden ist. Um diese Ebene der Organisation zu erforschen, möchte ich die hier diskutierten ethnomethodologischen und interaktionistischen Beiträge um Überlegungen ergänzen, die dort bereits angelegt sind und die in einer pragmatistischen Denktradition stehen (vgl. Emirbayer u. Maynard 2011). Dort ist es insbesondere Mead, der die Frage nach der kommuni-

---

16 Zum Begriff der Affordanz vgl. Gibson 1986.

kativen Koordination der Wahrnehmung und des Verhaltens der Mitglieder von Sozialgemeinschaften in den Mittelpunkt seiner Forschung gestellt hat; dabei geht es ihm u. a. darum, wie Mitgliedschaft und wie Gemeinschaft überhaupt in der kommunikativ koordinierten körperlichen Bezugnahme eines Organismus auf seine Umwelt hergestellt werden (Mead 1925: 259 f.; 265 f.). In diesem Zusammenhang fragt er, wie Wissen als eine spezifische Haltung des Organismus der Umwelt gegenüber entsteht (Mead 1938: 6 f., 12).

Ich möchte diese Frage aufgreifen und an Meads Überlegungen anschließen, um so die Annahme der Laborstudien, die wissenschaftliche Arbeit sei eine produktive, Wissen generierende Tätigkeit, zunächst konzeptuell einzuklammern und stattdessen zum Gegenstand empirischer Forschung zu machen. Der Wissensbegriff wird so, mit Hirschauer formuliert, praxeologisch „tiefergelegt": es wird gefragt, „wie etwas überhaupt gewusst wird? Auf welche Weise ist es bekannt, vertraut, präsent, verfügbar, verstanden?" (Hirschauer 2008: 977 f.). Wissen ist in diesem Sinn weniger Produkt als vielmehr Bezugsproblem des Lesens: Dass und wie etwas gewusst wird und wer welches Wissen hat bzw. erwirbt, ist Gegenstand von Ethnokategorien und -taxonomien, innerhalb derer Lesen und Wissenschaftsliteratur ihr soziales Leben führen.

Dieses soziale Leben thematisiere ich im Folgenden unter drei Gesichtspunkten: (1) des Lesens als einer professionellen Praxis in den Organisationsstrukturen wissenschaftlicher Fachkulturen, (2) der Leseobjekte als Texte, die auf spezifische Weise gestaltet und formuliert und entsprechend wahrgenommen und behandelt werden, und (3) ebenjener Leseobjekte als Literatur, die als Bestandteil dessen verhandelt wird, was ich mit Mead als „Diskursuniversum" einer akademischen Disziplin bezeichnen möchte (vgl. Mead 1925: 272). Dabei geht es mir insbesondere darum, herauszufinden, wie das Verhältnis des Lesens als Praxis und des Lesens als Kommunikation beschrieben und analytisch begriffen werden kann. Bei der Wissenschaftskultur, die ich im Folgenden in den Blick nehme, handelt es sich – wie in der Einleitung skizziert – um die Soziologie. Diese analytische Konzentration ergibt sich daraus, dass ich genau wie Garfinkel u. a. davon ausgehe, dass die literarische Papierarbeit dort einen besonderen Stellenwert einnimmt und sich wissenschaftliche literarische Unternehmungen u. a. des Lesens hier besonders gut empirisch nachvollziehen lassen (vgl. Garfinkel u. a. 1981). Bevor ich das soziale Leben des Lesens und der Literatur in den nächsten Kapiteln zum Gegenstand mache, möchte ich hier noch in der gebotenen Kürze auf die Datenmaterialien und die Forschungsmethoden eingehen, die den folgenden Ausführungen zugrunde liegen.

1.4 Datenmaterialien und Methoden

Das Datenmaterial, auf das ich im Folgenden zurückgreife, habe ich zwischen März 2011 und Dezember 2013 am soziologischen Institut einer Universität gesammelt, die ich im Folgenden zu Zwecken der Anonymisierung als „Universität von Utopia Planitia" bezeichne – die Wissenschaftler/-innen und Studierenden nennen ihre Universität oft auch „U.P" oder „Ups".[17] An der Ups studieren ca. 35.000 Lebewesen, die von mehr als 90 verschiedenen Planeten stammen. Am soziologischen Institut – im Folgenden: das „Institut für Exo-Soziologie" – forschen, lehren und lernen 1.675 Studierende, 37 Mitarbeiter/-innen und fünf Professor/-innen. Es ist in unterschiedliche Arbeitsbereiche eingeteilt: „Technologien des Space-Age", „Interstellare Kommunikation", „Interplanetare Organisationen", „Interplanetare Sozialstrukturen" und „Interplanetare Alltagskulturen". Im letzteren Arbeitsbereich konnte ich die Soziolog/-innen und Studierenden bei ihrem Leseverhalten in Forschung, Lehre und Studium begleiten.

Diese Lesearbeit habe ich mit Videokameras aufgezeichnet und die gelesene Literatur eingescannt. Die Videoaufzeichnungen dienten dazu, das Lesen als ein körperliches Vollzugsgeschehen an den Orten und in den Umwelten universitärer Arbeit nachvollziehbar zu machen. Solche Aufzeichnungen helfen dabei, so Bergmann, „ein sich ereignendes soziales Geschehen in seinem realen zeitlichen Ablauf zu bewahren und gleichzeitig in dessen Temporalstruktur in beliebiger Weise und reversibler Weise zu manipulieren" und so „die von den Interagierenden in ihrem Handeln hervorgebrachte soziale Ordnung in ihrer Prozeßhaftigkeit zu bestimmen" (Bergmann 1985: 304, 313). Die eingescannte Literatur wurde text- und diskursanalytisch untersucht und beides – Lesen und Literatur – analytisch miteinander in Beziehung gesetzt, um so zu verstehen, wie das situationale Vollzugsgeschehen auf und durch die sprachliche und anderweitige Materialität der Literatur orientiert wird. Zudem wurde das Datenmaterial gemeinsam mit den Beforschten betrachtet und diskutiert. Diese Datensitzungen wurden genutzt, um unterschiedliche Sichtweisen auf das Lesen und dessen Literatur sowohl aus der Forschungs- wie aus der beforschten Perspektive zu explizieren.

Letzteres ist ein wichtiger methodischer Punkt, der mein Verhältnis als Forschender zum beforschten Feld und Gegenstand betrifft. Ich betreibe hier eine soziologische Studie des Lesens im soziologischen Forschen, Lehren und Studieren und forsche und lehre meinerseits als Soziologe und lese und diskutiere in diesen Arbeitszusammenhängen soziologische Literatur. Ich bin also immer wieder in ebenjener Praxis engagiert, die Gegenstand dieses Buches ist. Auf der einen Seite nutze ich dieses Involviertsein im Folgenden als analytische Ressource: So habe ich u. a. auch meine eigene Literaturarbeit video- und autoethnographisch aufgezeichnet. Zudem habe ich an einem Seminar, in dem Literatur gelesen und diskutiert wurde, teilgenommen und die Diskussion mit einem digitalen Diktiergerät aufgezeichnet. Diese Datenmaterialen dienen dazu, das Lesen von Fachliteratur von innen heraus in deren inneren Logik und dabei u. a. auch in deren Selbst-Beschreibung – mit Pollner for-

---

17 Astronomisch interessierte Leser/-innen werden feststellen, dass es sich bei „Utopia Planitia" um den Namen einer Tiefebene auf der nördlichen Hemisphäre des Planeten Mars handelt, die wahrscheinlich durch einen Asteroideneinschlag entstanden ist. Diese Namenswahl soll weder gängige Klischees bedienen, wonach Wissenschaftler/-innen weltfremd sind, noch wünsche ich den Beforschten das Schicksal eines Asteroideneinschlags.

muliert: in deren „Autobiographie" (Pollner 1978: 179) – zu verstehen. Auf der anderen Seite ist es m. E. jedoch erforderlich, das eigene Involviertsein analytisch zu *befremden* und zum Gegenstand zu machen. Wie weiter oben diskutiert, neigt die Wissenschaftsforschung in der Betrachtung wissenschaftlicher Literatur dazu, zu übersehen, was aus dem eigenen akademischen Alltag allzu vertraut ist: dass diese Literatur gelesen wird und das Letzteres unterschiedlichsten praktischen Zwecken und situationalen Eigenlogiken folgt (vgl. Smith 1993: 121 f.). Es ist also erforderlich, die eigenen Ethnomethoden, so schreiben es Amann und Hirschauer, „,kurios', also zum Objekt einer ebenso empirischen wie theoretischen Neugier zu machen"; das „weitgehend Vertraute wird dann betrachtet, *als sei es fremd*, es wird nicht nachvollziehend verstanden, sondern methodisch ,*befremdet*': es wird auf Distanz zum Beobachter gebracht" (Amann u. Hirschauer 1997: 9, 12).

Ich tue dies mit audiovisuellen Aufzeichnungen auch meines eigenen Lesens. In deren Betrachtung tritt mir das alltäglich vertraute als Datenmaterial entgegen; dies hilft, die vertraute Lesepraxis und Literatur neu und anders, nämlich soziologisch kennenzulernen. In diesem Datenmaterial ist entsprechend auch Leseverhalten enthalten, das in das vorliegende Manuskript eingegangen sind. Die Überschrift dieses Kapitels – „Die Literatur der Textarbeit" – soll darauf verweisen, dass auch dieses Buch u. a. das Produkt einer körperlichen und kommunikativen Praxis des Lesens ist.[18] Ich habe mich jedoch dagegen entschieden, diesen Umstand in einer reflexiven Schleife mehr oder minder dauerhaft mitzudenken und mitzubeschreiben. Ein solches reflexives Projekt habe ich an anderer Stelle versucht (vgl. Krey 2011). Anders als Woolgar und Ashmore gehe ich aber nicht davon aus, dass (1) mit der Betrachtung des eigenen Tuns prinzipiell ein Erkenntnisgewinn verbunden ist und (2) dass die Betrachtung des eigenen Lesens mithilfe von ethno- und videographischen Datenmaterial per se reflexiv ist (Woolgar u. Ashmore 1988). Es ist vielmehr einfach eine Form von Empirie neben anderen. Bei der analytischen Berücksichtigung des eigenen Lesens geht es mir also darum, die innere Logik des Lesens und der Literatur zu verstehen und zugleich zu befremden.

Um die umfassenderen Sozialzusammenhänge dieser Lesepraxis mitzuerfassen, habe ich die Video- und Textanalyse eingebettet in ethnographische Beschreibungen der Arbeitszusammenhänge des Forschens, Lehrens und Studierens an der Ups. Unter „Ethnographie" verstehe ich wie Breidenstein und Koautoren eine soziologische Beschreibung, die „kulturelle Phänomene aus ihrem Kontext heraus zu verstehen versucht: mit Mythen, Vokabularien, Filmen, Ritualen und Artefakten". Eine solche Ethnographie versucht, den „Vollzug und die Darstellung von Praktiken" und ebenso „Fragen der Lösung von Handlungsproblemen und der Handlungskoordination zu explizieren" (Breidenstein u. a. 2013: 31, 33).

---

18 Zudem ist diese Kapitelüberschrift auch eine Verneigung vor Niklas Luhmann, der ähnliche Titel für seine Bücher formuliert hat.

Ob und wie sich diese Datenmaterialien im Folgenden glücklich ergänzen und es dem Forschungssubjekt dieser Textarbeit gelungen ist, die beforschten Situationen adäquat zu erkennen, muss sich auf den folgenden Seiten und im Lesen dieser Seiten erweisen. Die Datenmaterialien wurden für die folgenden Ausführungen so weit wie nötig und so wenig wie möglich anonymisiert – so weit wie nötig, um die Persönlichkeitsrechte der Beforschten gegenüber der Wissenschaftsöffentlichkeit zu respektieren und zu garantieren und deren Praxis der soziologischen Abstraktion zugänglich zu machen; und so wenig wie möglich, um ebenjene Praxis in ihren Autobiographien, d. h. in ihrem sozialen Leben in den Ethnokategorien und -taxonomien des Feldes zu erkunden. Die Namen und persönlichen Charakteristika der Beforschten wurden daher ebenso anonymisiert und in die Form analytischer Idealtypen übertragen wie die formalen Strukturen der Ups, des Instituts für Exo-Soziologie und des Arbeitsbereichs „Interplanetare Alltagskulturen" und die dort gelesenen Formen wissenschaftlicher Literatur. Dabei habe ich versucht, die soziale Logik des Lesens und die Gestaltungs- und Formulierungsweisen der Literatur in diese Anonymisierungen und Idealisierungen zu transportieren. Auf dem Verhalten zum Geschriebenen beim Lesen liegt der Fokus dieser Studie. Zur Erforschung der Lesepraxis einer Disziplin gehört es, deren Literatur in den Eigenlogiken und den natürlichen Habitaten ebenjener Praxis zu beschreiben. So lässt sich eine Kultur im philologischen Sinn über das langsame und anderweitige Lesen von Literatur verstehen und im soziologischen Sinn über die detaillierte Befremdung der eigenen Lesekultur.

2 Universitäres Lesen

Dieses Kapitel handelt vom Lesen als professionelle wissenschaftliche Praxis. In Abschnitt 2.1 werde ich die Organisation dieser Praxis als Arbeit in den professionellen Sozialzusammenhängen von Forschung, Lehre und Studium thematisieren und in Abschnitt 2.2 den körperlichen Vollzug des Lesens in konkreten sozialen Situationen. In beidem – in der Organisation wie in der Situation – wird Fachliteratur zu einem „orientierten Objekt" (Garfinkel 2002: 179 f.): zu einem Objekt, das in je spezifischen sozialen, räumlichen und zeitlichen Umwelten und Strukturen gelesen wird.

2.1 Formale Strukturen

Die Organisation von Forschung, Lehre und Studium verstehe ich in diesem Abschnitt mit Garfinkel und Sacks als „formale Struktur", die die Praxis des Lesens kontextualisiert, d. h. in je spezifische Sozialzusammenhänge einbettet. Formale Strukturen sind die Selbstbeschreibungen, mit denen die Mitglieder ebensolcher Sozialzusammenhänge sich selbst und anderen sinnhaft erklären was sie wie und wieso tun (Garfinkel u. Sacks 1986: 165 f., 177). Um die Besonderheiten des durch Forschung, Lehre und Studium organisierten Lesens zu untersuchen, verbinde ich dieses wissenssoziologisch-interpretative Konzept der formalen Strukturen mit dem professionssoziologischen Konzept der Organisation bei Corbin und Strauss. „Organisationen" sind für beide Beziehungsnetzwerke, die Arbeitsaufgaben, -abläufe und -teilungen ebenso wie die dazugehörigen Mittel und Zwecke sozial koordinieren (Corbin u. Strauss 1993: 72f.). Die Organisation des Lesens in wissenschaftlichen Arbeitszusammenhängen verstehe ich in diesem Sinn als formale Struktur sinnhafter Rahmungen und sozialer Beziehungen. Die Lesepraxis ist in universitäre Forschungs-, Lehr- und Studienarbeiten eingebunden, die ebenjene Praxis sinnhaft rahmen und das, was die dort Beschäftigten tun, sozial koordinieren.

Für analytische Zwecke unterscheide ich zwischen einem projektorientierten und einem curricular-orientierten Lesen. Das projektorientierte Lesen findet sich vor allem in der wissenschaftlichen Forschung, das curricular-orientierte vor allem im universitären Lehren und Studieren. Dies sind zunächst idealtypisch unterscheidbare Orientierungen, die in der konkreten Literaturarbeit mal ineinander, mal nebeneinanderher laufen. So werden manche Texte sowohl für die Forschung als auch für die Lehre gelesen und wird Seminarliteratur oft auch für das Schreiben einer Qualifikationsschrift genutzt; ebenso oft ist den Lesenden jedoch nicht immer unmittelbar klar, was sie wozu lesen und wie sich dies in andere Arbeitsaufgaben einpassen lässt. Beide Orientierungen sind (1) durch spezifische soziale und zeitliche Makrostrukturen charakterisiert: durch das, was Strauss „Arbeitsbögen" und „Trajektorien" bezeichnet (Strauss 1988: 164 f.). Zudem lassen sich (2) Motiv- und Zweckbeschreibungen, (3) Literaturrecherche- und Archivierungsstrategien und -technologien, (4) Kommuni-

https://doi.org/10.1515/9783110580242-003

kationssituationen, (5) räumliche Umgebungen, (6) eine zeitliche Mikroorganisation und (7) Körperbewegungen ausmachen. Die ersten drei Aspekte thematisierte ich in diesem Abschnitt; die letzten vier in Abschnitt 2.2.

2.1.1 Arbeitsbögen und Trajektorien

Wie bereits erwähnt greifen die unterschiedlichen Orientierungen der Lesearbeit oft ineinander. So liest Bernd einen Fachaufsatz sowohl für ein universitäres Seminar als auch für das Schreiben am Forschungsstand seiner Dissertation. Gemeinsam mit Petra arbeitet er in einem Forschungsprojekt von Susanne, der Professorin, die den Arbeitsbereich „Interplanetare Alltagskulturen" am Institut für Exo-Soziologie der Ups leitet.[1] Das Projekt trägt den Titel „Speziesismen". Susanne und ihre Mitarbeiter/-innen erforschen dort die Beziehungen und Grenzziehungen zwischen den Gesellschaften und Alltagskulturen unterschiedlicher Planeten. Bernd und Petra schreiben im Rahmen dieses Projekts an Dissertationen mit je eigenen Fragestellungen und Themen. Bernd erforscht Alltagsrituale der Schwangerschaft und Petra Familien- und Verwandtschaftsformen.

Bernds Lesen ist zunächst und vor allem durch die Arbeitsteilung in Susannes Projekt orientiert. Dort fallen unterschiedlichste Papier- und andere Arbeiten an. So musste zunächst ein Antrag zur Finanzierung geschrieben und dafür u. a. Fachliteratur gelesen werden. An dieser Lesearbeit waren und sind Bernd und Petra ebenso beteiligt wie an vielen anderen Projektaufgaben: von der Auswahl von Forschungsfeldern über das Generieren von Datenmaterialien und dessen Auswertung allein und in gemeinsamen Datensitzungen bis hin zu Schreib- und Lesearbeiten für Publikationen und den Antrag auf Weiterfinanzierung des Projekts durch die Marsianische Forschungsgemeinschaft (MFG). Ab und an – und vor allem in der frühen Phase des Projekts – führen Susanne, Bernd und Petra zudem universitäre Seminare zu einzelnen Themen durch. Neben diesem Projekt gibt es die damit in Wechselwirkung stehenden Arbeitsbögen der einzelnen Dissertationen und der darauf bezogenen Papierarbeiten: Bernd und Petra mussten bzw. müssen Exposés schreiben, in denen Forschungsfragen ebenso wie methodische und theoretische Perspektiven auf die jeweiligen Gegenstände formuliert werden; Datenmaterialien zu Papier bringen, die allein und gemeinsam mit anderen in Datensitzungen analysiert werden; und nicht zuletzt an der Dissertationsschrift und an anderen Typoskripten arbeiten, die möglicherweise vor, während oder nach der „Diss" publiziert werden.

Bei alledem gilt es, Literatur zu suchen, zu sichten und zu lesen; Literatur wird so zu einem orientierten Objekt der Organisationstrukturen des Projekts, in dem Bernd,

---

1 Alle Datenmaterialien wurden anonymisiert und in die fiktive Szenerie einer „Exo-Soziologie" übersetzt, die verschiedene Planeten, Monde und menschliche und nichtmenschliche Lebensformen umfasst. Vgl. zur Anonymisierung Kapitel 1.4.

Petra und Susanne gemeinsam arbeiten, und der darin eingelassen individuellen Dissertationsprojekte von Bernd und Petra. Fachliteratur ist ein konstitutiver Bestandteil der Zusammenarbeit von Bernd, Petra und Susanne und tief eingelassen in die gemeinsame und die jeweils einsame Projektarbeit. In ihrem Forschungsalltag engagieren sich die drei entsprechend immer wieder in „literarischen Unternehmungen [...] des Lesens und Schreibens" und des Diskutierens von Texten (Garfinkel u. a. 1981: 133).

Neben diesen organisationalen finden sich zudem fachkulturelle formale Strukturen, die das Lesen orientieren. Susanne und ihre Mitarbeiter/-innen ordnen sich einer Fachkultur zu, die sie als „qualitative Forschung" bezeichnen. Durch diese Zuordnung wird das Leseverhalten diszipliniert, d. h. auf und durch die in dieser Fachkultur eingelebten Arbeitsweisen und Textgattungen literarischer Praxis adjustiert. Die literarischen Unternehmungen des Lesens und Schreibens und deren Textgattungen haben in der qualitativen Forschung eine herausgehobene Stellung und nehmen im Arbeitsalltag von Susanne und ihren Mitarbeiter/-innen viele Ressourcen in Anspruch. Die wichtigste Ressource ist dabei die Zeit: Bernd, Petra, Susanne und die anderen am Arbeitsbereich verbringen einen Großteil ihres Forschungs- und Lehralltags damit, Literatur zu recherchieren, zu sichten, zu lesen und dann gegebenenfalls weiterzuverarbeiten. Gerade in der qualitativen Forschung lässt sich jedoch nur bedingt planen, wann was wie gelesen wird. Dies liegt nicht zuletzt darin begründet, dass das Lesen von Literatur hier – anders als in manch anderer Disziplin – als Teil des Forschungsprozesses selbst verstanden wird. Strauss und Corbin sehen die qualitative Forschung in ihrem Handbuch zur „Grounded Theory" – einer in dieser Disziplin wichtigen Methodenschule – durch ein „Zusammenspiel des Lesens und des Durchführens einer Untersuchung" gekennzeichnet (Strauss u. Corbin 1990: 55). Sowohl das Formulieren von Fragestellungen als auch die Analyse von Datenmaterialien und das Schreiben des Forschungsberichts sollten danach durch das Lesen von anderen Studien aber auch von Theorie- und Methodenliteratur und von nichtwissenschaftlichen Textgattungen angeleitet werden (Strauss u. Corbin 1990: 48).

Dieses Zusammenspiel zwischen Lese- und anderen Arbeiten muss im Forschungsalltag immer wieder tariert werden. Bernd unterscheidet z. B. zwischen „Analysetagen" und „Lesetagen". In unserem Gespräch über sein Lesen sagt er: „Es gibt so Tage, wo ich einfach sage, ich kriege nichts hin. Es geht jetzt irgendwie nicht. Und wenn ich noch fünf Stunden vor diesem PC sitze, mir fällt jetzt einfach nichts ein. Bringt jetzt nichts. Heute ist kein Analysetag, heute ist ein Lesetag." Das Lesen ist für ihn also mitunter nicht im Vorhinein planbar; zudem handelt es sich bei Analyse- und Lesetagen nicht um kalendarische Einheiten, sondern um situative Arbeitsorientierungen, die kontaktsensitiv sind für seine Selbstwahrnehmung. Bernd liest, wenn er nicht analysieren kann. Lesen ist etwas, was er tut, wenn ihm nichts einfällt. Dass er das Lesen nachrangig zum Analysieren rahmt, mag daran liegen, dass er zum Zeitpunkt unseres Gesprächs schon seit Längerem im Projekt und mit seiner Doktorarbeit beschäftigt und Letztere weiter fortgeschritten ist. In der Doktorarbeit ist er in einer „Analysephase". In anderen Phasen geht das Lesen anderen Aufgaben voraus bzw.

ermöglicht andere Aufgaben erst. Dann wird Literatur gelesen, um über Forschungsfragen und -felder oder mögliche Theoriebezüge und methodische Herangehensweisen und Problemstellungen nachzudenken.

So oder so ist die zeitliche Koordination des Lesens mit Arbeitsaufgaben und -abläufen ebenso wie mit Kolleg/-innen, Studierenden und anderen ein fortwährender Bezugspunkt von Forschungsprojekten. Letztere sind in aller Regel in umfassendere Organisationsstrukturen eingelassen, die die zeitlichen Ressourcen des Lesens begrenzen. Lisa z. B. ist studentische Hilfskraft an Susannes Arbeitsbereich und schreibt an ihrer Abschlussarbeit. Dabei muss sie die unterschiedlichen Aufgaben, die mit ihrer Stelle am Arbeitsbereich und ihrer Abschlussarbeit anfallen, koordinieren. In aller Regel hat sie als Hilfskraft viel zu tun, sodass, so sagt sie, „die Arbeit das so strukturiert" und sie liest, „wenn zwischendurch halt mal ein bisschen Leerlauf" ist.

Wenn ich bis hierher über „Textarbeit" geschrieben habe, so ziele ich mit dieser Formulierung – wie bereits erwähnt – darauf ab, dass das Lesen im wissenschaftlichen Alltag professionell organisiert und diszipliniert wird. Die Beforschten selbst nutzen dieses Wort auch und bezeichnen damit zumeist ein ziel- und zweckorientiertes Verhalten – gewissermaßen also das, was Habermas als „zweckrationales Handeln" entlang technischer Regeln oder Strategien beschreibt (Habermas 1969: 62). Lisa spricht hier jedoch von ihrem vertraglichen Beschäftigungsverhältnis am Institut, d. h. von ihrer Lohnarbeit für Susanne. Dieser Lohnarbeit ordnet sie ihre Abschlussarbeit und das darauf bezogene Lesen unter. Für Bernd hingegen ist das Lesen Teil seines Beschäftigungsverhältnisses im Projekt; er wird, anders als Lisa, für sein Lesen – zumindest im Zusammenhang von Susannes Projekt – auch finanziell entlohnt. Er ist zudem freier, sich seine Arbeitszeit einzuteilen und zu entscheiden, wann er liest, jedoch kommt es auch hier immer wieder zu Hierarchisierungen und Priorisierung von Arbeitsaufgaben und -abläufen.

In der Projektarbeit mit Susanne und Bernd gibt es immer wieder Phasen, in denen bestimmte Aufgaben zu erledigen sind bzw. Vorrang haben – dies insbesondere, wenn Zwischenberichte, Weiterbewilligungsanträge oder Publikationen zu schreiben sind. Dann müssen die Projekte von Bernd und Petra gegenüber dem gemeinsamen Projekt zurückstecken und die Lesearbeit bleibt mitunter liegen. Die qualitative Forschung ist charakterisiert durch eher offene Arbeitsbögen und Trajektorien, jedoch kommt es in solchen Phasen immer wieder zu temporalen Verdichtungen, in denen spezifische Aufgaben und Abläufe anderen vorgezogen und auf „Deadlines" hin bearbeitet werden müssen. Jenseits solcher Phasen können sich Bernd und Petra ihre Arbeitsaufgaben und -abläufe selbst einteilen. Dies ist mit Freiheiten, aber auch mit einigen Problemen verbunden; ich komme darauf im Abschnitt 2.2.3 zurück.

Vor allem mit Blick auf die Organisation von Aufgaben und Abläufen unterscheidet sich das curriculare deutlich vom projektorientierten Lesen. Bourdieu geht von „zwei Gesichtern der Arbeit" aus: von unterschiedlichen Organisationsprinzipien, die das Lesen sozial, räumlich und zeitlich strukturieren (Bourdieu 2000: 57). Zunächst und vor allem ist das Lesen hier der zentrale Bezugspunkt einer Beschäftigung in der universitären Lehre, die darauf abzielt, Studierende auszubilden. Literatur wird hier nicht jenseits eigentlicher Arbeit gelesen, sondern ist Objekt der Kernbeschäftigung. Die Ausbildung der Studierenden läuft am beforschten Arbeitsbereich wesentlich über die Diskussion von Literatur in Seminaren. So sagt Arno, ein in der Lehre beschäftigter Mitarbeiter von Susanne in unserem Gespräch: „Soziologie ist halt auch ein sehr textlastiges Studium. Das besteht ja eigentlich fast nur aus Lesen. Also eigentlich ist es eher ein Freischaufeln, mal nicht zu lesen. Das ist das täglich Brot eigentlich". Entsprechend ist das curriculare Lesen darauf orientiert, Seminardiskussionen von Literatur vorzubereiten.

Das curriculare Lesen ist eingelassen in die teils recht dichten Organisationsstrukturen universitärer Studiengänge und Prüfungsordnungen. Arno z. B., der erst seit Kurzem sein eigenes Studium am gleichen Arbeitsbereich abgeschlossen hat und anschließend von Susanne eingestellt wurde, bereitet sich zum Zeitpunkt unseres Gesprächs auf ein Seminar mit dem Titel „Theorien der Exo-Soziologie" vor. Sein Lesen wird dadurch auf und durch die Semester- und Seminarorganisation des Instituts und die Sozialstrukturen des Lehr- und Prüfungsbetriebs des Instituts orientiert. Die Literatur, die er in Vorbereitung auf das Seminar liest, ist, mit Star und Griesemer, ein „Grenzobjekt", d. h. ein Objekt, „mehrerer sich überschneidender sozialer Welten" (Star u. Griesemer 1989: 293) – in diesem Fall: der Welten der universitären Lehre, des Studierens, des Instituts für Exo-Soziologie, des Prüfungsamts und der Prüfungsordnung und, nicht zuletzt, der im Seminar anhand der Literatur diskutierten exo-soziologischen Theorieschulen.

Das curriculare Lesen ist durch Arbeitsbögen und Trajektorien charakterisiert, die es auf je spezifische Weise zu all diesen Welten in Beziehung setzen. So ist, was Arno liest, vorgegeben durch Susannes Lehrplanung, die wiederum mit der Lehrplanung anderer Arbeitsbereiche und der Organisation des Studiengangs – und bis zu einem gewissen Punkt auch mit anderen Studiengängen – koordiniert werden muss. Für die „Theorien der Exo-Soziologie" hat Susanne einen Reader mit Literatur zusammengestellt. In anderen Fällen suchen die Lehrenden die Literatur in der Seminarvorbereitung selbst aus. So muss Marion, eine promovierte Mitarbeiterin an Susannes Arbeitsbereich, Literatur suchen und auswählen für ein Seminar mit dem Titel „Weltraum und Medien", das sie gemeinsam mit Ernst, dem Professor für „Interstellare Kommunikation" am Institut, durchführt. Hierzu recherchiert sie im elektronischen Katalog der Bibliothek der Ups und in Datenbanken von Zeitschriften und Publikationsplattformen im Internet. Diese Recherche ist zum einen an Autorennamen, Texttiteln und Stichworten orientiert, die für das Seminarthema relevant sein könnten, und zum anderen am Curriculum des Semesters und des Studiengangs, an der Prüfungsordnung des Instituts und der Ups und nicht zuletzt an den möglichen Interessen der Studierenden. Ob und wie sich diese unterschiedlichen Orientierungen miteinander vermitteln lassen und geeignete Literatur gefunden werden kann, ist ein Bezugsproblem eigenen Rechts. Ich komme darauf in Kapitel 2.1.3 zurück.

In diese Arbeitsbögen und Trajektorien sind Vorstellungen der universitären Arbeitsteilung und der zeitlichen Organisation von Lehre und Studium eingelassen. So wie mit dem Institut für Exo-Soziologie eine spezifische Wissenschaft neben anderen Wissenschaften an der Ups verankert sind, so sind Susanne und ihre Mitarbeiter/-innen ihrerseits in spezifischen Subdisziplinen dieser Wissenschaft tätig. Für das curriculare Lesen bedeutet dies, das die Seminare und die Seminarliteratur spezifische Lehrbereiche der Exo-Soziologie abdecken sollen. In Arnos Fall betrifft dies die Grundausbildung der Studierenden in exo-soziologischen Theorien. Das von Marion und Ernst gemeinsam geplante und veranstaltete Seminar „Weltraum und Medien" behandelt Themen der beiden Arbeitsbereiche „Interplanetare Alltagskulturen" und „Interstellare Kommunikation". Susanne ist in die Seminargestaltung und -durchführung von Marion und Ernst lediglich formal – als Marions Vorgesetzte und als Professorin, die die Lehre am Arbeitsbereich „Interplanetare Alltagskulturen" verantwortet – involviert. Da Marion schon sehr lange bei ihr arbeitet, lässt sie ihr in aller Regel freie Hand in der Lehre. Arnos Lesen ist dem entgegen arbeitsteilig mit Susannes Literaturauswahl verbunden. Zudem fungiert das Seminar als Begleitveranstaltung zu Susannes Vorlesung zur Einführung in die Exo-Soziologie. In die Arbeitsteilung des curricularen Lesens sowohl bei Arno als auch bei Marion sind Lisa und die anderen Hilfskräfte des Arbeitsbereichs eingebunden, deren Aufgabe u. a. darin besteht Texte zu beschaffen, herunterzuladen oder zu kopieren und Susannes Reader und die Literatur für das Seminar von Marion und Ernst zusammenzustellen.

Anders als das projektorientierte ist das curriculare Lesen durch relativ klare Trajektorien gekennzeichnet, zunächst und vor allem durch die zyklische Abfolge von Sommer- und Wintersemester und den linearen Semester- und Studienverlauf. Gelesen wird, so Arno, wie es „der Rhythmus des Semesters auch irgendwie vorgibt". Wichtig ist hier die Unterscheidung von „Vorlesungszeit" und „vorlesungsfreier Zeit", mit der sich die Priorisierungen zwischen Lese- und anderen Arbeiten immer wieder verschieben. Arno, Marion und die anderen Lehrtätigen am Arbeitsbereich gehen ihren eigenen Projekten meist in der vorlesungsfreien Zeit nach. In der Vorlesungszeit nehmen sie sich bzw. haben sie dafür erst nachrangig zu Lehr-, Prüfungs- und anderen Arbeiten Zeit. Die Literaturrecherche und -auswahl für die Seminare findet meist in den letzten Wochen bzw. kurz vor Semester- und Seminarbeginn statt. Gelesen wird die Literatur dann in aller Regel am Vortag oder am Tag der Seminardiskussion. Je erfahrener die Lehrenden sind, desto kurzfristiger vor Seminarbeginn bereiten sie sich vor. Mit zunehmender Lehrerfahrung können sie die Zeit, die sie zum Recherchieren und zum Lesen benötigen, immer besser einschätzen und vorausplanen. Dennoch geraten Marion und ihre Kolleg/-innen immer wieder auch in Stresssituationen, wenn sie die Recherche- und Lesezeiten vor Seminarbeginn zu knapp kalkuliert haben oder ihnen etwas dazwischen kommt.

Das curriculare Lesen der Studierenden ähnelt und unterscheidet sich von dem der Lehrenden in verschiedenen Hinsichten. So ist auch der studentische Alltag entlang der zyklischen Abfolge von Sommer- und Wintersemester und des linearen Semester- und Studienverlaufs organisiert. In der vorlesungsfreien Zeit werden Hausarbeiten geschrieben, wird Geld verdient oder Urlaub gemacht. Der Semesteralltag ist dann, in Arnos Worten, „sehr textlastig" und besteht „ja eigentlich fast nur aus Lesen". Die Literatur der jeweiligen Seminare wählen die Studierenden zwar nicht aus; sie wählen die Seminare jedoch oft anhand der dort zu lesenden Literatur aus. So überlegen sie, ob sie die Themen, die mit der Textauswahl verbunden sind, interessieren, ob sie die Literatur interessiert, diese leicht oder schwer zu lesen ist, wieviel Zeit sie ins Lesen investieren müssen und wie sich dies auf andere universitäre und außeruniversitäre Aktivitäten auswirkt.

Wissenschaftsliteratur ist in diesem Sinn ein Grenzobjekt zwischen Lehr- und studentischen Orientierungen des Lesens. Im curricularen Lesen werden die unterschiedlichen Ebenen der Organisationsstruktur der Ups und des Instituts ebenso miteinander koordiniert wie die unterschiedlichen Mitgliedschaften der Beteiligten im Lehr-, Lern- und Prüfungsbetrieb. Wissenschaftsliteratur ist in einem weiteren Sinn zudem ein Grenzobjekt verschiedener Zeitpunkte der Textarbeit, die als Praxis in einer, mit Mead, durch Vergangenheit und Zukunft orientierten Präsenz stattfindet (Mead 2002: 86). Für die Literaturrecherche sind das Lesen und die Seminardiskussion noch „operationale Zukunft" (Garfinkel 1967: 97); die Recherche ist Vergangenheit, die Seminardiskussion noch Zukunft des Lesens; aus Perspektive der Seminardiskussion liegen Recherche und Lesen in der Vergangenheit. Die Trajektorien des curricularen Lesens von der Recherche über die Arbeit am Text bis hin zur Diskussion können sich über einen längeren Zeitraum hinweg erstrecken, so dass die Literatur auch zwischendurch immer wieder mal präsent gemacht werden muss: im kurzen Gegenlesen bei der Recherche, im Drüberlesen nach dem ersten Lesen und vor Seminarbeginn, im Suchen nach Textstellen während der Diskussion oder in der möglichen Auf- und Nachbereitung des Diskussionsverlaufs. Die Temporalstrukturen des projektorientierten Lesens sind dem entgegen offener und loser. Auch hier wird Literatur recherchiert, auf je spezifische Weise gelesen und mitunter weiterverarbeitet. Jedoch sind die Gegenwarten, Vergangenheiten und Zukünfte der orientierten Literaturobjekte nicht immer eindeutig oder gar planbar. Oft ist unklar, zu welchen Anschlussverwendungen gelesen wird und wann solche Anschlüsse geschehen werden.

Entsprechend unterscheiden sich das projektorientierte und das curricular-orientierte Lesen nach der Dichte und Eindeutigkeit von Arbeitsbögen und Trajektorien und den damit verbundenen Organisationsformen von Arbeitsteilung und Temporalstrukturen des Lesens in Präsenz bezogen auf vergangene und zukünftige Arbeiten. Das curriculare Lesen orientiert die Perspektiven klar bestimmbarer anderer der universitären Organisation von Lehre und Studium aufeinander und hat eindeutige Lehr- und Studienzwecke und -zeitpunkte. Projektorientiert liest man für gemeinsame oder individuelle Forschungszwecke, ohne zu wissen, wann, ob und wie man auf das Gelesene zurückkommt. Die Frage, welche Literatur wann, wie und wieso gelesen wird, beantworten Forschende, Lehrende und Studierende mit etwas, was ich mit Mills als „Motivvokabular" bezeichne (Mills 1940). Um solche Motivvokabulare geht es im folgenden Unterabschnitt.

2.1.2 Motivvokabulare

Für Mills handelt es sich bei „Motivvokabularen" um Terminologien, mittels derer die Mitglieder sozialer Situationen sich und anderen die Gründe, Ziele und Zwecke ihres jeweiligen Tuns beschreiben. Solche Motivvokabulare sind nicht bloß retrospektive Sinngebungen des jeweiligen Geschehens. Vielmehr „begründen" sie Letzteres im Wortsinn, indem sie Verhaltensweisen an den institutionalen Rahmungen von Situationen „orientieren" und so zugleich hervorbringen und „kontrollieren" (Mills 1940: 904, 907). Unter diesem Gesichtspunkt erscheint auch das Lesen von Fachliteratur als durch Motivvokabulare orientiert. Diese Vokabulare leisten etwas, was ich mit Strauss als „An-" bzw. „Einpassungsarbeit" beschreiben möchte (Strauss 1993: 77 f.): als eine Arbeit, die das Leseverhalten in Stimmung bringt mit den formalen Strukturen des Forschens, Lehrens und Studierens. So lassen sich unterschiedliche Vokabulare ausmachen, die dieses Verhalten mal curricular und mal projektorientiert motivieren. Mit Schütz unterscheide ich dabei zwischen „Um-zu-Motiven" und „Weil-Motiven" (Schütz 1953: 16 f.). Erstere begründen das Lesen mit einer projektierten zukünftigen Situation; Letztere beschreiben es als Resultat vergangenen Verhaltens. Motivvokabulare orientierten also das Lesen in Präsenz auf und durch operationale Zukünfte und Vergangenheiten.

In Lehre und Studium wird meist gelesen, um Literatur für ein Seminar herauszusuchen oder sich auf eine Seminardiskussion oder eine Prüfung vorzubereiten. Im Forschen und für andere Projekte ist das Lesen ebenfalls oft auf und durch Um-zu-Motive orientiert: Um z. B. an einer Haus- oder Abschlussarbeit oder an einer Publikation zu schreiben und dafür Literatur für den Forschungsstand oder die Analyse zu recherchieren oder um etwas über Forschungsgegenstände, -felder und -methoden zu lernen. In Lehre und Studium liest man aber auch oft, weil man muss: weil es Teil der Arbeit ist, man sich für ein Seminar oder eine Prüfung angemeldet hat. In Projekten sind solche Weil-Motive oft ebenfalls zu finden: weil ein Text wichtig sein könnte, weil andere auf vielleicht wichtige Literatur hingewiesen haben, weil man immer schon einen Text lesen wollte oder bestimmte Autor/-innen oder Texte längst schon hätte rezipieren müssen.

Die Orientierung auf Vergangenes und Zukünftiges geht sowohl beim curricularen als auch beim projektorientierten Lesen also Hand in Hand. Zudem greifen, wie bereits erwähnt, das curriculare und das projektorientierte Lesen ineinander. So liest Bernd für eine Lehrveranstaltung, die er gemeinsam mit Susanne und Bernd im Rahmen von Susannes Forschungsprojekt durchführt. Das Lesen für die Lehrveranstaltung und die Seminardiskussionen mit den Studierenden ist nicht nur auf die Ausbildung von Studierenden ausgerichtet, sondern wird von den dreien auch für ihre Forschungszwecke genutzt. Ähnlich ist es bei Karl, der als Kollege von Arno und Marion in der Lehre tätig ist und zudem an einem eigenen „Postdoc-Projekt" arbeitet. Über einen Text, den wir in unserem Gespräch reden, sagt er: „Ich lese ihn für das Seminar und für mich und für den Vortrag. Meistens ist das in so einem Stand-by-Ding. Also ich habe schon irgendwie immer so im Hinterkopf noch andere Projekte am Mitschwimmen." Er liest zuerst, um sich auf ein Seminar vorzubereiten. Zugleich hält er jedoch in ein paar Wochen einen Vortrag zur „interplanetaren Ethnographie". Entsprechend hat er beim Lesen „auch den Vortrag im Kopf. Wenn da etwas kommt, was passt, markiere ich das auch." Vor allem liest er den Text jedoch auf dessen „Diskussionsrelevanz" im Seminar hin.

Mit diesem Motivvokabular geht eine spezifische Einstimmung auf das Lesen einher. Für Karl ist das wissenschaftliche Lesen „eine Auseinandersetzung. Mit dem Text und mit dem Autor und mit der Situation." Dies macht er an der spezifischen kommunikativen Gattung wissenschaftlicher Literatur fest (vgl. Bergmann 1987: 38; Miller 1984: 154): „Es ist nicht, wie man sich das vorstellt. So wie man Romane liest. Das ist irgendwie eine gleichförmige Tätigkeit." Diese Haltung der „Auseinandersetzung" ist es, die das wissenschaftliche Lesen als eine körperliche Arbeit ausmacht. Es handelt sich hier um ein, mit Hirschauer, „verwertungsorientiertes Lesen" (Hirschauer 2005: 58). Wie Karl es sagt: „Bei Lehrveranstaltungen frag ich mich immer auch ein bisschen: Wird es der Text bringen?" Diese Verwertungsorientierung setzt Karls Lesen unter eine gewisse Anspannung. Eine Anspannung, die sich aus der sozialen Kontrolle ergibt, in die sich Karl durch seine Sorge um die Diskussionsrelevanz des Textes begibt.

Für Mead entsteht diese Kontrolle durch „soziale Objekte". Dies sind Objekte, auf die sich Mitglieder beziehen, indem sie die Haltungen und Perspektiven anderer in ihr eigenes Verhalten einbeziehen. Über diese „Rollenübernahme" kommen die Mitglieder von Sozialgemeinschaften zu gemeinsam geteilten Objekten und einer gemeinsam geteilten Wahrnehmungs- und Verstehensbasis. Und zugleich entwickeln diese Mitglieder eine Selbst-Wahrnehmung und ein Selbst-Verständnis, indem sie sich zu den Haltungen und Perspektiven anderer positionieren. Insofern, als dass man sich die Haltungen und Perspektiven anderer zu eigen macht, wird das eigene Verhalten sozial „kontrolliert" (Mead 1925: 268 f., 273 f.). Mit der Begründung seines Lesens in einer „Auseinandersetzung" oder der „Diskussionsrelevanz" eines Textes begibt sich Karl in diesem Sinn in die soziale Kontrolle der Lehr- und Studienabläufe an der Ups, die die unterschiedlichen Haltungen und Perspektiven des curricularen Lesens koordinieren und regulieren.

Dieses Lesen unterscheidet Arno von einer anderen, eher „freiwilligen Arbeit". Diese Arbeit ist durch eigene Interessen motiviert. Ich komme darauf sogleich beim Motivvokabular projektorientierten Lesens zurück. Wie bereits erwähnt, ist dieses Motivvokabular nicht einfach eine nachgelagerte rationalisierende Sinngebung einer Praxis. So bringt etwa die „Auseinandersetzung" als curriculare Orientierung spezifische Leseweisen und damit verbundene Arbeitsbögen und Trajektorien hervor, mit denen Arno und die anderen ihre Arbeit in die umfassendere Lehrorganisation einpassen. Das wissenschaftliche Lesen unterscheidet sich von anderem Lesen für Arno, „weil man sich mit dem Text auseinandersetzen muss und das ein ganz anderes Verstehen erfordert". Mit Hennion ausgedrückt, hilft das Weil-Motiv der Auseinandersetzung Arno, „eine Stimmung zu kreieren", in der er den Text adäquat lesen kann (Hennion 2001: 12 f.). Für ihn bedeutet dies, „nicht nur einmal lesen, sondern da wird dann halt ein zweites Mal gelesen". Wie sich die Auseinandersetzung mit einem Text konkret vollzieht, beschreibt er wie folgt: „Erst immer lesen, lesen, lesen und dann anstreichen. Und wenn ich dann bemerke: das sind die Fragestellungen des Textes, [dann] streiche ich die erste Fragestellung an, dann markiere ich die nächste Fragestellung auch und schreib ‚Fragestellungen' neben dran."

Dieses Leseverhalten wird einerseits mehr und mehr zur Routine. So ist Karl als Postdoc schon länger in der Lehre tätig: „Wenn ich Seminare öfter gemacht habe, dann habe ich schon eine Idee, was kommt, und dann funktioniert das mit dem Annotieren noch besser." Und andererseits ist die operationale Zukunft einer Praxis, so Garfinkel, jedoch „charakteristisch vage und unbekannt" (Garfinkel 1967: 97). So lässt sich oft weder die Diskussionsrelevanz von Texten gut einschätzen, noch der Gebrauch der Literatur in der Diskussion durch vorherige Annotation vorausplanen. Zur Auswahl von Texten sagt Karl, dass er diese oft aussucht, „nach Erinnerungen. Und dann muss ich sie nochmal lesen und denke mir: Oh, Mist." Und was das Annotieren betrifft sagt er, dass er dies tut, „damit ich dann sagen kann, es gibt da eine Stelle, da führt er zwei Konzepte ein. Ich schaue mal gerade. Es funktioniert leider meistens nicht. Ich mache es trotzdem immer." Hier ist interessant, dass die Bindung an das eigene Arbeitsethos auch über negative Erfahrungen mit diesem Vorgehen aufrechterhalten bleibt. So machen sich Karl und seine Kolleg/-innen im Lehralltag immer wieder über solche und andere Unzulänglichkeiten der Textauswahl und der Diskussionsvorbereitung lustig.

Dieses Arbeitsethos machen sich auch die Studierenden am Institut und am Arbeitsbereich „Interplanetare Alltagskulturen" zu eigen. Für Jule z. B. ist die Exo-Soziologie „eine Textwissenschaft, die Texte analysiert und Texte herstellt". Mit dieser Beschreibung der Disziplin, die sie studiert, verbindet Jule eine spezifische Haltung den zu lesenden Texten gegenüber: „Ich muss das ja echt verstehen. Das ist ja kein Roman oder so." Diese Haltung unterscheidet sie von der, die sie den Texten gegenüber einnimmt, die sie im Nebenfach Xeno-Linguistik lesen muss. Diese Texte sind für sie „Rausschreibliteratur". Die Lehrenden dort „erwarten halt nicht, dass ich einen Text analysiere, sondern danach weiß, was drinstand. Die wollen, dass ich danach Wissen hab." In ihrem Nebenfach geht es „nicht um die Herstellung des Textes, sondern um die Weitergabe von dem, was drinsteht" und „was auch anders formuliert hätte rübergebracht werden können".

Jule artikuliert hier zweierlei: (1) eine spezifische, soziale Existenz von Texten als Literatur einer Wissenschaftsdisziplin und (2) eine damit verbundene, ebenso spezifische Lesehaltung. Die Texte, die sie im Rahmen ihres Studiums der Exo-Soziologie lesen muss, sind für sie – wie auch für Karl – keine „Romane", sondern etwas, was sie „ja echt verstehen" muss. Und zugleich sind sie aber auch keine „Rausschreibliteratur", bei der es um die Weitergabe von Wissen ankommt, das auf die eine Weise oder „auch anders formuliert hätte rübergebracht werden können". Im Gegensatz zur Xeno-Linguistik sind Formulierungen in der Exo-Soziologie wichtige Bezugspunkte des Lesens; sie sind dies aber auf andere Weise, als dies bei Romanen der Fall ist. Geht es bei der letzteren Textgattung um „belletristische", d. h. um schöne Formulierungen und entsprechend ästhetische Kriterien, so geht es bei den Texten der Exo-Soziologie um eher argumentative und logische Kriterien der „Analyse" und der „Herstellung".

Es sind im Fall der Exo-Soziologie also einerseits die „Erzählstrukturen" wissenschaftlicher Texte (Anderson 1978: 120; Yearley 1981: 430) und andererseits sind es spezifische Motivvokabulare und darin eingelassene Kategorisierungen (1) von Texten als literarische Gattungen und (2) von spezifischen Lesehaltungen. Die Texte für die Exo-Soziologie liest Jule, um zu verstehen; die Texte für die Xeno-Linguistik, um zu lernen. Ersteres möchte ich als hermeneutisch und Letzteres als mnemotechnisch orientiertes Lesen bezeichnen. Beim hermeneutischen Lesen handelt es sich um das, was Arno und Karl als „Auseinandersetzung" bezeichnen: eine intensive, interpretative Auslegungspraxis, die darauf abzielt, Texte und deren Autor/-innen zu verstehen. Beim mnemotechnischen Lesen hingegen behandelt Jule Texte als Speicher eines Wissens, das sie lernen und sich merken und so zu eigen machen muss. Als Lesepraxis zielt die Mnemotechnik darauf ab, so Manguel, sich Geschriebenes ins Gedächtnis zu rufen und es anderen Gegenüber – vor allem mündlich – rezitieren zu können (Manguel 2014: 57). Für das mnemotechnische Lesen haben Texte also keinen Eigenwert als Schriftobjekte, sondern sind Hilfsmittel einer Erinnerungs- und Gedächtnispraxis.

Zunächst und vor allem sind Jules Lesemotive jedoch durch die Studien- und Prüfungsordnung der Ups und des Instituts orientiert. Sie liest, weil sie lesen muss. Wie das curriculare Lesen von Arno und seinen Kolleg/-innen, so ist auch Jules Lesen sozial kontrolliert durch Sachzwänge – dadurch, dass die zu lesende Literatur das primäre Bezugsobjekt der Lehre und des Studiums und der darin eingelassen Seminar- und Prüfungsorganisation in der Exo-Soziologie und der Xeno-Linguistik ist. Auf diese Lesenotwendigkeiten stimmt Jule sich motivational ein und koordiniert auf diese Weise die unterschiedlichen Studienleistungen, die sie erbringen muss. So fragt sie sich, „wie sehr ich das machen muss" und „wie viele Sachen ich machen muss". Für die Xeno-Linguistik muss sie „halt richtig krass lernen" und „rausschriebmäßig zusammenfassen". Dies, „weil ich das halt so lernen muss, dass die nach Definitionen fragen." Diese Lesemotive bringen sie in eine angespannte Stimmung des Lernens für eine Klausur, die sie schreiben muss und in der „die nach Definitionen fragen." Diese Orientierung der Praxis auf eine spezifische operationale Zukunft macht ihr Lesen zu einem spezifischen Lesen: zu einem Lesen, das dadurch motiviert ist, „Wissen zu haben" und die Klausur zu bestehen. Für Garfinkel und Sudnow ist es eine solche Orientierung auf eine „Ordnung der Themen", z. B. der Definitionen, von denen Jule spricht und von anderen Lehr- und Lerninhalten, die das Lesen zu einer „universitätsspezifischen Praxis" (Garfinkel u. Sudnow 1975: 3) machen.

Jules Studium ist mit einer Menge Textarbeit verbunden. So muss sie für ihr Studium der Exo-Soziologie in den meisten Seminaren, die sie besucht, Exzerpte schreiben. Die dort zu lesende Literatur bezeichnet sie entsprechend als „Exzerpttexte" im Gegensatz zur „Rausschreibliteratur" der Xeno-Linguistik. Auf die Logik der Praxis des Exzerpierens komme ich in Kapitel 5.2.1 zurück. Hier ist zunächst wichtig, dass das Arbeitsethos des Soziologiestudiums immer wieder mit dem Arbeitspensum des Studiums insgesamt und all den anderen Alltagsaktivitäten in Einklang gebracht werden muss. Exzerpte muss Jule „im Semester jede Woche so zwei bis drei schreiben." Sie hat dann „oft nicht so viel Zeit für Exzerpte, weil ich so viele andere Sachen machen muss und die ja wöchentlich sind." Die Arbeitsbögen und Trajektorien ihres Studiums nötigen Jule und den anderen Studierenden entsprechend ab, Kompromisse zwischen dem Arbeitsethos und dem Arbeitsalltag des Studierens einer Textwissenschaft einzugehen. So begründet das Motivvokabular curricularen Lesens zwar in Jules Fall – ebenso wie vorher bei Arno und Karl – bestimmte adäquate Leseweisen. Jedoch müssen diese adäquaten Leseweisen auch immer wieder an den Lehr- und Studienalltag an- und eingepasst werden. So würde Jule ihre Texte für die Exo-Soziologie gern mehrmals und intensiv lesen, aber „gerade so mitten im Semester" fehlt ihr dazu meist die Zeit. Dann liest sie mitunter schnell über Texte drüber und unterstreicht etwas oder schreibt etwas an den Rand. Manchmal haben Jule und die anderen Studierenden und Lehrenden jedoch auch einfach „keine Lust" und können sich nicht motivieren oder lassen sich von dem mit diesem Ethos verbundenen Arbeitsaufwand und den Textmassen, die es im Lehr- und Studienalltag zu bewältigen gibt, demotivieren. Entsprechend schieben sie das Lesen dann vor sich her, lenken sich ab oder lassen sich ablenken von anderen (Aktivitäten).

Die textwissenschaftliche, hermeneutische Haltung der Literatur bringt Jule dazu, sich beim Lesen zu fragen, „wer den geschrieben hat, in welchem Kontext der steht, in welcher Richtung." Und ebenso fragt sie sich, „ob das ein theoretischer Text ist oder ob das eine Studie ist." Unabhängig davon, wie intensiv und in welchem Zeitraum sie einen Text liest, verhandelt sie den Text also als Objekt einer „literarischen Gemeinschaft", d. h. als Schriftobjekt eines spezifischen Genres, das von der Wissenschaftsdisziplin, die sie studiert, geteilt und verhandelt wird (vgl. Bazerman 1988: 63). Wie bereits erwähnt, ist Fachliteratur im curricularen Lesen ein Grenzobjekt unterschiedlicher Perspektiven im Lehr- und Studienalltag. Jule begründet ihr Lesen für die Exo-Soziologie wie für die Xeno-Linguistik nicht zuletzt damit, was die Lehrenden von ihr erwarten oder wonach sie in Seminar- und Prüfungssituationen fragen könnten. Die unterschiedlichen Perspektiven curricularen Lesens werden so für sie zu etwas, was Mead als „objektive Realität von Perspektiven" bezeichnet. Diese besteht darin, dass die Mitglieder sozialer Gemeinschaften eine „gemeinsame Perspektive" einem Objekt gegenüber formulieren und einnehmen (Mead 2002: 174) – in diesem Fall: der Fachliteratur und der darauf und dadurch orientierten Lesehaltungen und Lesezwecke in Lehre und Studium.

Die Stimmung, in die Jule sich für das Lesen bringt, ist auf und durch diese objektive Realität von Perspektiven einer literarischen Gemeinschaft orientiert. Sie liest, um die Literatur auf in der Exo-Soziologie adäquate Weise zu verstehen. Die Lesestimmung von Studierenden ist gerade dann besonders angespannt, wenn sie Texte in Seminaren referieren oder präsentieren müssen. Das Lesen ist hier einerseits durch die Notwendigkeit motiviert, im Seminar „Studienleistungen" zu erbringen, zu denen eben u. a. das „Referat" oder die „Präsentation" eines Textes gehört – die Studierenden müssen Leistungsnachweise erwerben – und andererseits müssen sie die

Texte eben als Literatur einer Wissenschaftskultur präsentieren. Dabei geht es u. a. darum, adäquate Lesarten eines Textes zu entwickeln. Jule liest die Texte entsprechend auf „Definitionen" und „wichtige" Textstellen hin und versucht auch, „Kritik" am Text zu formulieren. Die Anspannung dieses Lesens resultiert aus dem Bezugsproblem, Textstellen zu identifizieren, die vor den anderen im Seminar – den Studierenden und der oder dem Lehrenden – als „wichtig" durchgehen. Jule würde bei solchen Präsentationen „am Liebsten alles sagen, was der in dem Text sagt, weil mir alles wichtig vorkommt."

Wenn ich geschrieben habe, dass Jule und die anderen Studierenden sich beim Lesen an den Studien- und Prüfungsordnungen der Ups und des Instituts und ebenso an der literarischen Gemeinschaft der Exo-Soziologie orientieren, so ist mir wichtig, festzuhalten, dass die Studierenden ebenso wie die Lehrenden in ihren Motivbeschreibungen zunächst und vor allem bei sich selbst bleiben. Mit Pollner handelt es sich bei solchen Motivvokabularen um die „Autobiographie" einer Praxis, d. h. um Prozesse und Strukturen beschrieben aus der Binnenperspektive (Pollner 1978: 179). Ob und wie die Studierenden mit ihren Lesemotiven den Erwartungen und Strukturvorgaben der Lehrenden und der Studien- und Prüfungsordnungen entsprechen, können sie selbst oft nur schwer prognostizieren. Die Lesemotive vieler Studierenden basieren auf etwas, was Sharrock als „dünnes Verstehen" von Erwartungs- und Organisationsstrukturen bezeichnet. Dies ist ein sporadisches Verstehen einzelner Teilabläufe, jedoch nicht der umfassenden Strukturen. Im Gegensatz dazu beruht das „dichte Verstehen" nicht nur auf einem Verstehen der eigenen Arbeit, sondern auch der Arbeit anderer und der Organisationstrukturen, in die die eigene Arbeit und die der anderen eingelassen ist (Sharrock 2011: 31). Studieren – und im Studium adäquat zu Lesen – bedeutet in diesem Sinn, ein zunehmend dichtes Verstehen dessen zu erlangen, was Lehrende und Studierende erwarten. Zu Beginn des Studiums findet das Lesen vor allem für Referate und Präsentationen entsprechend oft in aufgeregter, besorgter und nervöser Stimmung statt. Mit fortschreitender Studiendauer wird das Leseverhalten und das Verhalten zur Literatur insbesondere auch im Austausch mit anderen u. a. in Seminaren entspannter und gelassener. Bei Jule haben sich entsprechend Leseroutinen eingelebt, die ihre Textarbeit recht selbstbewusst und selbstständig gestalten. So kann sie ihre Motivbeschreibungen – die Autobiographien ihres Lesens – unproblematisch an die Perspektiven der Lehrenden anpassen.

Wie bereits erwähnt, lesen auch die Lehrenden, weil sie müssen – ein Lesen, dass zunächst durch die Arbeitsorganisation und Vertragsvereinbarungen zwischen den an der Ups und am Institut professionell Tätigen fremdmotiviert ist. Die „Auseinandersetzung", als die Karl sein Lesen bezeichnet, ist – wie bei Jule – zunächst durch das hermeneutische Arbeitsethos der Textwissenschaft Exo-Soziologie motiviert. Die curriculare Orientierung stattet sein Lesen zudem mit Um-zu-Motiven der Lehrarbeit aus: er liest – ganz allgemein – um zu lehren bzw. um zu dozieren. Bernd unterscheidet hier u. a. zwischen einem „Lesen aufgrund der Lehre" und dem Lesen „für den Forschungsstand" seiner Dissertationsschrift. Das Motivvokabular des curricularen Lesens für die Lehre begründet spezifische Haltungen sowohl der Literatur als auch den Studierenden gegenüber. Wie Arno und Karl, so schreibt sich auch Bernd wichtige Textstellen heraus, die er in der Lehrsituation nutzen kann: „drei Punkte oder vier. Wenn man mir jetzt sagt, sage mir bitte in drei oder vier Sätzen, was ist die Essenz dieses Textes, dann stehen die drei oder vier Sätze auch hier." Er bringt sich also in die Position, auf mögliche Fragen der Studierenden reagieren zu können: „Einfach, um für mich so einen Blick zu haben und für mich schon mal da zu haben, was ich für wichtig finde." Zugleich bereitet er auch eigene Fragen vor: „Wenn ich jetzt zum Beispiel im Kurs frage: Was ist jetzt das wichtigste?"

Letzteres bringt Bernds Lesen zu etwas in Stimmung, was Goffman als „Haltung" bezeichnet: eine ebenso körperliche wie kommunikative Verhaltensweise im direkten Austausch mit anderen, die in situ vollzogen, vorab projektiert oder nachträglich beschrieben werden kann (Goffman 1981: 128). In Bernds Fall ist dies die Projektion einer aktiven Redehaltung in der Diskussion des Textes im Seminar. Diese Projektion begründet – wie auch bei Arno und Karl – spezifische Leseweisen: eine aktive Textbearbeitung mit Marker und Stift, um wichtige Stellen anzustreichen und herauszuschreiben. Das Lesen und die Literaturauswahl folgen hier didaktischen Motiven. So muss sich das curriculare Lesen zum einen darauf einstimmen, Texte und Textstellen zu erklären und verständlich zu machen – d. h. es ist auf und durch das Textverstehen anderer orientiert – und zum anderen soll die Textdiskussion Studierenden Wissen über die Exo-Soziologie und deren Themenfelder, Theorien und Methoden vermitteln: Entsprechend werden Überblicksartikel, empirische Studien, Theorien- und Methodenliteratur und Textauszüge in Form von Readern gelesen, die zum literarischen Kanon der Disziplin gehören.

Wie das studentische, so basiert auch das lehrende Lesen auf einem mal dichten, mal dünnen Verstehen von Fachkulturen und universitären Strukturen. Neue Mitarbeiter/-innen wie Arno müssen erstmal „reinfinden" in die Lehre und den Umgang mit den Studierenden und die eigene Haltung als Dozierende einüben. Bernd hingegen hat – wie Karl und Marion – schon einige Lehrerfahrung und kann ungefähr projektieren, was ihn erwartet, auch wenn dies nicht immer klappt. So lässt sich die, wie Karl es schon formulierte, „Diskussionsrelevanz" und die Bedeutung einzelner Textstellen im Lesen vorab nur bedingt vorhersehen. Die Suche nach den „Fragestellungen", „Konzepten", „drei oder vier Punkten" oder „der Essenz" versorgt die Lehre und deren Literatur mit etwas, was Kalthoff als „Wissenscontainer"-Vorstellung beschreibt. Diese geht davon aus, dass es einen Lehr- und Lernstoff gibt, der Studierenden über die Textdiskussion vermittelt und von diesen „über die Zeit angesammelt" wird. Die Idee ist, dass „der ‚Stoff'-Pegel" kontinuierlich ansteigt (Kalthoff 1995: 929). Die Form, in der dieser Stoff verabreicht wird, ist die diskutierte Fachliteratur.

Lehrende müssen sich in diesem Sinn in Stimmung bringen, den Studierenden gegenüber als Fachvertreter zu fungieren, die das notwendige Wissen haben, das die Studierenden erwerben sollen, und die professionelle Textwissenschaftler/-innen sind, also über adäquate Lesarten und Leseweisen verfügen und diese vermitteln können. In Seminaren, so erzählt Karl, „kommt dann irgendwas und dann merkt man, die haben die Textstelle irgendwie unterschiedlich verstanden, und dann redet man und versucht, das zu rekonstruieren." Auf das Reden und das Rekonstruieren müssen Karl und seine Kolleg/-innen sich im curricularen Lesen einstimmen und vorbereiten.

Das curriculare Lesen der Lehrenden und der Studierenden ist in diesem Sinn wesentlich fremdmotiviert, d. h. in der Organisationsstruktur universitärer Ausbildung begründet. Das projektorientierte Lesen ist dem gegenüber stärker selbstbestimmt. Karl z. B. liest – wie schon angeführt – „für das Seminar und für mich und für den Vortrag." Er hat beim Lesen „immer so im Hinterkopf noch andere Projekte." Im konkreten Fall geht es um einen Vortrag zur Methodenschule der interplanetaren Ethnographie innerhalb der qualitativen Forschung, über die er in ein paar Wochen einen Vortrag auf einer Konferenz auf Venus halten möchte. Das darauf orientierte Lesemotiv begründet er mit seinem eigenen Interesse: „Das ganze Projekt, das mich interessiert, ist, wie sich Situationen zu so einem Gesamten verbinden. Normalerweise schauen wir ja Situationen an. Oder wenn wir Ethnographien machen, schauen wir Felder an. Das ist auch eine lebensweltliche Grenze, das ist aber auch eine analytische Grenze, die wir ziehen." Sein projektorientiertes Lesen bezeichnet er als „triggerndes Lesen", als ein Lesen, um Ideen zu generieren. Im Unterschied zur aktiven Lesehaltung in der Vorbereitung auf die Lehre oder das Studium ist Karls triggerndes Lesen mit einer passiven Haltung verbunden, die ihn in die Stimmung versetzt, den Text auf sich einwirken zu lassen. Sein Lesen ist dadurch motiviert, vom Text aktiviert zu werden; er behandelt den Text in diesem Sinn, mit Smith formuliert, als „aktiven Text": als „tätigen Bestandteil einer Sozialbeziehung", der auf Letztere eine „eigene strukturierende Wirkung hat" (Smith 1993: 121). So sagt Karl: „Ich habe den Eindruck, die versucht da wirklich was in dem Text. Und mit dem kann man sich irgendwie auseinandersetzen und weiterdenken." Die Haltung der Auseinandersetzung ist hier also nicht nur in den formalen Strukturen des Lesens, sondern auch in der Rahmung des Textes als aktiver Text begründet.

In Karls Motivvokabular tritt dabei neben das Ethos auch ein spezifisches Pathos, das sein Lesen und die Literatur mit einer Terminologie der Leidenschaft beschreibt (Gross 2006: 28 f.): „Ich finde den auch cool den Text. Also klar, der hat auch seine Schwächen, aber ich glaube, gerade deshalb finde ich den dann irgendwie ganz gut. Ich mag so Texte, wo ich so das Gefühl habe, die bringen mich ins Denken, während Texte, die so komplett abgeschlossen sind, die langweilen mich meistens." Sein Lesen ist eine leidenschaftliche Arbeit; und es ist vor allem eine Kopfarbeit. Karl möchte den Text „weiterdenken". Der Text soll Ideen „triggern" und ihn „ins Denken bringen". Coulter bezeichnet solche Vokabeln als „mentale Prädikate", d. h. als Formulierungen, mit denen Mitglieder sich und anderen die eigenen Gedanken beschreiben (Coulter 1979: 54 f.). Karl spricht bezogen auf das Projekt, das ihn interessiert, von einem „Gewaber von Ideen", das er „im Kopf" hat und das er durch sein Lesen zu strukturieren versucht. Es sind solche mentalen Prädikate, mit denen Jule, Karl und die anderen ihr Lesen von Fachliteratur vom Lesen anderer Textgattungen unterscheiden. Blogs, Gedichte, Romane, Klatsch-, Nachrichten- oder andere Magazine und Internetseiten werden gelesen, um zu entspannen, zu genießen, auf andere Gedanken zu kommen und zu imaginieren, sich zu informieren, sich die Zeit zu vertreiben etc.

Das curriculare und das projektorientierte Lesen zielen darauf ab, Texte zu verstehen, zu lernen, Ideen zu generieren oder Wissen zu erwerben.

Das projektorientierte Lesen ist aber vor allem auch ein Lesen, das dadurch motiviert ist, selbst Texte schreiben zu müssen, d. h. das Lesen von Literatur ist und wird hier in Zusammenhänge wissenschaftlicher Textproduktion eingespannt (Weingart 2001: 104). Als Textwissenschaft ist die Exo-Soziologie nicht nur Lese-, sondern mehr und mehr auch Schreibkultur. Ich komme darauf in Kapitel 5.2 zurück. Hier kommt es mir darauf an, dass Schreibmotive wichtig sind für das projektorientierte Lesen. So erzählt Lisa, die für ihre Abschlussarbeit liest: „Ich hatte zu dem Zeitpunkt schon einige Texte gelesen und habe relativ lang an dem Exposé zu meiner Magisterarbeit rumgekrebst. Und da bin ich einfach nicht weitergekommen. Und deswegen wollte ich den Text lesen, um zu schauen, ob ich da einfach irgendwie ein paar griffige Formulierungen finde für Sachen, die ich einfach nicht so griffig formulieren kann, oder Gedankengänge, die ich vielleicht auch noch dazu nehmen sollte." Wie Karl, so nimmt auch Lisa eine passive Haltung ein, die ich gemeinsam mit Engert als „Responsivität der Textarbeit" bezeichne (Engert u. Krey 2013: 375): als eine Reaktionsbereitschaft dem Text gegenüber.

Diese Responsivität hängt auch mit den Gefühlsstimmungen der Literatur gegenüber zusammen: „Es gab Tage, da habe ich interessante Artikel gehabt und da habe ich vier Stück bestimmt auch gut und intensiv durchgearbeitet, weil es einfach wahnsinnig Spaß gemacht hat." An anderen Tagen „quäle ich mich da zwei Tage durch einen Text. Also das hängt immer davon ab. Also von der Motivation und wie es auf meiner Linie liegt." Diese unterschiedlichen Motivationslagen begründet Lisa in ihrem eigenen Interesse: „Also manche sind nicht so ganz der Themenbereich, der mich interessiert." Durch solche Texte „quäle ich mich dann etwas länger durch". Das gute und intensive Durcharbeiten auf der einen Seite und das Durchquälen auf der anderen sind die zwei Pole, zwischen denen das Pathos des Lesens bei Lisa, Karl und den anderen schwankt. Bei Lisa ist diese Pathosterminologie mit den mentalen Lesemotiven verknüpft, die darauf abzielen, „griffige Formulierungen" oder „Gedankengänge" dazuzunehmen bzw. zu finden. Sie bringt sich in Stimmung, um sich vom Gelesenen für das Schreiben affizieren zu lassen.

Neben diesen mentalen Lesemotiven finden sich gerade im Lesen im Rahmen von Schreibprojekten auch rhetorische Motive, die darauf abzielen, die eigenen Texte anderen Lesenden gegenüber wissenschaftlich überzeugend zu gestalten und zu formulieren; dabei geht es darum, Texte, wie Gross es schreibt, in ein „Netzwerk von Autoritätsbeziehungen" einzuspannen. Während das mental motivierte Lesen eine Art denkende „Transaktion innerhalb des Selbst" ist, ist das rhetorisch motivierte Lesen auf die Transaktionen der Schriftkommunikation mit anderen orientiert (Gross 2006: 27, 97). So sucht Bernd z. B. beim Lesen für seine Dissertationsschrift über Schwangerschaft „Zitate", die er „mobilisieren kann für die eigene Analyse". Das rhetorische Lesen ist also kein passives Lesen wie im Fall von Karl oder Lisa; dort ging es darum, sich bzw. das eigene Denken vom Text aktivieren zu lassen. Bernd hingegen möchte Texte „mobilisieren" für sein eigenes Schreiben: „Also wenn ich jetzt etwas finde über eine Spezies oder wie Aliens ihre Ungeborenen konzipieren, dann kann ich vielleicht eine Fußnote machen oder darauf verweisen, interessanterweise hat Meier Helmholz, der das auf dem und dem Planeten untersucht hat, auch etwas über das Phänomen festgestellt."

Mit solchen Motiven adressiert Bernd nicht sich selbst, sondern die Wissensgemeinschaft und die Erwartungen, die an sein Lesen als Teil seiner Dissertation herangetragen werden. Die Literatur zu einem Gegenstands- oder Themenbereich zu kennen und in diesem Sinn belesen zu sein, ist ein wesentliches Motiv des curricularen wie des projektorientierten Lesens. Studierende lernen, so Becker, „die Literatur", von Beginn ihrer Ausbildung an kennen und fühlen sich mitunter „terrorisiert" von der Notwendigkeit, sich bei allem, was sie tun, immer wieder mit Fachliteratur auseinandersetzen zu müssen. In seiner eigenen Zeit als Doktorand, so schreibt Becker, folgten er und andere Studierende der Maxime: „Sei sorgfältig mit der Literatur oder sie kriegen dich. ‚Sie' umfasste nicht nur Lehrer, sondern auch Kollegen, die mitunter eine Gelegenheit begrüßen würden, auf deine Kosten zeigen zu können, wie gut sie die Literatur kannten." (Becker 2007: 136) „Die Literatur" ist eine Chiffre für den in Schriftform aufgezeichneten, aufbewahrten und weitergereichten Bestand an Methoden, Theorien und empirischen Beschreibungen und Analysen einer wissenschaftlichen Disziplin. Ein solcher Bestand ist ein vielgestaltiges Phänomen, das von den jeweiligen Perspektiven curricularen und projektorientierten Lesens aus betrachtet unterschiedliche Formen annehmen kann. Um die Konstruktion von Beständen von Fachliteratur geht es im folgenden Abschnitt.

2.1.3 Die Literatur

„Die Literatur" ist für Carlin ein kontextgebundener „Korpus" an Schriftstücken, der für die Zwecke einer „disziplinär-spezifischen Arbeit" angesammelt, aufbewahrt und genutzt wird. Die Lesepraxis konstruiert eine eigene „Bibliographie", die Texte als „literarische Repräsentanten" einer Fachkultur behandelt. Carlin bezeichnet dies als die „lokale Organisation von individuellen Bibliographien" (Carlin 2010: 2–4). Dabei geht es um die Frage, welche Texte zu welchem Zweck als individuelle Bibliographien einer Lesepraxis angesammelt, aufbewahrt und genutzt werden.

Wie bereits erwähnt, geht dem curricularen wie dem projektorientierten Lesen oft, jedoch nicht immer, eine Recherche und Selektion für jeweilige Zwecke adäquater Literatur voraus. Mitunter haben die Forschenden, Lehrenden und Studierenden am Institut für Exo-Soziologie aber auch schon Texte „auf Halde", die sie schon längst hätten lesen wollen, sollen oder müssen. Zudem haben weder Arno, noch seine Studierenden die Literatur des Theorieseminars selbst ausgesucht, sondern müssen die Textauswahl lesen, die Susanne als Reader zusammengestellt hat. Vor allem die Studierenden haben nur selten Einfluss auf die Auswahl der Seminarliteratur. Sie wählen jedoch oft die Seminare, die sie besuchen, aufgrund der Literatur aus. So sagt es Lisa: „Die Literatur zieht an. Die Lektüre schreckt ab." Zudem versuchen die Studierenden oft, Präsentationen oder Referate zugeteilt zu bekommen, für die sie die Literatur vorbereiten müssen, die sie bereits kennen und verstanden haben, die ihnen gefällt oder die interessant klingt. Größere Freiheiten haben die Studierenden bei der Auswahl der Literatur, die sie in ihren Haus- und Abschlussarbeiten nutzen. Auch hier wählen sie oft aufgrund einer mitunter vorhandenen Vertrautheit oder aber einer Sympathie Texten und Autor/-innen gegenüber aus.

Für die Studierenden besteht der Literaturkorpus einer Disziplin oft aus dem, was ihnen in Readern und in anderer Form als Lesestoff von den Lehrenden auf- und mitgegeben wird. Gerade in der selbsttätigen Literaturrecherche für Haus- und Abschlussarbeiten tritt ihnen die Literatur jedoch mehr und mehr als unüberschaubare Masse an Publikationen in unterschiedlichsten Disziplinen zu allen nur denkbaren Themen gegenüber. Die Entwicklungen literarischer Technologien von Druck und Typographie bis hin zur Digitalisierung und den damit verbundenen unterschiedlichsten Publikationsforen und -formen des Wissenschaftsbetriebs haben die Literatur zu einer Massenware und unüberschaubaren Ansammlung potenziellen Lesestoffs werden lassen (Hagner 2015).[2] Die Studierenden müssen lernen, sich zu diesen Massen an Literatur zu verhalten. In den ersten Semestern wird ihnen entsprechend von erfahrenen Studierenden in sogenannten „Tutorien" vermittelt, wie sie Literatur in den Katalogen der Bibliothek der Ups und in Archiven, auf Portalen oder mit Suchmaschinen im Internet recherchieren können. Die Studierenden lernen so etwas kennen, was ich mit Kittler als „Aufschreibesystem" wissenschaftlichen Lesens bezeichnen möchte. Dabei handelt es sich um ein „Netzwerk von Techniken und Institutionen [...], die einer gegebenen Kultur die Entnahme, Speicherung und Verarbeitung relevanter Daten erlauben". Kittler nennt hier u. a. den „Buchdruck und an ihn gekoppelte Institutionen wie Literatur und Universität" und die „Datenspeicherung, -übertragung und -berechnung in technischen Medien" (Kittler 1987: 429).

Bei den Aufschreibesystemen, derer sich die Forschenden, Lehrenden und Studierenden des Instituts für Exo-Soziologie bedienen, handelt es sich um Mischformen typographischer und digitaler Medien und Technologien. Dabei beginnt die Literaturrecherche nur selten am Nullpunkt. Karl z. B. notiert sich beim Lesen immer wieder Literatur, die im gelesenen Text zitiert werden und die „interessant klingt". Oft schaut er dann im „Literaturverzeichnis" des Textes nach, „auf welchen Text er sich genau bezieht. Bei den Autoren, wo ich Texte kenne, finde ich es spannend, welche Texte das sind und auch ob ich den Text kenne oder nicht. Und manchmal markiere ich mir auch Literaturempfehlungen. Und manchmal besorge ich mir die Texte auch, die ich dann markiere." Karls Literaturrecherche geschieht hier also im Vollzug des Lesens eines anderen Textes und greift auf dessen typographische Infrastruktur – Zitate und Literaturhinweise – zurück. Die zitierte Literatur schreibt er sich dann oft an den Seitenrand der gelesenen Textstelle oder auf einen Klebezettel, den er an seinen Bildschirm oder auf dem Schreibtisch anbringt. Oft schreiben er und die anderen

---

2 Vgl. Vickery 2000: 147 f., 186 f.; Weingart 2001: 99–109.

Mitarbeiter/-innen aber auch E-Mails an die Hilfskräfte des Arbeitsbereichs mit der Bitte, die Literatur zu besorgen. Bei den Klebezetteln geht Karl „regelmäßig durch, welche ich noch brauche und welche nicht mehr". Dabei gibt es „welche, die länger bleiben, und welche, die zu erledigen sind." Oft gehen die Klebezettel aber auch verloren oder bleiben unbearbeitet an Bildschirm oder Schreibtisch haften. Dies liegt daran, dass Literatur oft nur auf den ersten Blick interessant oder relevant erscheint, sich die Aufmerksamkeit der Textarbeit dann jedoch refokussieren und das Interesse an einer Literatur ebenso verloren gehen kann wie die Klebezettel.

Dass Karl seine Klebezettel meist an den Bildschirm heftet, liegt daran, dass die zentralen Aufschreibesysteme wissenschaftlichen Lesens in seiner und in anderen Wissenschaftskulturen heute digitale Medien und Technologien sind. Meistens suchen er und seine Kolleg/-innen und Studierenden in digitalen Netzwerken nach Literatur. So sagt Bernd, dass er meist „irgendwie im Internet" sucht: „Und dann gucke ich so drüber und denke mir, druck doch mal aus. Ist ganz gut zum Lesen." Für Bohn sind Wissenschaftsdisziplinen heute in diesem zweifachen Sinn „Screenkulturen": Zum einen wird mehr und mehr an Bildschirmarbeitsplätzen gelesen und zum anderen wird permanent Literatur „gescreent", d. h. gesucht, gesichtet, gefiltert, ausgewählt und aussondiert. Solche Bildschirmmedien wirken als „Such- und Konfigurationsinstrumente" des Lesens (Bohn 2010: 372, 374). Dabei werden Downloads und Scans von Literatur in den Ordnern von Computerfestplatten eingelagert. Diese Screenkultur befördert, so Bohn, ein spezifisches Leseverhalten: ein Hamstern, das darin besteht, Literatur zunächst wahllos anzuhäufen und dann gar nicht oder allenfalls oberflächlich zu lesen (Bohn 2010: 369).

Eine solche kulturpessimistische Sicht auf das wissenschaftliche Leseverhalten ist weit verbreitet. So geht z. B. Abbott von einem Verfall bibliographischer Fertigkeiten von Wissenschaftler/-innen und Studierenden aus und kritisiert, dass sie ihre Arbeit bei der Literaturrecherche auf undurchsichtige, auf wirtschaftliche Interessen beruhende Algorithmen von Internetdienstleistern stützen (Abbott 2008; 2009). Dem lässt sich entgegenhalten, dass Internettechnologien und die digitale Archivierung Literatur in einer Weise allgemein verfügbar gemacht haben, die bis weit ins 20. Jahrhundert kaum vorstellbar war. Musste die Literatur ehedem vor Ort, d. h. in den Bibliotheks- und Verlagsarchiven, in denen sie physisch eingelagert war, recherchiert oder postalisch angefragt und als Faksimile zugesandt werden, so können Bernd und die anderen am Institut für Exo-Soziologie vom Bildschirmarbeitsplatz aus Literatur recherchieren, sichten und dann gegebenenfalls herunterladen, ausdrucken und lesen. Die Elektrofotographie und die Digitalisierung haben Wissenschaftspublikationen zu dem gemacht, was Latour als „unveränderliche Mobile" bezeichnet: Zu Objekten, die zirkulieren können und dabei in Gestalt und Form stabil bleiben (Latour 1990: 26–28). Das Standardformat der Literatur ist dabei das „PDF" – das „portable document format".[3] Zu den Infrastrukturen der Internetrecherche gehören jedoch

---

[3] Zu dieser Entwicklung vgl. Gitelman 2014: 83 f., 114 f.

auch Urheber- und Lizenzrechte, die den Zugang zur Literatur in digitalen Archiven einschränken. Bei der Literaturrecherche werden die universitäre und die ökonomische Organisation des wissenschaftlichen Publikationswesens eng miteinander verzahnt. Die Lizenzen für das legale Herunterladen von Literatur werden in den meisten Fällen zentral von der Ups finanziert und den Mitarbeiter/-innen und Studierenden zur Verfügung gestellt. Auch dies führt dazu, dass die Literaturrecherche primär an Bildschirmarbeitsplätzen der Ups stattfindet. Über welche Lizenzen die Ups verfügt und welche Zeitschriften- und andere Abonnements sie abschließt, um solche Lizenzen zu erwerben, ist stetiges Politikum in den Gremien der Universität. Literatur, deren Herunterladen nicht durch Lizenzen der Ups legitimiert ist, müssen sich die Wissenschaftler/-innen und Studierenden auf andere Weise beschaffen.

Die Suche „irgendwie im Internet", von der Bernd spricht, kann unterschiedlichste Recherche- und Archivierungsmethoden umfassen: vom „Googeln" mit Internetsuchmaschinen über die Suche auf den Internetseiten von Fachverlagen und digitalen Literaturarchiven und die Nutzung der Kataloge von Bibliotheken bis hin zu Anfragen in speziellen wissenschaftlichen Foren oder in sozialen Netzwerken. Gerade solche Foren und Netzwerke werden mehr und mehr zu Recherchezwecken genutzt. In einem dieser Netzwerke haben sich Gruppen zu spezifischen Disziplinen und Methoden- und Theorieschulen gebildet. In einer Gruppe von Forschenden, die Konversationsanalyse – „KA" – betreiben, wurde folgende Rechercheanfrage gestellt: „Hallo, ich hoffe, euch allen geht es gut. Nur eine kurze Frage: Kennt jemand ein Schlüsselpapier oder einen Text (oder mehrere Schlüsselpapiere/Texte) über die Funktion von Unterbrechungen und/oder Pausen in Konversationen? Ich habe eine kurze Google-Suche probiert, aber ich bin schlecht darin, KA-Sachen zu googeln. Ich scheine nie das gute Zeug zu finden! Ich hätte gerne ein Papier, das sagt, ‚Menschen unterbrechen, um die Aufmerksamkeit zu erhöhen oder für den dramatischen Effekt', aber alles wäre großartig! Vielen Dank."

Diese Anfrage artikuliert das wesentliche Bezugsproblem der Bibliographien des projektorientierten wie des curricular-orientierten Lesens: „das gute Zeug zu finden" für die Forschung, die Lehre oder das Studium, Texte also, die Karl, Bernd, Lisa und die anderen für ihre eigenen Projekte „weiterdenken" können, „mobilisieren" können „für die eigene Analyse", nutzen können, um „griffige Formulierungen" zu finden oder die für die Lehre und das Studium der Exo-Soziologie von „Diskussionsrelevanz" sind. Für sein Dissertationsprojekt beschreibt Bernd die Logik seiner bibliographischen Praxis wie folgt: „Wenn ich eine Dissertation schreiben will über Schwangerschaften auf verschiedenen Planeten, dann suche ich natürlich alle möglichen Texte, die da etwas zu geschrieben haben und sich mit Schwangerschaft interplanetar befasst haben. Wenn ich etwas finde zu Schwangerschaften auf der Erde, ist das natürlich auch interessant. Und das gehört für mich auch zum Forschungsstand dazu." Bernds Recherche und Auswahl von Literatur ist durch die beschriebenen mentalen und rhetorischen Motive orientiert: Die Literatur muss für die eigene Analysearbeit interessant sein und sie muss einen Forschungsstand repräsentieren helfen, in den er seine Dissertation einordnen kann. Bei Ersterem geht es darum, dass die Literatur hilft, sich adäquat auf die eigene Forschungsarbeit einzustimmen; bei Letzterem geht es darum, das eigene Schreiben zu Texten zu positionieren, die für Bernd den Forschungsstand zu seinem Thema ausmachen.

Die bibliographische Praxis ist also eingelassen in das Motivvokabular wissenschaftlichen Lesens. Auf die rhetorischen Motive des projektorientierten Lesens verweist auch die zitierte Suchanfrage im sozialen Netzwerk: „Ich hätte gerne ein Papier, das sagt, ‚Menschen unterbrechen, um die Aufmerksamkeit zu erhöhen oder für den dramatischen Effekt‘, aber alles wäre großartig!" Hier geht es um die von Lisa so bezeichneten „griffigen Formulierungen" oder „Gedankengänge". Interessant ist dabei, dass diese Anfrage diesen Gedankengang bereits selbst formuliert, jedoch nach Texten sucht, die diesen Gedankengang mit literarischen Referenten – also mit Verweisen auf den in diesem Fall konversationsanalytischen Diskurs – zu versehen hilft. Diese Referenten helfen, das Publikum rhetorisch zu überzeugen (Latour u. Fabbri: 121 f.). Die Anfrage bedient sich dabei einer Textkategorie, die für die rhetorische Überzeugungskraft literarischer Referenten wichtig ist: die Kategorie „Schlüsselpapier". Lynch bezeichnet solche Kategorisierungen von Texten und Autor/-innen als „Orientierungspunkte", mit denen Wissenschaftler/-innen Ideengeschichten ihrer Disziplinen konstruieren, in die sie ihre eigenen Texte einordnen können. Mit solchen Genealogien betreiben Wissenschaftler/-innen Geschichtsschreibungen ihrer eigenen Fachkulturen (Lynch 1998: 15 f.). Der „Forschungsstand", von dem Bernd spricht, ist eine solche Geschichtsschreibung.

Die wichtigsten Orientierungspunkte sind dabei Autorennamen und Texttitel, aber auch Formulierungen und einzelne Worte, die Bernd, Karl und die anderen zur Literaturrecherche nutzen. Bernd stützt seine Recherche u. a. auf Autorennamen: „Wenn ich mir jetzt irgendwelche Texte über bildgebende Verfahren hole und die Autorin lese, dann weiß ich schon, was in dem Text steht. Weil ich den Namen zuordnen kann. Dann weiß ich schon, was mich erwartet." Foucault nennt dies die „Funktion Autor". Dem Autorennamen kommt für ihn „eine klassifikatorische Funktion [zu]; mit einem solchen Namen kann man eine gewisse Zahl von Texten gruppieren, sie abgrenzen, einige ausschließen, sie anderen gegenüberstellen" (Foucault 1974: 17). Dieses gleichzeitige Gruppieren und Ausschließen betreibt Karl z. B. in seinem triggernden Lesen. So nutzt er Autorennamen und Texttitel, um zu recherchieren, ob die Literatur ihn interessieren könnte. Wenn der Name „Goffman" zitiert wird, schaut er im Literaturverzeichnis, „ob das in Interaktionsordnung ist oder in Rahmenanalyse und auch ob ich den Text kenne. Mit Rahmenanalyse habe ich viel gearbeitet und den finde ich spannend." Ähnlich verhält er sich zum Autorennamen „Goodwin": „Ich kenne Goodwin-Texte und schaue, ob ich den kenne, den sie zitiert. Und Goodwin hat ja zwei Phasen oder zwei Schwerpunkte. Einmal klassische Konversationsanalyse und einmal mit Video. Und ich lese nur die mit Video. Also wenn ich lese, konversationale Organisation zwischen Sprechern und Hörern, reißt mich das nicht mit. Videoanalyse ja. Also ich gehe schon oft nach den Titeln."

Wie weiter oben beschrieben betrachtet Karl oft die eigenen Stimmungen, die die Texte bei ihm auslösen, und wählt danach auch Literatur für sein Projekt aus. Er „mag

Texte, wo ich so das Gefühl habe, die bringen mich ins Denken, während Texte, die so komplett abgeschlossen sind, die langweilen mich meistens." Goodwin-Texte zur „konversationalen Organisation zwischen Sprechern und Hörern" schließt er entsprechend aus der lokalen Bibliographie seines Forschungs- und Vortragsprojekts aus. Wie Bernd sucht auch Karl beim projektorientierten Lesen Texte, die ihn selbst interessieren. Auch die Literaturrecherche ist hier also eine Transaktion innerhalb des Selbst. Beim curricular-orientierten Lesen ist die Literaturrecherche in Transaktionen mit anderen eingelassen. Hier sucht Karl nach Texten von „Diskussionsrelevanz" und aber auch nach Texten, die „gut ankommen" bei den Studierenden, d. h. nach Texten, die die Studierenden interessieren. Diese Form des Interessierens ist Callon zufolge eine wissenschaftspolitische Strategie, die darauf abzielt, andere – hier: die Studierenden – für die eigenen Problembestimmungen und Weltentwürfe zu gewinnen (Callon 2006: 152 f.). Ich komme darauf in Kapitel 5.1.2 zurück. Hier ist wichtig, dass die „Diskussionsrelevanz", von der Karl spricht, zum einen umfasst, dass die Literatur die Studierenden interessiert – „Der ist gut angekommen der Text. Bei dem anderen haben die dann explizit gefragt, warum jetzt der Text? Was ist wirklich der Punkt an dem Text? Wieso lesen wir den?" –, und zum anderen soll die Literatur die Disziplin, die in einem Seminar gelehrt und studiert wird, repräsentieren. Letzteres ist auch eine Erwartung seitens der Studierenden, die in den Rückmeldungen an Karl artikuliert wird.

Susanne spricht bei der Auswahl der Literatur, die sie zu dem Reader zusammengestellt hat, den Arno und seine Studierenden im Theorieseminar lesen müssen, von „vier Kriterien": Die Texte sollen als (1) „vorlesungsbegleitende Lektüre Themen und Begriffe vertiefen", (2) „Appetit auf Autoren machen", (3) „als potenziell überfordernde Texte seminarbedürftig sein" und (4) „als Schreibmodelle stilbildend wirken können". Als Lesestoff soll die Literatur also einerseits Autor/-innen, Begriffe und Theorien repräsentieren und andererseits als didaktisches Objekt wirken, über das im Seminar diskutiert werden muss und über das die Studierenden die Disziplin auch als Schriftkultur kennenlernen. Die Idee, dass Texte „Appetit auf Autoren machen", verweist auf die textwissenschaftliche Orientierung der Exo-Soziologie, darauf, dass Texte dort Objekte hermeneutischer Arbeit und aber auch emotional geladener Konsumption sind. So ist „Goffman" Arnos absoluter Lieblingsautor, während Mead für ihn „nicht ganz mein Fall" ist. Karl findet bestimmte Texte „cool" oder „langweilig" und mag bestimmte Goodwin-Texte und andere nicht. Und Petra, Bernds Kollegin im Forschungsprojekt, hat ihre „Theoriebibel", „den Russell".

Eine zentrale Komponente der Aufschreibesysteme bibliographischer Praxis ist die Methode der Ablage und Archivierung von Literatur. Marion z. B. bedient sich bei ihrer Literatursuche zunächst Screenmedien wie Google, JSTOR und anderen digitalen Archiven und Suchmaschinen. Manche Texte lädt sie sich dann herunter. Sie hat auf ihrem Computer und in ihrem Büro eigene Datenbanken und Ordnersysteme zur Literaturarchivierung und -aufbewahrung angelegt. Andere Texte lässt sie sich von den Hilfskräften des Arbeitsbereichs besorgen, d. h. aus der Bibliothek oder per Fernleihe ausleihen. Wieder andere Literatur beschafft sie privat oder für den Arbeitsbereich. Ähnlich wie Karl bewirtschaftet auch Marion die Literatur zu einem nicht unerheblichen Teil mit Klebezetteln. So blättert sie die besorgte Literatur durch und scannt Inhaltsverzeichnisse und Kapitel auf interessante, passende und relevante Texte und Textausschnitte hin. Findet sie etwas, so heftet sie Klebezettel an die entsprechenden Textauszüge, stapelt die so markierte Literatur auf einen oder mehrere Stapel und übergibt diese an die studentischen Hilfskräfte zum Einscannen und Kopieren. Aus diesen Kopien und Scans wird Forschungs- und Seminarliteratur zusammengestellt. Die Texte für die Lehre werden dann entweder zur Herstellung eines gebundenen Readers an die Universitätsdruckerei gegeben oder aber in digitaler Form in einen Online-Reader geladen. Die letztgenannten Arbeitsschritte – das Zusammenstellen von Readern für die Studierenden – sind historisch relativ neu. So erinnern sich manche Mitarbeiter/-innen am Institut für Exo-Soziologie daran, dass sie von ihren Lehrenden entweder selbst auf Literaturrecherche geschickt wurden, deren Ergebnisse sie dann in Form von Referaten im Seminar vorzutragen hatten, oder aber einfach Zettel mit den bibliographischen Angaben der zu lesenden Literatur mit an die Hand bekamen, die sie dann suchen und ausleihen bzw. kopieren mussten. Eine Vorform der Reader – der „Handapparat", in dem Kopien der Seminarliteratur als „Kopiervorlagen" in speziellen Regalen in den Bereichsbibliotheken der Ups bereitgestellt (und dann häufig geklaut) wurde – führt nach wie vor ein Schattendasein im Lehrbetrieb, wird aber lediglich noch von eher altgedienten Lehrenden verwandt.

Marion und ihre Kolleg/-innen und Studierenden speichern ihre Literatur meist als PDF auf den Festplatten ihrer Rechner oder in Rechnerwolken der Ups oder kommerzieller Dienstleister ab, nutzen in aller Regel aber auch die Ordner- und Regalsysteme ihrer Büroarbeitsplätze daheim bzw. im Institut. Marion hat sich dabei ein filigranes hybrides Aufschreibsystem basierend auf digitalen und auf typographischen Institutionen und Technologien aufgebaut. So nutzt sie ein Literaturverwaltungsprogramm zur Speicherung und Verschlagwortung der von ihr auf ihrem Computer angesammelten Texte. Dieses Programm wiederum hilft ihr, Literatur im Ordnersystem ihres Computers oder der Regale ihres Büros abzulegen und wiederzufinden. Bernd arbeitet vor allem mit Aktenordnern, die er zu Autorennamen und Themen seines Dissertationsprojekts angelegt hat: „Untersuchungen auf fernen Planeten", „Bildgebende Verfahren", „Adams", „Goffman", „Lem". In den Ordnern hat er Register angelegt, in denen er z. B. die einzelnen Texte von Autor/-innen oder Studien zu den Themenschlagworten aufführt.

Solche Aufschreibesysteme sind lokale Literaturarchive, die die Forschenden, Lehrenden und Studierenden für ihr Lesen nutzen. Die Textkorpora sind dabei in stetigem Wandel. Die Literatur nimmt also immer wieder andere Formen an. So werden Texte für Seminare in eine Abfolge des Semesterverlaufs gebracht, andere Texte hinzugenommen, bereits ausgewählte Texte wieder herausgenommen und die Reihenfolge der Texte bis zum Beginn der Vorlesungszeit immer wieder variiert. Auch die Forschungsstände und Triggertexte für die Projektarbeit werden stetig weiter recherchiert. Entsprechend wachsen auch die Forschungsstände und Literaturverzeichnisse z. B. von Dissertationsschriften an, werden wieder zusammengestrichen, verändern sich etc. Wie sich die Lesepraxis konkret vollzieht und sich Lesende zu

Bestandteilen dieser Textkorpora körperlich und kommunikativ verhalten, thematisiere ich im folgenden Abschnitt.

2.2 Lesesituationen

In diesem Abschnitt frage ich, wie sich das Lesen als körperliche Praxis vollzieht und in welche räumlichen und sozialen Umgebungen es dabei eingelassen ist. Unter einer „Lesesituation" verstehe ich mit Goffman die unmittelbare soziale und materiale Umwelt des Verhaltens. Eine soziale Situation entsteht, wenn sich dieses Verhalten in Ko-Präsenz zu anderen Anwesenden vollzieht. Mit der materialen Umwelt ist all das gemeint, was diesem Verhalten unmittelbar physisch präsent ist (Goffman 1964: 134 f.).

Das Lesen wissenschaftlicher und anderer Literatur ist charakterisiert durch ein gleichzeitiges und manchmal auch gegenläufiges Ineinander unterschiedlicher, unmittelbarer und medial vermittelter Verhaltensweisen und Wahrnehmungsobjekte. So sind Lesende einerseits körperlich in einer unmittelbaren materialen Umgebung präsent und andererseits mit den zu lesenden Textobjekten kommunikativ involviert. Lesesituationen sind in diesem Sinn durch etwas gekennzeichnet, was Goffman als „ökologisches Wirrwarr" bezeichnet: ein Ineinander unterschiedlicher Verhaltensweisen, kommunikativer Bezugnahmen und deren Dinge und Objekte (Goffman 1964: 135). Ich werde zunächst diese kommunikative Grundkonstellation beschreiben, bevor ich dann auf die Räume, Zeitverläufe und Körperbewegungen des Lesens eingehe.

2.2.1 Partizipationsrahmenwerke

Das Verhalten in sozialen Situationen ist in etwas eingelassen, was Goffman als „Partizipationsrahmenwerk" bezeichnet. Darunter versteht er den Gesamtzusammenhang von allen in einer Situation körperlich Anwesenden und den Verhaltensweisen, die den Anwesenden in der wechselseitigen Bezugnahme aufeinander ermöglicht werden. Jede/-r einzelne Anwesende verfügt über einen spezifischen „Partizipationsstatus". Dies ist das je individuelle Verhalten eines oder einer Anwesenden (Goffman 1981: 137). Goffman konzentriert sich in seinen Studien meist auf das zwischenmenschliche Miteinander. Für die Leseforschung ist es m. E. jedoch in Anlehnung an Hirschauer notwendig, alle „materiellen Partizipanden" in einer Situation einzubeziehen: „Menschen und andere Lebewesen, Körper und Textdokumente, Artefakte und Settings" (Hirschauer 2004: 74 f.).

Die Rahmenwerke wissenschaftlichen Lesens versammeln unterschiedliche materielle Partizipanden: einen lesenden Körper und einen Text, der digital oder typographisch auf einem Bildschirm oder auf Papier präsent ist, der in den Händen gehalten, auf einem Tisch oder den Oberschenkeln abgelegt, der mit den Augen – vielleicht unterstützt durch eine (Lese-)Brille – fixiert und mit Marker und Stift oder

Maus, Tastatur und Tastfläche annotiert wird; Sessel, Sofa oder Stuhl; etwas zu essen und zu trinken und die dazu gehörigen Lieblingstassen; andere Menschen und technische Geräte zur Ablenkung, Ohrenstöpsel zum Abschirmen, Lichtquellen etc. Im Zentrum solcher Partizipationsrahmenwerke steht jedoch die Beziehung zwischen Körper und Text. Das Lesen wissenschaftlicher und anderer Literatur ist, so McLaughlin, eine physische Beziehung, in der Lesende Texte taktil und visuell wahrnehmen, und zugleich eine Praxis der gedanklichen Absorption und Immersion in den Text (McLaughlin 2015: 4 f., 23 f.).

Diese Beziehung zwischen Körper und Text konstituiert eine „zerdehnte Situation": eine über Schriftmedien und -technologien vermittelte Kommunikation, die sich, so Assmann, aus der *„empraktischen* Einbettung in *Situationen"* herauslöst. Für ihn lässt sich überhaupt erst in diesem Sinn von einem „Text" sprechen: dann nämlich, wenn Schrift in einer „interaktionsfreien Kommunikation" eingesetzt wird (Assmann 2013: 283 f.). Bei den kommunikativen Objekten, zu denen Lesekörper in Beziehung treten, kann es sich um die Autor/-innen von Texten handeln, aber auch um deren Gestaltungen und Formulierungen: z. B. die Gliederung eines Textes, die Ästhetik und Logik von Sätzen, die deskriptiven Weltenwürfe oder die theoretischen Konzepte. Diese Immersion bleibt immer auch eingebettet in eine physische Situation und deren Rahmenwerk unterschiedlicher materieller Partizipanden. So fokussiert das Lesen bestimmte Objekte in der unmittelbaren Verhaltensökologie und ignoriert andere. Die Körperwahrnehmung konzentriert sich beim Lesen taktil und visuell auf und um das Textobjekt. Mead bezeichnet das, was auf diese Weise entsteht, als „gleichsinniges System": als System all dessen, was einem Organismus von seiner Umgebung sinnlich unmittelbar präsent ist (Mead 1925: 260).

Im Lesevollzug lassen sich immer wieder Reorientierungen kommunikativer Bezugnahmen ausmachen. Marion z. B. beschreibt, was sie tut, wenn sie liest, wie folgt: „Eigentlich geht das immer so von lesen, mir fällt irgendwas ein und ich google oder ich schreibe eine Mail an jemanden." Die Orientierung weg von der Beziehung zwischen Körper und Text hat vor allem mit der räumlichen und zeitlichen Organisation des Lesens zu tun, damit, welche anderen Partizipanden vor Ort anwesend sind und wie lange gelesen wird. Gleichsinnige Systeme ent- und bestehen vor allem mit den Körperbewegungen des Lesens in Raumanordnungen und Zeitverläufen. Leseräume haben je spezifische Partizipationsrahmenwerke, in die die Beziehung von Körper und Text eingepasst werden muss. Die Dauer des Lesens, die sich von Minuten und wenigen Stunden über halbe, ganze und mehrere Tage erstrecken kann, setzt der Absorption in die zerdehnte Situation der Textkommunikation körperliche Grenzen. Ich werde im Folgenden die Leseräume, die Lesezeiten und dann die darin eingelassen Lesebewegungen thematisieren.

2.2.2 Leseräume

Die Forschenden, Lehrenden und Studierenden lesen an Arbeitsplätzen in den Büro- und Seminarräumen des Instituts für Exo-Soziologie oder in den Bibliotheken der Ups, im Arbeits- oder Wohnzimmer daheim am Schreibtisch, am Küchentisch, im Sessel oder auf dem Sofa, im Café oder in der Kneipe, an den Auen des durch Utopia Planitia fließenden Flusses, in Parkanlagen oder in Bus und Bahn. Diese Leseökologien sind durch eigene Partizipationsrahmenwerke, die dem Lesen und der Beziehung zwischen Körper und Text mal zu- und mal abträglich sind, charakterisiert. Manche Leseumgebungen sind frei gewählt, andere werden gezwungenermaßen aus- und aufgesucht. In diese Umgebungen passen sich die Forschenden, Lehrenden und Studierenden habituell ein. Wie McLaughlin schreibt: die physischen und sozialen Umgebungen des Lesens und die physische Beziehung zum Text „sozialisieren den Körper" (McLaughlin 2015: 2). Die Sozialisation durch die physische und soziale Umgebung hängt davon ab, wie öffentlich oder privat und wie dauerhaft oder vorläufig sich das Lesen dort einrichten kann.

Arno z. B. liest oft an seinem Schreibtischarbeitsplatz im Institut. Er liest aber „auch schon mal in der S-Bahn. Ich habe dann meine Texte dabei." Hier sind es die physische Beziehung zwischen Körper und Text und die physische Umgebung der S-Bahn gleichermaßen, die das Lesen sozialisieren: „Ich brauche dann immer eine gewisse Nähe. Also gammle ich irgendwie so herum, dass der Oberschenkel mein Tisch ist." Die Leseräume müssen so beschaffen sein, dass eine spezifische Beziehung zwischen Körper und Text hergestellt werden kann. Bietet die Infrastruktur bestimmte Einrichtungen nicht – in diesem Fall: einen Tisch –, dann werden diese Einrichtungen körperlich nachgestellt. Die S-Bahn ist von anderen Fahrgästen bevölkert, von denen eine Geräuschkulisse und mitunter auch die Gefahr ausgeht, angesprochen oder anderweitig beim Lesen gestört oder unterbrochen zu werden. Dagegen wappnet sich Arno, indem er sich Kopfhörer in die Ohren steckt, ohne dass er dabei zwangsläufig auch Musik oder etwas anderes von einem Abspielgerät hört. Die Kopfhörer haben vielmehr die Funktion der „Involvierungsabschirmung" (Goffman 1963: 38 f.): Sie sollen die kommunikativen Signale anderer herunterregulieren und zugleich signalisieren, dass Arno nicht oder nur in Ausnahmefällen für den Austausch mit anderen Anwesenden zur Verfügung steht. Solche Involvierungsabschirmungen lassen sich auch anderweitig herstellen: Etwa dadurch, dass man sich das Lesematerial nah vor Augen hält und den Text fixiert, abgewandt sitzt, sich mit den Händen an den Schläfen vor einem Blickkontakt abschirmt und selbst vermeidet, zu intensiven Blickkontakt mit anderen Anwesenden aufzunehmen.

Die S-Bahn ist eine öffentliche und vor allem eher kurzfristige Leseumgebung. Entsprechend richten sich Arno und die anderen nur ab und an – z. B. wenn sie zuvor nicht zum Lesen gekommen sind – dort ein. Bus- oder Flugreisen eignen sich schon eher zum Lesen. Wie Jule es sagt: „Mit dem Zug ist es ja nicht so schnell." Bahn, Bus und Flugzeug setzen dem Lesen als physische Umgebungen also zeitliche Grenzen. Diese Umgebungen wirken aber auch insofern auf das Lesen ein, als dass es sich dabei um Umgebungen in Bewegung handelt, in denen der Text vor Augen und die eigenen Annotationen und Markierungen immer wieder verwackeln. Zum Lesen suchen die Soziolog/-innen und Soziologiestudierenden des Instituts entsprechend meist sozial und physisch ruhigere Umgebungen auf, in denen sie sich dauerhafter einrichten können.

Karl, Marion und auch Petra setzen sich zum Lesen z. B. hin und wieder in Cafés. Karl räumt sich dort „einen persönlichen Raum" frei, in dem er Texte, Stifte und Marker auf dem Tisch und mitunter den Stühlen oder Bänken um sich herum ausbreiten kann. Goffman bezeichnet solche Räume als „Nutzungsraum": als ein „Reservat", das ein physisches Territorium „egozentrisch" um den Körper und das Selbst herum kreiert (Goffman 1972: 29, 34 f.). Solche Nutzungsräume lassen sich nur bedingt in Bahnen, Bussen und anderen mobilen Umgebungen schaffen. In Cafés geht dies schon besser. Die physische Beziehung zwischen Körper und Text lässt sich auch deshalb gut in Cafés einpassen, da die Textarbeit eine legitime Praxis an solchen öffentlichen Orten ist. So ist gerade das Kaffeehaus ein ikonischer Ort „literarischer Produktion und Rezeption" (Rössner 1999: 13; vgl. Sindemann 2008). Auch das Café setzt der Textarbeit jedoch gewisse Grenzen. So lassen sich nicht alle Partizipanden des Lesens in die Caféumgebung einpassen. Karl und Marion können sich z. B. beim Lesen nicht zwischen Text und Bildschirm hin und her orientieren, googlen, E-Mails schreiben oder Literatur recherchieren. Für Petra funktioniert auch das Annotieren und Markieren im Café nur bedingt. Wenn sie im Café liest, „bearbeitet" sie die Literatur oft nicht, sondern liest „dann einfach nur" und „schreibt nichts raus". Das Café sozialisiert das Lesen in Richtung einer etwas weniger intensiven Auseinandersetzung mit dem Text. Gerade für dieses etwas weniger absorbierende und immersive Lesen suchen Petra und auch Karl das Café auf. So lassen sie sich dort gern von dem Geschehen ablenken und lassen ihre Gedanken schweifen, essen beim Lesen Kuchen, trinken Kaffee oder Tee, führen Gespräche mit anderen etc. Das Lesen im Café ist also in eine physisch ruhige, sozial jedoch oft unruhige Umgebung eingelassen. In Cafés wird zudem meist nur für einige wenige Stunden gelesen – oft gerade auch, um Abstand zu gewinnen von den Büro- und anderen Arbeitsplätzen der Ups.

Ein anderer ikonischer Leseraum ist die Bibliothek (vgl. Krentel u. a. 2015; Stein 2010: 231–252). Die Bibliotheken der Ups werden meist von den Studierenden und nur kaum von den Mitarbeiter/-innen des Instituts zum Lesen genutzt. Auch für die Studierenden sind die Bibliotheken jedoch oft nicht erste Wahl. Jule geht z. B. nur in die Bibliothek, wenn sie woanders „keine Ruhe hat". Sie liest am Liebsten in der Küche, in ihrem Zimmer ihrer Wohngemeinschaft oder im Büro des ASTA. Dort arbeitet sie als Referentin für Aliens. Sie hat es „ganz gern, wenn es halt leise ist", und dafür, so sagt sie, „ist halt zu Hause besser" als „in der Institutsbibliothek". Die Bibliotheken der Ups verfügen über viele Arbeitsplätze, an denen man Literatur recherchieren und lesen und Haus- und Abschlussarbeiten schreiben kann. An diesen Arbeitsplätzen herrscht eine entsprechend rege Betriebsamkeit. Das Partizipationsrahmenwerk der Bibliothek ermöglicht viele Verhaltensweisen: Die Studierenden sitzen dort in der Vorlesungszeit, zwischen den Seminaren und in der vorlesungsfreien Zeit zum Lernen, Lesen und Schreiben, laufen zwischen den Regalen hin und her und suchen nach Büchern und Zeitschriften, surfen im Internet, unterhalten sich oder tauschen E-Mails aus mit Kommiliton/-innen und anderen vor Ort oder via Computer und Mobiltelefon. Sie arbeiten dort allein, vereinigen sich aber immer wieder auch zu Gruppen und lernen, lesen oder schreiben gemeinsam oder jede/-r für sich allein, unterstützt oder abgelenkt durch die Anwesenheit der anderen.

Einige Bibliotheken sind aufgrund ihrer Ausstattung und der dort herrschenden Arbeitsatmosphäre beliebter als andere und sind überfüllt, während andere weitgehend verweist sind. In den beliebteren Bibliotheken konkurrieren die Studierenden entsprechend um Nutzungsräume. So gibt es Arbeitsplätze, die aufgrund ihrer Ausstattung, der Lichtverhältnisse oder des Geräuschpegels begehrt sind. Um sich solche Arbeitsplätze zu sichern, gehen die Studierenden entweder gleich zu Beginn der Öffnungszeiten in die Bibliotheken oder zu Zeiten, in denen sie nicht „überlaufen" sind. Oftmals reservieren sie sich Plätze durch das Anhäufen von Arbeitsmaterialien oder durch Zettel mit Botschaften wie: „Bitte liegen lassen!" oder „Bin gleich wieder da!". Oft entstehen auch Gewohnheitsrechte über Nutzungsräume, wenn die Studierenden über längere Zeit in ähnlichen Personalzusammensetzungen die Bibliotheken bevölkern. Gegen störende Geräusche und andere Sinneseindrücke schirmen sich die Studierenden durch Ohrstöpsel, Kopfhörer und Körperhaltungen ab. Jedoch wird auch die Bibliothek von vielen Studierenden gerade aufgrund der geselligen Arbeitsatmosphäre aufgesucht. Hier treffen also unterschiedliche Arbeitshaltungen und -gewohnheiten aufeinander, die sich mal besser und mal schlechter in Einklang bringen lassen (vgl. Weigelin 2018).

Die physische Umgebung der Bibliothek ist ein halböffentlicher Raum, in dem sich Lesende dauerhafter einrichten können, als dies in Bahn oder Café der Fall ist. Bibliotheken sind in gewissem Sinn die „Skriptorien" des Wissenschaftsbetriebs: Orte, an denen Texte gelesen oder aus Texten ab- und herausgeschrieben werden (Stein 2010: 155 f., 174 f.). Die Einrichtung der Bibliotheken unterstützt die physische Beziehung zwischen Körper und Text und die unterschiedlichen Schreiboperationen wissenschaftlicher Textarbeit: das Recherchieren, Lesen, Schreiben etc. Die Studierenden suchen Bibliotheken genau aufgrund dieser Arbeitsatmosphäre auf. Lisa z. B. liest oft in der Bibliothek, weil ihr Schreibtisch zu Hause „definitiv mehr vollgemüllt ist" als die Arbeitsplätze in der Bibliothek. Vor allem aber lenken sie zu Hause „Rechner und Haushaltskram" ab. So liest sie zu Hause „bestimmt zwanzig Mal am Tag E-Mails". Vor allem aber lenkt sie sich selbst zu Hause ab, indem sie, anstatt zu lesen, „Haushaltskram" macht oder ihre „Nachbarn im Vorderhaus" beobachtet: Dort gibt es „immer mal etwas zu glotzen". Die physische Umgebung der Bibliothek sozialisiert und kontrolliert also Lisas Lesen und bringt sie dazu, sich auf die Beziehung zum Text zu konzentrieren.

Lisa kann jedoch auch immer wieder im Sekretariat des Arbeitsbereichs lesen, in dem sie als wissenschaftliche Hilfskraft einen Arbeitsplatz hat. Auch Arno hat seinen Schreibtisch aufgrund der beengten Raumsituation am Institut im Sekretariat. Neben Arno und Lisa hat dort vor allem Christian, der Verwaltungsangestellte des Arbeitsbereichs, seinen Schreibtisch. Christian macht die administrative Arbeit für Susanne. Diese umfasst viel Papierarbeit und häufige Korrespondenz am PC und per Post. Darüber hinaus muss Christian viel telefonieren und es kommen immer wieder Kolleg/-innen und Studierende mit ihren Anliegen ins Sekretariat, um mit Christian zu sprechen. Das Partizipationsrahmenwerk des Sekretariats umfasst zum einen also Textarbeiten, die denen des wissenschaftlichen Lesens ähneln, und zum anderen aber auch ein Kommunikationsverhalten am Telefon und im Publikumsverkehr, das die Lesepraxis stören kann. Auch diese Umgebung sozialisiert das Lesen insofern, als dass Arno und Lisa darin geübt sind, sich mit Ohrstöpseln, Kopfhörern und Blickvermeidung gegen den Sekretariatsbetrieb abzuschirmen. Beim Lesen sitzen beide meist weit vornübergebeugt und fixieren den Text. Die Immersion in die Textbeziehung gelingt Lisa im Sekretariat meist gut. Wenn sie „konzentriert arbeiten möchte, dann mache ich das im Büro, wenn der Hiwikram vorbei ist." Dazu muss sie ihr Lesen jedoch mit Christians Arbeitszeiten abstimmen. So liest sie oft, wenn Christians Sprechstunden vorbei sind. Arno liest oft auch erst, wenn Christian Feierabend gemacht hat. Dies, weil er „schon Ruhe dazu braucht".

Als Nutzungsraum ist das Sekretariat fragil. Einerseits verfügen Arno und Lisa mit ihren Arbeitsplätzen eigene und dauerhafte Lesereservate; andererseits ist das Sekretariat ein Ort der universitären Administration, der nicht unbedingt bibliophil ist. So werden Arno und Lisa immer wieder von den Gesprächen im Sekretariat abgelenkt oder – außerhalb von Christians Anwesenheitszeiten – von anderen adressiert, die mit oder ohne zu klopfen ins Sekretariat eintreten und Informationen anfragen. Die physische Umgebung des Sekretariats weist diesen Raum nicht als Lese- oder Schreibreservat aus, vielmehr müssen Arno und Lisa selbst ihren Nutzungsraum performativ behaupten.

Anders ist dies in den Büroräumen des Instituts, die dezidiert als wissenschaftliche Arbeitsplätze mit individuellen Nutzungsrechten markiert sind. Die Mitarbeiter/-innen des Instituts teilen sich meist ein Büro zu zweit. Die Professor/-innen haben Einzelbüros. Wer die jeweiligen Büroreservate bewohnt und dort Nutzungsrechte hat, ist durch Absprachen am Institut festlegt und wird durch Türschilder kommuniziert. Wie die Bibliotheken der Ups, so sind auch die Büros des Instituts wesentlich als Lese- und Schreibreservate eingerichtet und werden dominiert von den Lagerstätten und Schnittstellen wissenschaftlicher Aufschreibesysteme. Die Schreibtische in den Büros sind so gegenübergestellt, dass die Mitarbeiter/-innen dort einander zugewandt sitzen und so immer wieder auch Blickkontakt aufnehmen können. Die Schreibtische nehmen den Großteil der Stellfläche des Büros ein. An den Wänden im Rücken der Mitarbeiter/-innen sind Regale aufgestellt. Dort lagern Bücher und Aktenordner mit Literatur, Seminar- und Abschlussarbeiten, eigenen Typoskripten für Publikations-, Vortrags- und andere Zwecke und Datenmaterialien von Forschungsprojekten. Manche Büros verfügen über kleine Beistelltische, an denen Besucher/-innen Platz nehmen und Sprechstunden abgehalten werden können. Oft wird dort aber auch weiteres Textmaterial abgelagert.

Die Büros bilden – über die Vertragslaufzeit hinweg – dauerhafte Arbeitsumgebungen und überschaubare Partizipationsrahmenwerke, in denen sich vertraute Sozialbeziehungen und Verhaltensroutinen eingewöhnen und einleben und somit auch Intimsphären der Textarbeit entstehen können. Am Arbeitsbereich teilen sich Bernd und Petra, Karl und Tina – eine Doktorandin, die zu künstlerischen Körperdarstellungen auf unterschiedlichen Planeten forscht – und Marion und Bertha je ein Büro. Bertha ist in der Lehre tätig und schreibt eine Doktorarbeit zu soziologischen Gesellschaftstheorien, die auf unterschiedlichen Planeten erdacht und vertreten wurden und werden. In diesen Büroumgebungen können sich die Mitarbeiter/-innen mit ihren Arbeitsgeräten und -materialien und persönlichen Gegenständen „Territorien des Selbst" einrichten: jeweilige Verhaltensumgebungen in einer sozialen Situation, auf die sie Anspruch erheben, die ihnen andere zugestehen und in denen sie geschützt agieren können (Goffman 1971: 28 f.).

In diesen Territorien können Lesende sich selbst und alles, was sie während ihre Textarbeit brauchen, dauerhaft einrichten und ansammeln. So werden dort über die Zeit entsprechend Bücher, Fachaufsätze und andere Texte; Bleistifte, Kulis und Marker in unterschiedlichen Farben; Mobiltelefone und andere Kommunikationsgeräte; Getränke, Essen und Besteck, Flaschen, Kannen, Tassen und Teller; Fotos, Plakate, Postkarten und Poster; Figürchen und Stofftierchen und allerlei andere Dinge abgelegt. Vor allem können sich dort zwanglosere Verhaltensweisen einleben. (Halb-)Öffentliche Umgebungen wie Bahnen, Bibliotheken, Cafés oder Parks kontrollieren Lesende dahingehend, sich situationsadäquat zu verhalten. Dazu gehört zum einen, andere nicht akustisch, gestisch oder mimisch zu stören, und zum anderen, Körperhaltungen und Verhaltensweisen zu unterlassen, die als zu raumgreifend oder zu intim empfunden werden könnten. Büroumgebungen und deren Partizipationsrahmenwerke sind da toleranter. Büros sind in diesem Sinn „Informationsreservate" (Goffman 1971: 38 f.). Dies sind Verhaltensumgebungen, in denen Lesende sich gehen lassen oder etwas von sich Preis geben lassen können, was sie in anderen Umgebungen für sich behalten würden. Dazu gehört, laut zu gähnen, zu schmatzen, zu seufzen, sich zu räuspern, Unmut oder Interesse dem Text gegenüber zu artikulieren; sich gedankenversunken über Körperteile zu streichen, Schläfen und Stirn zu massieren, in Nase oder Ohren zu bohren; im Schreibtischstuhl zu fläzen, Pullover und Schuhe auszuziehen, die Füße auf den Tisch zu legen etc. Zudem bilden sich in Büroumgebungen immer wieder kleine „Konversationsreservate" (Goffman 1971: 40 f.): Situationen, in denen sich Bernd und Petra, Karl und Tina und Marion und Bertha immer wieder gegenseitig in Gespräche über Texte und Autor/-innen verwickeln oder Klatsch über Kolleg/-innen, Susanne oder die Studierenden austauschen.

In der physischen und sozialen Umgebung des Büros wird das Lesen also in den Arbeitsalltag des Forschens, Lehrens und Studierens eingelassen. Gegen diesen Alltag müssen die Lesenden immer wieder auch ihr Territorium verteidigen. So finden in den Büros der Mitarbeiter/-innen am Institut Sprechstunden statt, klingeln die Telefone, klopfen Kolleg/-innen an die Tür. Auch hier wird die Beziehung zwischen Körper und Text immer wieder von sozialen und physischen Störsignalen beeinflusst, mit denen die Mitarbeiter/-innen jedoch zu leben gelernt haben. Bernd z. B. braucht zum Lesen zwar „eine gewisse Form der Ruhe". Wenn er im Büro liest, dann sprechen er und Petra aber auch „schon miteinander so nebenher". Er hat gelernt, mit Augen und Händen einen Text zu fixieren und „parallel" bzw. „mit einem Ohr zuzuhören". Bernd und Petra legen allerdings immer wieder auch „Homeoffice"-Tage ein, um dem Büroalltag des Forschungsprojekts und des Lehr- und Lernbetriebs am Institut zu entfliehen.

Solche Ortwechsel sind ihrerseits wichtige Verhaltensweisen, mit denen sich Bernd, Petra und die anderen Mitarbeiter/-innen und Studierenden durch die Wahl der Arbeitsumgebungen zum Lesen in Stimmung bringen. Mal benötigen sie die unruhigen, aber mobilen Umgebungen von Bahnen und Bussen, mal die Ablenkungen ebenso wie die Kontrollmechanismen in Bibliotheken, Büros und Cafés. Oft lesen die Forschenden, Lehrenden und Studierenden des Instituts für Exo-Soziologie jedoch in den privaten Umgebungen ihrer Wohnungen oder Wohngemeinschaften. Ein „Homeoffice" ist eine private und in vielen, jedoch nicht allen Fällen dauerhafte Leseumgebung. Solche Heimbüros können sich aus unterschiedlichen Partizipanden zusammensetzen. Bernd benötigt zum Lesen „Tisch, Arbeitsmaterial, Platz". Er arbeitet entweder am Schreibtisch im Büro oder „zu Hause an meinem Tisch. Also ich könnte mich nicht auf mein Sofa setzen, weil da eben kein Tisch ist. Ich könnte auch nicht im Sommer auf einer Bank irgendwo da draußen sitzen. Da ist kein Tisch. Da kann ich nicht lesen. Da kann ich vielleicht einen Roman lesen, den man einfach in der Hand halten muss. Aber wie soll ich lesen, wenn ich keinen Tisch habe." Den Tisch benötigt Bernd als Umgebung für sein Leseverhalten und das dazugehörige Arbeitsmaterial, „wo ich meine Stifte ausbreiten kann, wo ich schreiben und wo ich anmalen kann". Schmidt schreibt im Zusammenhang der Büroarbeit von der körperlichen „Ausbildung eines Habitus, der an sein Habitat, also an das materiell-symbolische Bürolayout, angepasst ist" (Schmidt 2012: 154 f.). Wenn Bernd und seine Kolleg/-innen Heimarbeit machen, dann passen sie sich jedoch nicht an ein Habitat an, sondern suchen sich ein Habitat, in das sich das Lesen einpassen lässt. Hier sozialisiert also nicht die physische und soziale Umgebung das Lesen, sondern suchen Lesende sich Umgebungen, deren Partizipationsrahmenwerke den Habitus stützen.

Petra z. B. liest „sehr gerne mittlerweile eigentlich daheim". Dies, weil sie sich dort eine Arbeitsumgebung geschaffen hat, in der sie sich auf das Lesen einstimmen kann. Dieses Lesehabitat wird von einem Bildschirmarbeitsplatz dominiert. Während Bernd sich sein Lesematerial ausdruckt und alles Papier, das er beim Lesen braucht, über seinen Tisch und auch über den Boden seines Zimmers ausbreitet, hat Petra ihr Lesen „verlagert vom Papier, also von der Horizontalen, praktisch auf den Bildschirm, in die Vertikale". Sie liest meist am Bildschirm, die Hände an Maus und Tastatur ihres Computers, um gegebenenfalls Textstellen digital zu annotieren und zu markieren. Ihren Arbeitsplatz bezeichnet sie als „sehr durchdacht". Dabei geht es ihr um „ein angenehmeres Lesen" im Sinne einer körperlichen Praxis: „Also ich beweg mich relativ viel. Ich kann nicht so leicht stillsitzen. Das kann ich eigentlich nicht so gut." Um sich den benötigten Bewegungsspielraum zu beschaffen, hat sie sich ihren Stuhl zu Hause und im Büro so eingestellt, dass sie sich vorbeugen und zurücklehnen kann. Oft lehnt sie sich beim Lesen weit in ihrem Schreibtischstuhl zurück, nimmt die Tastatur auf die Oberschenkel und vergrößert den Text auf dem Bildschirm, so dass sie ihn auch aus größerer Entfernung lesen kann: „So lese ich das dann sehr schön einfach. Das ist einfach ein gutes Gefühl."

Liest Petra nicht am Bildschirm, so hat sie dafür Lesevorrichtungen, in die sie ihre Texte einspannen kann, sodass sie diese nicht händisch fixieren muss. Texte auf Papier sind für sie jedoch ein Problem. Zum einen hat sie „das Gefühl, dass mich der Text in eine Position reinzwingt"; sie findet „die Buchstaben wirklich zum Teil extrem klein bei so einem Text." Von Büchern und anderen Papierdokumenten fühlt sie sich „geknechtet" und „heruntergezogen". Ihr Bezugsproblem ist hier die physische Beziehung zwischen Körper und Text: dass sie von der materialen Gestalt der Literatur und insbesondere von deren Schriftsatz und Typographie in körperliche Lesepositionen gebracht wird, die nur einen relativ engen Bewegungsspielraum zulassen; eine körperliche Stillstellung, die Petra als ebenso anstrengend wie ermüdend empfindet. Vor allem das Fixieren des Textes mit den Augen bereitet ihr Schwierigkeiten. Petra hat eine Sehschwäche und trägt deshalb meist eine Brille und ab und an auch Kontaktlinsen – beides nicht zuerst und nicht ausschließlich zum Lesen. Wie Manguel aufzeigt, gab es vor der Erfindung der Brille zwei Möglichkeiten, mit beeinträchtigten Sehfertigkeiten umzugehen, die eine technisch, die andere sozial: Entweder wurden Schriftzeichen besonders groß abgebildet oder aber man ließ sich von anderen vorlesen, z. B. von Lesesklaven oder professionellen Vorlesern (Manguel 2014: 46 f., 292 f.). Petra bedient sich einer technischen Lösung und vergrößert die Leseobjekte am Bildschirm. Aus diesem Grund versucht sie, alle Texte in digitaler Form zu lesen; mitunter scannt sie sich auch ganze Bücher ein.

Neben diesen Technologien, die vor allem die physische Beziehung zwischen Körper und Text stützen, gehören zum Partizipationsrahmenwerk von Petras Homeoffice nicht zuletzt auch spezifische Lichtverhältnisse und eine Klangkulisse. So steht eine große Schreibtischlampe auf dem Schreibtisch. Zudem hat Petra Lampen an der Decke angebracht, die sie dimmen kann. „Das Licht muss stimmen", sagt Petra: „Ich habe immer ein bisschen indirektes Licht. Ich habe hier immer gute Lichtverhältnisse." Die richtige Klangkulisse schafft sich Petra, indem sie Musik hört. Sie hat „das Gefühl, dass die Musik mich im Lesefluss drin hält." Sie sagt: „Wenn es so ganz still ist, passiert es, dass ich dann eigentlich aufstehen will und vielleicht in die Küche gehen will." Musik ist für sie eine „willkommene Ablenkung": „Man liest ja nicht permanent. Man muss ja auch mal ab und zu wegschauen oder irgendwie was trinken. Und dann ist da nichts. Und wenn dann die Musik an ist, dann kann ich dann eben der Musik zuhören." Die Musik ist für Petra ein externerer Stimulus, der ihr hilft, sich zu konzentrieren und immer wieder auch zu dezentrieren. Mit Musik kann Petra sich „irgendwie ruhigstellen". Dazu hört sie Musik ohne Text. Wenn sie „konzentriert sein will, höre ich etwas relativ Monotones."

Wie bei Bernd, so sind auch bei Petra nicht nur Augen und Hände, sondern auch die Ohren am Lesen beteiligt. Während bei Bernd jedoch das Ohr eher Störgeräusche aufnimmt, so wirken darüber für Petra eher Lesestimuli ein. In beiden Fällen stellen

Augen und Hände die physischen Beziehungen zum Text her, während das Ohr den Körper in Beziehung zur unmittelbaren Arbeitsumgebung bringt. Das kann, wie Simmel es formuliert, „nicht wie das Auge sich wegwenden, oder sich schließen". Es ist vielmehr „dazu verurteilt, alles zu nehmen, was in seine Nähe kommt" (Simmel 1993: 286). Über das Ohr wird dem Leser die unmittelbare Umgebung präsent. Wie schon erwähnt, gehört zum wissenschaftlichen Lesen entsprechend auch, zu lernen, Geräusche zu überhören. So sagt Bernd: „Ich habe schon eine große Toleranzbreite und habe schon die Fähigkeit, einerseits zuzuhören, was mir irgend jemand erzählt, und mich andererseits ganz normal auf den Text zu konzentrieren." Diese Toleranzbreite hängt jedoch von zwei Parametern ab: (1) von der Textsorte und (2) von der Art der Störgeräusche. Bernd kann „mit einem Ohr zuhören", vorausgesetzt, „der Text ist nicht zu schwierig. Also wenn ich jetzt einen ganz schwierigen Text lese, dann geht das nicht mehr. Dann kann ich nicht parallel zuhören." Dies bedeutet, dass er, wenn er im Büro lesen will, „nur eine bestimmte Textsorte nehmen kann, wo ich sage, die ist mir bekannt, da bin ich reinsozialisiert". Er kann auch nicht „parallel zuhören", wenn ihm jemand „etwas ganz Wichtiges erzählt, wo ich jetzt irgendwie nachdenken müsste oder wo ich jetzt spezifisch auch noch Antwort geben müsste. Da müsste ich vom Text weggehen." In Gespräche kann er sich involvieren lassen, wenn er nur Nicken oder andere Rezeptionssignale von sich geben muss. Innerhalb bestimmter Parameter kann er gleichzeitig lesen und zuhören: „Solange beides auf so einem leichteren Level ist, kann man das gut kombinieren."

Petras Homeoffice nimmt einen Großteil des Arbeits- und Wohnzimmers der Wohnung, in der sie alleine lebt, ein. Genuine Arbeitszimmer haben die wenigsten Mitarbeiter/-innen und Studierenden des Instituts für Exo-Soziologie. So leben etwa die Studierenden oft in Wohngemeinschaften. Jule liest dort „ganz gern in der Küche, wenn meine Mitbewohnerin gerade nicht kocht". Am Küchentisch liest sie, „weil der ist halt komplett leer und auf meinem Schreibtisch steht halt noch der PC und anderer Papierkram". Jule und die anderen Studierenden können ihre Leseumgebungen nicht so gut durchdenken und ergonomisch einrichten, wie z. B. Petra dies getan hat. Entsprechend wählen sie ihre Leseumgebungen nur bedingt freiwillig aus, sondern müssen sich dort einrichten, wo ihnen Arbeitsplatz zur Verfügung steht. In Jules Fall ist dies neben der Wohngemeinschaftsküche ihr ASTA-Büro oder die Bibliothek; in Lisas Fall das Sekretariat. Am Küchentisch kann Jule sich und ihre Arbeitsmaterialien auch weniger extensiv über Raum und Zeit ausbreiten, als Bernd und Petra dies bei sich zu Hause können. Zudem werden Wohngemeinschaften eben auch von Mitmenschen bevölkert, in deren Alltagsorganisation und -verhalten sich das Lesen wissenschaftlicher Literatur oft nur bedingt einpassen lässt. Wie Jule und Lisa, so lesen viele andere Studierenden gerade auch deshalb in den Arbeitsumgebungen der Ups, da sie dort auf Habitate treffen, die dem Lesehabitus zuträglich sind, die also eine auf Textarbeiten konzentrierte Atmosphäre kreieren.

Insgesamt lässt sich festhalten, dass die Mitarbeiter/-innen und Studierenden Leseumgebungen danach aus- und aufsuchen, (1) wie anregend oder ablenkend – im Guten wie im Schlechten – sie diese Umgebungen wahrnehmen und (2) wie selbstbestimmt und dauerhaft sie sich und ihre Arbeitsmaterialien dort einrichten können. Es ist in diesem Sinn das Motivvokabular des Lesens, mit dem Lesende sich mit ihren physischen Umgebungen in Stimmung bringen und bestimmte Umgebungen wählen oder sich in diesen Umgebungen mit den gegebenen Umständen arrangieren. Daneben hängt die Wahl der Arbeitsumgebung aber auch von der zeitlichen Organisation des Lesens ab. Hier unterscheide ich eine zeitliche Mikroorganisation des Lesens von der schon thematisierten Makroorganisation in Form einer Abfolge von Arbeitsaufgaben. Die Mikroorganisation lässt sich ihrerseits in zwei Ebenen unterscheiden: (1) das Planen des Lesens im Vorfeld und (2) den Vollzug des „Lesens *in actu* (Bourdieu 1999: 502). Ich werde nun zunächst das Planen und dann den Vollzug des Lesens thematisieren.

2.2.3 Lesezeiten

Die mal mehr und mal weniger gegebene Wahlfreiheit bezogen auf die physischen und sozialen Umgebungen des Lesens weist auf ein Charakteristikum wissenschaftlicher Arbeit hin, dass sich so nicht nur am beforschten Institut, sondern auch an vielen anderen universitären und außeruniversitären Forschungs-, Lehr- und Lerneinrichtungen findet: So sind die Arbeitsbögen und Trajektorien dort oft organisatorisch vorgegeben und vorstrukturiert, bei der konkreten Durchführung werden den Mitarbeiter/-innen und Studierenden aber auch Freiheiten gelassen. So gibt es, was das Lesen betrifft, oft Vorgaben, was gelesen wird – wie, wo und wann gelesen wird, müssen Bernd, Petra, Jule und die anderen aber meist selbst entscheiden. Was die Zeitplanung des projektorientierten Lesens betrifft, gibt es oft „Deadlines" für Forschungsanträge und Aufsatz-, Buch- und Vortragstyposkripte; dem curricularen Lesen setzen die oben thematisierten Semester- und Seminarorganisationen äußere Temporalstrukturen. Innerhalb dieser Strukturen müssen Lesende ihre Arbeitszeiten selbst planen und gestalten. Dies empfinden beinahe alle einerseits als Freiheit und als positiven Aspekt ihrer Arbeit, andererseits als große Herausforderung. Das Zeitmanagement ist ein nahezu allgegenwärtiges Bezugsproblem des Lesens in den formalen Strukturen von Forschung, Lehre und Studium.

Petra plant ihre Arbeitstage mit einer „need to do Dings" – einem digitalen Terminkalender, auf den sie von ihren Computern im Büro oder zu Hause und von ihrem Mobiltelefon aus zugreifen kann. Sie „muss am Vortag überlegen, wo ich arbeite. Weil sonst bin ich mit solchen Entscheidungen in der Früh einfach überfordert. Und dann führt das dazu, dass ich dann nicht weiß, soll ich jetzt ins Büro fahren oder soll ich hierbleiben. Und dann bleib ich erstmal im Bett liefen. Oder dann gehe ich erstmal einkaufen." Einerseits ist sie selbst es, die entscheidet, wo und wann sie was arbeitet. Andererseits externalisiert sie mit dem „need to do Dings" diese Entscheidung in der unmittelbaren Situation: „Ich muss schon vorher entscheiden, wo ich arbeite. Und am besten auch, was ich arbeite. Weil oft sitzt man dann am Schreibtisch und weiß eigentlich gar nicht, womit man jetzt anfangen soll. Wenn man das am Vortag aber festgelegt hat und es steht dann da, dann hilft das auf jeden Fall." Das Arbeiten in Präsenz ist also geplant und strukturiert durch eine operationale Vergangenheit. Im Terminkalender notiert Petra Arbeitsaufgaben wie: „Tondateien schneiden", „Folgeantrag, Forschungsstand", „Lektüre Garfinkel", „Diss von Lem lesen", „Abstracts lesen". Ihr Terminkalender bildet eine To-do-Liste, in die sie ihr Lesen einpasst und mit anderen Arbeitsaufgaben im Forschungsprojekt koordiniert.

Neben der Frage „wo ich arbeite. Und am besten auch, was ich arbeite" geht es bei Petras Leseplanung wesentlich auch um die Projektion der dafür benötigten Arbeitszeit. Wenn sie weiß, „ich muss morgen über einen Text diskutieren", dann fragt sie sich, wie viel Zeit sie zum Lesen für diese Diskussion benötigt. Petra hat sich für ihr Zeitmanagement ein sehr komplexes System ausgedacht. So teilt sie ihre Arbeitszeit in je 25 Minuten ein. In dieser Zeit versucht sie, konzentriert zu arbeiten und sich „durch nichts unterbrechen" zu lassen. 25 Minuten sind „eine faire Einheit. Das sollte man aushalten." Nach diesen 25 Minuten „gibt es irgendwie drei bis fünf Minuten Pause." Auf diese Weise teilt sich Petra ihre Arbeit in „mal zwei, mal drei Dreier- oder Viererblöcke ein" und ist so einen Vormittag und einen Nachmittag lang beschäftigt.

Diese Arbeitszeitorganisation mithilfe eines digitalen Terminkalenders ist weitgehend systematisch und planvoll. Viele Kolleg/-innen von Petra und viele Studierenden teilen sich ihre Lese- und anderen Arbeiten weniger gut ein. Und auch Petra weicht immer wieder von ihren Plänen ab – sei es, weil sie von Susanne oder anderen bei der Arbeit unterbrochen, davon abgehalten und mit anderen Aufgaben konfrontiert wird, sei es, weil sie in der Situation nicht in Stimmung ist, die am Vortag geplanten Aufgaben zu bewältigen. Bei Bernd ist es, wie schon thematisiert, ähnlich. Auch er arbeitet planvoll und versucht, im Vorfeld zu entscheiden, was er wann tun wird – z. B. ob er Daten analysiert oder Literatur liest. Jedoch „gibt es so Tage", so Bernd, „wo ich einfach sage, ich kriege nichts hin." Entsprechend organisiert er dann seine Arbeit um und entscheidet: „Heute ist kein Analysetag, heute ist ein Lesetag." Bernds Zeitmanagement ist dann impulsiv und kontaktsensitiv für seine Selbstwahrnehmung und hängt davon ab, zu welcher Aufgabe er sich in Stimmung bringen kann. Wie Suchman schreibt, wirken „Pläne und situiertes Handeln" wechselseitig aufeinander ein: Handeln ist einerseits durch vorherige Pläne vorstrukturiert und restrukturiert andererseits ebensolche Pläne im konkreten Vollzug (Suchman 2007: 51 f., 71 f.).

So oder so müssen Bernd, Petra und deren Kolleg/-innen und Studierenden ihr Lesen zeitlich in die Arbeitsbögen und Trajektorien des Forschens, Lehrens und Studierens einpassen. Mit Mead lässt sich hier eine soziale Koordination des Lesens in Präsenz durch dessen zeitliche Perspektivierung ausmachen. Die Vergangenheits- und Zukunftsentwürfe einer Praxis strukturieren deren Verlauf als körperliche Bewegung in einer konkreten räumlichen Umgebung und einem konkreten Zeithorizont (Mead 2002: 53, 86 f.). Die Verwertungsorientierung wissenschaftlichen Lesens orientiert diese körperlichen Bewegungen vor allem an Zukunftsentwürfen, die im curricular- und im projektorientierten Lesen unterschiedlich dringliche Zeiteinteilungen erforderlich machen. Beim curricular-orientierten Lesen sind es meist Zeitspannen von wenigen Tagen bis hin zu wenigen Wochen, in denen die Mitarbeiter/-innen und Studierenden sich auf die Diskussion von Literatur in Seminar- oder Prüfungssituationen vorbereiten müssen. Die Deadlines von Dissertations- und anderen Forschungsprojekten oder für Buch-, Aufsatz- und Vortragstyposkripte können ebenfalls Zeithorizonte von wenigen Tagen oder Wochen, aber auch von mehreren Monaten oder Jahren aufspannen. Wie und in welcher Zeit gelesen wird, hängt davon ab, wie kurz- oder langfristig die Trajektorien organisiert sind.

Je mehr Leseerfahrungen die Mitarbeiter/-innen und Studierenden gesammelt haben, desto besser können sie einschätzen, wie viel Zeit sie für welche Bearbeitung welcher Textsorte benötigen. Die physische Beziehung zwischen Körper und Text wird in diesem Sinn auch biographisch geprägt: (1) durch literarische Gemeinschaften wie Wissenschaftsdisziplinen, Forschungsprojekten oder Lehrveranstaltungen, für die gelesen wird, und (2) durch die Gewöhnung an dort existierende literarische Gattungen. Bernd spricht von „bestimmten Textsorten", in die er „reinsozialisiert" ist. Wenn er für den Forschungsstand seiner Dissertation liest, ist dies „eine Vormittagsarbeit". Er liest meist „zwei, drei Stunden" und exzerpiert anschließend die beim Lesen annotierten und markierten Textstellen. Dabei orientieren die formalen Strukturen der Textarbeit die jeweiligen Leseweisen und Lesezeiten. Wenn für Seminare gelesen wird, geschieht dies oft unter einem gewissen Zeitdruck. So liest Marion manche Texte für die Lehre erst wenige Stunden vor Seminarbeginn und hat entsprechend wenig Zeit. Manche Textstellen kann sie dann lediglich überfliegen und fühlt sich schlecht vorbereitet. Auch Jule und die anderen Studierenden haben oft wenig Zeit zum Lesen und überfliegen manche Texte allenfalls oder lesen gar nicht. Im Seminar versuchen sie dann meist, belesen zu wirken oder halten sich aus der Literaturdiskussion raus. Beim projektorientierten Lesen sind die Zeithorizonte oft weiter. Sofern es da keine unmittelbaren Deadlines gibt, kann es, so Arno, „schon passieren, dass der Text auch zwei, drei Tage liegenbleibt".

Wieviel Zeit Arno zum Lesen benötigt, hängt auch bei ihm von eingewöhnten Leseerfahrungen, aber auch von literarischen Präferenzen ab, „ob es thematisch mein Ding ist, ob ich schon etwas gelesen habe und weiß, der Schreibstil ist für mich schwierig. Oder ich merke im Verlauf des Textes, es ist nicht mein Fall." Texte von Mead sind „nicht ganz mein Fall." Texte von Goffman liest er hingegen gerne. Ähnlich ist es bei Lisa. Handelt es sich um „interessante Artikel", kann sie am Tag „vier Stück bestimmt auch gut und intensiv" durcharbeiten. Durch andere Texte, sagt sie, „quäle ich mich da zwei Tage" durch. Ethos und Pathos des Motivvokabulars wissenschaftlicher Arbeit begründen also reale zeitliche Vollzüge des Lesens und nicht zuletzt auch das subjektive Erleben der Leseweisen und Lesezeiten als „gut und intensiv" oder als „Qual".

Arno macht beides auch von seiner „Tagesform" abhängig. Er liest jedoch „keinen Text ganz". Meist liest er eine „Dreiviertelstunde ungefähr" und macht dann Pause; manchmal „dauert es auch nur zwanzig Minuten bis zur ersten Unterbrechung". Dann kocht sich Arno einen Tee, spricht – wenn er im Institut ist – mit seinen Kolleg/-innen oder schaut einfach aus dem Fenster. Lisa muss nach einer Stunde „vielleicht Kaffeepause machen oder so etwas. Mal kurz weg vom Text und dann halt weitermachen." Wie Bernd, so orientieren sich auch Arno und Lisa an ihren Selbstwahrnehmungen. Zugleich macht die Immersion gerade bei intensiven Auseinandersetzungen mit Texten auch Selbstvergessen. Bernd ist beim Lesen oft „irgendwie weg" und vergisst, zu essen und zu trinken – „Außer es wäre jetzt zu einer Zeit, wo ich wirklich ein Hungergefühl hätte". Dann „würde ich mir überlegen, wie viel habe ich denn noch, halte ich das noch durch oder soll ich nach dem Mittagessen weiterlesen?" Neben diese Einpassung des Lesens in seinen Biorhythmus kommt die Einpassung des Lesens in andere Alltagsaktivitäten: „Wenn ich weiß, ich habe jetzt nur noch zwei Stunden Zeit, weil ich dann weg muss, dann werde ich mir keinen Text mehr holen, der vierzig Seiten hat. Dann hole ich mir einen kurzen."

Zu Arnos Zeitmanagement gehört auch, zu entscheiden, wie oft ein Text gelesen werden muss. Für die Lehrvorbereitung wird „nicht nur einmal, sondern da wird dann halt ein zweites und ein drittes Mal gelesen". Wie oft und wie lange Arno liest, ist „immer so ein bisschen eine Kosten-Nutzen-Abwägung". Sowohl für die Lehre als auch für seine Doktorarbeit schreibt er manchmal nach dem Lesen ein Exzerpt. Oftmals hat er dafür aber nur wenig oder gar keine Zeit: „Es ist natürlich immer besser, manchmal ein Exzerpt zu haben als den Text nochmal komplett relesen zu müssen. Und das ist immer so die Abwägung". Diese Zeithorizonte beeinflussen, wie Texte be- und verarbeitet werden – sei es, dass Zeitkosten gegen den Nutzen jeweiliger Textarbeiten gegengerechnet werden, sei es, dass bestimmte Zeitvorgaben spezifische Leseweisen begründen.

Wichtig ist mir bei alledem, dass die formalen Strukturen des Forschens, Lehrens und Studierens das Lesen nicht nur sozial, sondern auch zeitlich perspektivieren. Unter dem Stichwort der „Zerdehnung" von Sozialbeziehungen durch Textkommunikation ist dabei interessant, dass sich beim Lesen von Texten gänzlich andere Temporalstrukturen aufbauen als dies beim Schreiben der Fall ist. Für die Kommunikation in physischer Kopräsenz ist charakteristisch, dass die menschlichen Partizipanden dort gemeinsam Zeit verbringen, d. h. auch nicht zuletzt die Zeitstrukturen der sozialen Situation miteinander teilen – wenngleich auch hier Zeitabläufe unterschiedlich wahrgenommen werden können (Goffman 1982: 3 f., 5 f.). Lesen und Schreiben beziehen sich zwar ebenfalls auf sozial geteilte Objekte, vollziehen sich aber zu unterschiedlichen Zeiten und in unterschiedlichen Zeitspannen. Während die Mitarbeiter/-innen und Studierenden für das Schreiben meist Wochen, Monate und Jahre benötigen, lesen sie – und lesen andere ihre – Texte meist in wenigen Minuten, Stunden oder maximal einigen Tagen.[4] Wie sich Lesende körperlich zu Texten verhalten, thematisiere ich im folgenden Abschnitt.

---

4 Manche Leseprojekte können sich aber auch über Wochen, Monate oder Jahre ziehen; z.B. wenn man immer wieder in ein Buch reinliest oder es immer wieder weglegen muss, weil es anderes zu tun gibt.

2.2.4 Lesebewegungen

Bei Lesebewegungen handelt es sich um den körperlichen Teil der physischen Beziehung zwischen Körper und Text. Für Livingston ist diese Beziehung als „ein Objekt" zu denken – als „ein ‚Text/Lesen'[-]Paar". Dieses Paar setzt sich zusammen aus dem „physischen Ding" des Textes und dem „Akt des Lesens". Das Lesen ist „Arbeit, die immer in Verbindung mit einem bestimmten Text getan wird" (Livingston 1995: 14). Wie schon beschrieben, ist das Lesen für mich nur in zweiter Linie ein „Akt" oder eine „Arbeit". Beide Konzepte implizieren ein zielgerichtetes und – im Falle von Arbeit – organisiertes professionelles Tun. Ich möchte hier eine Ebene tiefer ansetzen und das Lesen als ein körperliches Verhalten nachvollziehen. Eine solche verhaltenswissenschaftliche Soziologie ermöglicht es, so Hirschauer, „den gekonnten Einsatz des sozialisierten Körpers, den geschickten Gebrauch von Dingen, und den korrekten Gebrauch von Zeichen" zu untersuchten (Hirschauer 2016: 46 f.).

Die wissenschaftliche Lesepraxis ist zunächst (1) in unterschiedliche Strukturen von Forschung, Lehre und Studium und den damit verbundenen Lesemotiven und Temporalstrukturen und (2) in unterschiedliche unmittelbare räumliche und soziale Ökologien eingelassen. Diese Strukturen und Ökologien wiederum begründen je spezifische Leseweisen. Manchmal werden Texte nur kurz überflogen oder quergelesen; manchmal werden sie über einige Stunden oder mehrere Tage hinweg genau gelesen und intensiv mit Markern und Stiften bearbeitet. Das Überfliegen oder Querlesen ist eine gängige wissenschaftliche Lesepraxis, die darauf abzielt, Literatur für die Lehre zu recherchieren oder nach Formulierungen zu suchen, die man beim Schreiben eines eigenen Textes mobilisieren oder zitieren kann. Das, was Arno und Karl als „Auseinandersetzung" bezeichnen, ist oft in Projektarbeiten eingelassen und zielt darauf ab, eigene analytische oder argumentative Ideen zu generieren. Neben diesen formalen Strukturen und Ökologien ist es aber vor allem die Beziehung zum Text selbst, die das Lesen als körperliches Verhalten reguliert. Wie McLaughlin schreibt, ist es vor allem die „physische Praxis", die den Körper beim bzw. für das Lesen sozialisiert. Diese Praxis setzt eine „umfassende Pädagogik voraus. Hände und Augen und Gehirne müssen die Abläufe und die Logik der Praxis anerkennen. Lesen sozialisiert den Körper, unterzieht ihn einer wirkmächtigen Disziplin" (McLaughlin 2015: 2).

Unabhängig davon, wie lang oder kurz und genau oder oberflächlich die Textarbeit ausfällt, wird das Lesen als physische Praxis zunächst und vor allem durch die materiale und mediale Gestalt des Textes diszipliniert. So hat Petra, wie weiter oben beschrieben, „das Gefühl, dass mich der Text in eine Position reinzwingt" und sie beim Lesen von auf Papier gedruckten Texten durch die kleinen Buchstaben „geknechtet" wird. Ihr Lesen wird also diszipliniert vom Schriftsatz, von der Größe der zweidimensionalen Textfläche und von weiteren Gestaltungselementen von Literatur. Zudem orientiert sich die physische Lesepraxis an der argumentativen Struktur des Textes. So sagt Petra: „Ich lese dann meistens, wenn der Text 30 oder 40 Seiten hat, schnell drüber, so als Speedreading, und schaue mir dann wirklich die zentralen

Kapitel an" oder „am Schluss die sogenannten Conclusions. Das ist ja sowohl bei quantitativen als auch bei qualitativen Texten oft so, dass die dann am Ende die Conclusions haben." Nach dieser ersten Orientierung liest sie dann den ganzen Text oder „die wichtigen Stellen".

Petras Lesen wird also durch die, mit Yearley formuliert, „sequenzielle Organisation der Erzählmodi" wissenschaftlicher Texte „instruiert" (Yearley 1981: 429). Zugleich ist dieses Lesen seinerseits in einzelne Sequenzen untergliedert. Das „Speedreading" ist eine erste Annäherung an den Text, in der Petra „schnell drüber" liest. In Anlehnung an die Konversationsanalyse bei Sacks u. a. lassen sich eine Abfolge von aufeinander bezogenen Verhaltensweisen und entsprechende „Typen von Sequenzen" identifizieren (Sacks u. a. 1974: 710): Eröffnungs- und Schlusssequenzen, Sequenzen der Annäherung im Überfliegen, der Auseinandersetzung im Bearbeiten und der Distanzierung in der Unterbrechung oder der Beendigung des Lesens. Hinzu kommen „Vor-" und „Nachsequenzen" (vgl. Schegloff 1980: 107, 114): Sequenzen der Vorbereitung auf das Lesen in der Literatur- und Ortswahl, des Bereitlegens von Leseutensilien und der körperlichen und kommunikativen Einstimmung und Sequenzen der Nachbereitung im Exzerpieren oder im Nachdenken, Diskutieren oder Zitieren des Gelesenen. Solche Vor- und Nachbereitungen sind wichtige Rahmungen, jedoch nicht Teil der physischen Lesepraxis.

In Vorsequenzen bringen sich Lesende physisch und mental in Stimmung zur Textarbeit. Das, was die Mitarbeiter/-innen und Studierenden am Institut für Exo-Soziologie dafür tun, ist mal mehr und mal weniger stark ritualisiert. Petra stellt sich Wasser bereit und macht sich Musik an, Arno und Karl kochen sich oft einen Tee, Marion holt sich einen Kaffee aus der Cafeteria und alle legen sich verschiedenfarbige Stifte und Textmarker bereit. Solche Vorsequenzen sind pragmatische Vorbereitungen und etwas, was Turner und van Gennep als „Übergangsrituale" bezeichnen: Rituale, die helfen, das „Individuum aus einer genau definierten Situation in eine andere, ebenso genau definierte hinüberzuführen" (Van Gennep1999: 15; vgl. Turner 1969: 94). Solche Übergangsrituale sind zum einen auf die Gruppenzugehörigkeit und Selbstwahrnehmung der Situationsbevölkerung und zum anderen auf die rituelle Darstellung dieser Zugehörigkeit und Wahrnehmung für andere orientiert. Letzteres spielt beim Lesen vor allem dann eine Rolle, wenn es an öffentlichen oder halböffentlichen Räumen verortet ist.

In Eröffnungssequenzen wenden sich Lesende nach und nach von der unmittelbaren Umgebung ab und den Textobjekten zu; dies ist die Sequenz, in der der lesende Körper, in Petras Worten, vom Text in eine Position gezwungen wird. Die Autor/-innen und Produzent/-innen der jeweiligen Literatur haben, so McLaughlin, „die konkrete graphische Struktur des materiellen Textes kreiert", die die physische Praxis des Lesens zu be- und verarbeiten erlernen muss: Die Augen „müssen lernen, wie sie arbeiten, die Hände, die das Buch halten und bearbeiten, müssen ihre Fertigkeiten erlernen, der Körper muss lernen, wie er Haltungen einnehmen kann, die die Arbeit des Lesens unterstützen." Dabei unterscheidet McLaughlin in Anlehnung an Bourdieu zwischen dem Habitus und der Hexis des Lesens: Der Habitus umfasst „eine Reihe von

Dispositionen, Annahmen, Gewohnheiten und moralischen Richtlinien, die über Wiederholung erworben wurden"; die Hexis ist die „Verkörperung" des Habitus in den Verhaltensabläufen der physischen Lesepraxis (McLaughlin 2015: 14, 44). Dabei, so Bourdieu, „überträgt sich das Wesentliche des *modus operandi*, worin sich die praktische Beherrschung definiert, unmittelbar auf die Praxis" und „wird die Motorik unmittelbar von der körperlichen Hexis angesprochen, einem Haltungsschema (schème postural), das, weil für ein ganzes System von Körpertechniken und Werkzeugen verantwortlich und mit einer Vielzahl sozialer Bedeutungen und Werte befrachtet, zugleich singulär und systematisch ist" (Bourdieu 2009: 189 f.). Die Lesehexis verkörpert in diesem Sinn ebenso individuelle wie sozial erlernte Dispositionen, Annahmen, Gewohnheiten und moralische Richtlinien. Die Mitarbeiter/-innen und Studierenden des Instituts für Exo-Soziologie haben das Lesen in Kindergärten, Schulen und anderen Bildungseinrichtungen und daheim im privaten Umfeld erlernt. Der adäquate Umgang mit wissenschaftlicher Literatur wird zudem in Tutorien oder Fortbildungen vermittelt. Vieles schauen sich die Mitarbeiter/-innen und Studierenden aber auch im universitären Alltag in Bibliotheken, Büros und Seminaren ab. Habitus und Hexis wissenschaftlichen Lesens basieren auf einer zuvor erlernten Literalität und sind, mit Garfinkel und Sacks formuliert, „die Verwandten, die an die Universität gegangen und gebildet zurückgekommen sind" (Garfinkel u. Sacks 1986: 177).

Ich möchte die physische Textarbeit am Beispiel von Karl illustrieren. In einer Situation beginnt nach einer kurzen Vor- und Eröffnungssequenz eine Phase intensiven Lesens. Dabei schaut Karl zunächst einige Zeit mit den Ellenbogen auf dem Tisch und dem Kopf auf die Hände gestützt auf den Text, löst sich dann aus dieser Haltung, setzt sich aufrecht hin, schiebt den Text von sich weg und dreht ihn dabei ein wenig nach links ein, greift dann mit der rechten Hand zu einem gelben Textmarker ohne den Blick vom Text zu lösen, löst einhändig die Kappe vom Marker, führt den Marker an eine Stelle im Text, fixiert den Text mit der linken Hand, richtet sich etwas auf, beugt sich wieder vor und unterstreicht dann einige Zeilen im Text. Anschließend legt Karl den Marker rechts neben den Text, greift zu einem Bleistift, schiebt den Text ein wenig von sich weg, führt den Stift an den Text, bricht diese Bewegung ab, legt den Stift ab, richtet sich auf, greift zum gelben Marker, lehnt sich vor und markiert eine weitere Textstelle. Die Markierbewegung vollzieht er mit dem Kopf ein wenig mit. Dann legt er den Marker wieder ab, greift nach dem Bleistift, greift den Bleistift in seiner Hand nochmal ein wenig um, zieht den Text zu sich heran und schreibt etwas rechts an den Rand der soeben markierten Stelle. Danach schiebt er den Text wieder etwas von sich weg, lehnt sich vor, stützt sich mit den Ellenbogen auf den Tisch und mit dem Kopf auf beide Hände und schaut weiter auf den Text.

Die physische Beziehung zwischen Körper und Text wird hier eingangs über den Blickkontakt der Augen mit der graphemischen Struktur der Buchstaben-, Wort- und Satzfolge hergestellt. Karl greift jedoch schon bald zu Marker und Stift und schiebt den Text immer wieder auf dem Schreibtisch hin und her; sein Lesen ist in diesem Sinn wesentlich auch eine haptische Arbeit und erfordert eine Koordination von Augen und Händen. Mit Mead formuliert, ist der Text zunächst ein Objekt der visuellen „Dis-

tanzwahrnehmung" und wird dann zu einem Objekt händischer „Kontaktwahrneh-
mung" (Mead 1938: 12 f.). Karl bewegt den Text auf dem Schreibtisch immer wieder in
einen physischen „Manipulationsbereich", in dem er zu einem „physischen Ding"
wird, das er ergreifen und fixieren und mit Markern und Stift bearbeiten kann (Mead
2002: 137). Dabei wechselt er von einem eher rezeptiven in einen aktiven Partizipationsstatus.

Körperlich ist auch der rezeptive Lesestatus eine anstrengende Arbeit. Wie die
Leseforschung aufzeigt, ist die visuelle Wahrnehmung von Texten durch ein Zusammenspiel von „Sakkaden" und „Fixationen" gekennzeichnet. Wie Schrott und Jacobs
es beschreiben, vollziehen sich Blickbewegungen „in ruckartigen Sakkaden ca. drei-
mal pro Sekunde über die Zeile". Der Grund dafür liegt in dem Umstand, dass nur das
Zentrum der Netzhaut „über genügend Sehschärfe [verfügt], um die visuellen Details
von Buchstaben und Zahlen aufzulösen [...] Hinzu kommt, dass das Auge, wenn es
künstlich auf einen Punkt fixiert wird, mit der Zeit ermüdet". Während der Fixation
werden dann „bis zu 15 Buchstaben rechts und vier links vom Blickpunkt (in Ortho-
graphien, die von links nach rechts gelesen werden)" erfasst. Da dies zum Textverstehen meist nicht ausreicht, springen die Blicke weiter hin und her und auf und ab;
dabei werden Worte angesteuert, die als wichtig wahrgenommen werden, und solche
ausgelassen, deren Sinn sich aus dem jeweiligen Kontext erschließen lässt (Schrott u.
Jacobs 2011: 57–59). Die Disziplinierung der Augen durch die physische Praxis des
Lesens besteht entsprechend darin, so McLaughlin, zu „erlernen, *wo* in einem Wort sie
landen" müssen (McLaughlin 2015: 49). Das Markieren und Annotieren von Texten ist
in diesem Zusammenhang etwas, was Goodwin als „Praxis des Sehens" bezeichnet:
eine Praxis, die dabei hilft, ein mehr oder minder eintöniges Objekt – wie Sartre
schreibt: „schwarze Striche auf dem Papier" (Sartre 2006: 37) – visuell zu fixieren
(Goodwin 2000; vgl. Goodwin 1994: 609 f.). Bernd nennt dies eine „optische Gliederung". Wenn er einen Text annotiert und markiert, so tut er dies, „weil nur so sehe ich
ihn. Vorher sehe ich ihn nicht. Vorher ist er durchsichtig irgendwie. So hat er eine
Form, so ist er greifbar, hat eine Struktur, fällt sofort ins Auge."

Mead zufolge wird Fachliteratur in der physischen Lesepraxis zu einem „Wahrnehmungsobjekt". Diese Wahrnehmung umfasst „eine Dauer und einen Prozess":
einen zeitlichen Vollzug und eine sinnlich-sinnhafte Reaktion auf das Objekt (Mead
1938: 8, 16). Diese Dauer und dieser Prozess machen das wissenschaftliche Lesen zu
einer physisch anstrengenden Praxis. Petra nimmt diese Praxis „immer so als Kampf"
wahr; dies, weil die Texte „kompliziert sind oder kompliziert aufgebaut sind", sodass
„man nicht so genau weiß, was meint er da jetzt oder auf was bezieht er sich, gegen
wen argumentiert er da jetzt". Das, so sagt sie weiter, „muss man irgendwie aushalten
können. Man muss weiterlesen und weiterlesen und dann schauen. Für Marion steht
beim Lesen von Fachliteratur „eigentlich ja auch immer etwas auf dem Spiel. Man
zeigt anderen, dass man etwas kann und etwas richtig macht. Und man zeigt es aber
auch sich selbst." Das Lesen findet für sie „nicht einfach so statt und im Sinne von
Wissen, sondern es findet auch in einem Verlauf und in einem Kontext statt". Lesehabitus und -hexis sind hier wesentlich durch die formalen Strukturen wissen-

schaftlicher Arbeit prädisponiert. Die unterschiedlichen Lesemotive und -zwecke bringen die physische Praxis in eine entsprechende Stimmung. So sagt Petra bezogen auf das Lesen für ihre Doktorarbeit: „Wenn ich dann einen Forschungsstand schreiben soll und den Autor da erwähnen soll, dann will ich den natürlich nicht irgendwie falsch zitieren. Dann schaue ich da schon genau rein, damit ich nicht irgendwie den Text komplett falsch verstehe oder ganz falsch einordne." Arno sagt bezogen auf sein Lesen für die Lehre: „Der Soziologe in mir ist angreifbar in meinem soziologischen Können." Das „Spiel", von dem Marion spricht, ist, mit Geertz formuliert, ein „ernstes" bzw. ein „intensives Spiel" (Geertz 2005: 71).

Dieses ernste Spiel ist es, das die von Arno und Karl als „Auseinandersetzung" bezeichnete Lesehaltung begründet: eine spezifische Sequenz im Lesevollzug, in der die beiden und ihre Kolleg/-innen und Studierenden intensive körperliche Beziehungen zu den jeweiligen Textobjekten aufbauen. Die Medienforschung bezeichnet diese intensive Beziehung zwischen Körper und Text als „Immersion". Dabei handelt es sich um ein Eintauchen in die Weltentwürfe einer literarischen, filmischen oder sonstigen künstlerischen Erzählung (Schrott u. Jacobs 2011: 35 f.). Bezogen auf die Rhetorik wissenschaftlicher Literatur betrifft dies eine aktive Aneignung der „Leserahmen" bzw. der Interpretationsschemata jeweiliger Texte (vgl. Fahnestock 2002: 49 f., 127). Für McLaughlin ist diese Immersion eine Projektion des Denkens in die Wahrnehmungswelt, die den lesenden Körper vergessen macht, jedoch gerade auf der körperlichen Praxis der Fixation des Textes mit Augen und Händen beruht (McLaughlin 2015: 73). Bei Karl deuten sich solche Immersionsmomente immer wieder durch längere Phasen körperlicher Stillhaltung an, in denen er zurück- oder vorgelehnt dasitzt und den Text in den Blick nimmt.

Marion scheint bei ihrem Lesen manchmal ähnlich tief in den Text eingetaucht. So sitzt sie immer wieder weit nach vorne gelehnt da und schaut auf den Text. In einer Lesesituation streift sie sich dabei mit einer Hand durch die Haare, nickt leicht mit dem Kopf und hält einen Bleistift mit der Spitze dicht über den Text, lässt die Stiftspitze über einzelne Textstellen kreisen oder führt den Stift entlang der Wort-, Satz- und Zeilenfolge, annotiert oder unterstreicht dabei jedoch nichts. Manchmal bewegt sie auch ihre Lippen, schnauft, streicht sich mit den Fingern über die Stirn, schüttelt den Kopf, zieht eine Augenbraue hoch, wippt mit den Füßen oder spielt mit Stiften und anderen Utensilien. Dies sind „Selbstberührungen und repetitive Bewegungsmuster" in Phasen einer Konzentration, d. h. einer Zentrierung des lesenden Körpers und von Leseutensilien auf die zu lesenden Textobjekte (vgl. Engert u. Krey 2013: 372). Dabei gelingt es Marion jedoch nicht immer, in den Text einzutauchen. So seufzt sie in einem Moment während ihres Lesens auf und flüstert: „Ich verstehe irgendwie nichts. Ich streife bloß so drüber." Bei Karl deutet sich hingegen eine Immersion in jenen Momenten an, in denen er zu verschiedenen Stiften greift und ansetzt, etwas zu annotieren oder zu markieren, dann die Bewegungen unterbricht, Marker oder Stift wechselt oder an andere Stellen heranführt. Hier hängt er in Gedanken mal gelesenen Textstellen nach, während seine Augen schon weitergesprungen sind, und mal fixieren seine Augen etwas zuvor nicht Gelesenes, das ihm nun wichtig erscheint.

Augen und Hände entwickeln also mitunter ein Eigenleben in der physischen Lesepraxis. Marions Stiftbewegungen über die graphischen Wort- und Satzstrukturen hinweg sind in diesem Sinn Wege, Augen und Hände zu koordinieren. In diesem Fall ist das Annotieren und Markieren keine, wie Bernd es nennt, „optische Gliederung", sondern eine Kontaktaufnahme, die es ermöglicht, mit dem Text in Beziehung zu treten und zu bleiben. Susanne beschreibt dies wie folgt: „Wenn ich Heidegger lese und den Sätzen mit dem Stift folge, dann erinnert mich das daran, dass ich lese."

Marion nutzt ihren Stift als Fixpunkt, dem ihre Augenbewegungen folgen und sich so im Text orientieren können. Dabei lassen sich unterschiedliche Modi der Koordination von Augen und Händen bzw. Augen und Stift ausmachen: So hält Marion den Stift mal so, dass die Stiftspitze auf eine Stelle im Text zeigt, und mal lässt sie die Stiftspitze über dem Papier über einzelne Textstellen kreisen und in wieder anderen Momenten führt sie den Stift mal entlang der Wort- und Satzfolge, ohne etwas zu markieren, und mal unterstreicht oder kreist sie Textstellen parallel zur Augen- und Handbewegung ein. Auch Bernd markiert „praktisch schon parallel zum Lesen": „Mit der linken Hand habe ich das Lineal, das dann da liegt, und in der rechten Hand automatisch den Stift." Mit Stift und Lineal in beiden Händen folgt Bernd dem Text also zunächst linear. Sein Lesen wechselt jedoch immer wieder die Richtung und kehrt an gelesene Stellen zurück. Stellen, die ihm wichtig erscheinen, werden zunächst mit einem gelben Marker „angemalt". Wenn er dann denkt, „das müsst doch irgendwie besonders hervorgehoben werden", so unterstreicht er die bereits „angemalte" Stelle „praktisch dann nochmal mit so einem dicken Roten"; den „schönen dicken, fetten Roten" nutzt er, „weil das ja ganz wichtig" ist. In solchen intensiven Phasen der Textbearbeitung lassen sich auf Mikroebene der Beziehung von Körper und Text also unterschiedliche Augen- und Handbewegungen durch die Wort- und Satzfolge identifizieren: (1) ein lineares Durchlesen entlang der Erzählstruktur der Literatur und (2) ein rekursives Vor- und Zurückspringen zwischen einzelnen Textstellen. Dazu kommt (3) ein punktuelles Drüberlesen, das darauf abzielt, von vorneherein wichtige Textstellen zu identifizieren und unmittelbar weiterzuverarbeiten. Das Annotieren von Textstellen folgt mal auf das Markieren, mal geht es dem Markieren voraus. Manche Lesende annotieren viel und markieren wenig, andere markieren, ohne zu annotieren.

Wichtig ist bei alledem, dass das wissenschaftliche Lesen nicht nur eine Augen-, sondern wesentlich auch eine Handarbeit ist, mit der haptisch Kontakt zum Text aufgenommen und der Text mit Stiften und anderen Utensilien manipuliert wird. Bernd, Karl und Petra z. B. arbeiten beim Markieren ihrer Texte mit unterschiedlichen Farben; Arno und Marion hingegen nutzen oft lediglich einen Stift oder einen Textmarker. Auf die Frage, warum er nicht mit unterschiedlich farbigen Markern arbeitet, sagt Arno: „Das mag ich nicht so gerne. Bei mir gibt es eigentlich immer nur eine Farbe." Wenn die beforschten Soziolog/-innen und Studierenden Texte lesen, die sie schon einmal gelesen und mit Stiften bearbeitet haben, so drucken sie sich diese Texte mitunter neu aus. Arno sagt dazu, dass er den Text „nackt" braucht. Bereits markierte und annotierte Texte „wären mir zu unruhig irgendwie für das Lesen". Auch Karl liest Texte immer „nochmal blank", weil er sich ansonsten „fast nur mehr auf das

Markierte konzentriert". Auf bereits markierte Texte wird entsprechend zurückgegriffen, wenn nur wenig Zeit zum Lesen vorhanden ist oder man sich nur kurz auf ein Seminar oder eine anderweitige Literaturdiskussion vorbereiten möchte oder nach Stellen sucht, die man beim Schreiben zitieren kann. Das Markieren folgt dabei oft eher den unmittelbaren Relevanzen der physischen Kontaktaufnahme zum Text. So sagt Arno: „Wenn ich später etwas suche im Text, dann helfen mir die Marker überhaupt nicht. Dann lese ich quer, was ich gemarkt habe, und weiß nicht mehr, um was es geht." Für die spätere Verwertung des Gelesenen helfen ihm die Annotationen mehr: „Dann habe ich hier immer so Stichpunkte für mich." Sein Markieren reagiert entsprechend eher auf das Bezugsproblem, dass wissenschaftliche Texte oft, wie Petra es formuliert, „kompliziert aufgebaut sind". So sagt Arno: „Ich verbinde mir manchmal auch die Hauptsätze, wenn da fünf Nebensätze reingeschachtelt sind." Dann macht er sich „einen Textmarkerstreifen, der den Kernsatz verbindet".

In solchen Phasen der intensiven Textarbeit konzentrieren sich Arno und die anderen körperlich und gedanklich auf ihre Leseobjekte und tauchen in deren Erzählstrukturen ein. Ich komme darauf in Kapitel 4.2.1 zurück. Hier ist wichtig, dass solche Phasen der Konzentration und Immersion immer wieder abgelöst werden von Phasen der Dezentrierung und des Abschweifens. So schaut Marion z. B. beim Lesen immer wieder auf und aus dem Fenster oder auf den Bildschirm, googelt etwas, liest und schreibt E-Mails oder führt kurze Gespräche mit Bertha. Oft reckt und streckt sie sich, macht kurze „Rückenübungen" und wechselt die Sitzhaltung. Dabei zieht sie manchmal ihre Schuhe aus, lehnt sich weit zurück und legt die Füße auf den Schreibtisch. Petra legt beim Lesen oft „Ruhephasen" ein: „Ab und zu lege ich mich dann auch zurück und mache die Musik lauter und schalte dann einfach auch mal ab." Dieses Abschalten ist eine kurze Unterbrechung der physischen Beziehung zum Text. Mit Goffman lässt sich Petras Abschalten als „Wechsel der Haltung" und des Partizipationsstatus in der Lesesituation bezeichnen, mit der eine Veränderung des Aufmerksamkeitsfokus und der körperlichen Positionierung einhergehen (Goffman 1981: 128). Zu solchen Repositionierungen gehört auch der Wechsel von Körperhaltungen, der bei allen Lesenden immer wieder zu beobachten ist. Wie Marion lehnt sich auch Karl immer wieder vor und zurück, neigt den Oberkörper von links nach rechts, richtet sich auf und sackt in sich zusammen. Zudem zieht er oft die Beine zu sich heran und setzt sich mit aufrechtem Oberkörper in einen Schneidersitz. Zur physischen Lesepraxis gehört neben der Hexis als Verkörperung eines wissenschaftlichen Lesehabitus eben auch die Körpermotorik. Die Sitzhaltungen, in die Texte lesende Körper reinzwingen, führen dazu, dass Petra und die anderen immer wieder auch einzelne Körperteile schmerzhaft spüren und die Haltung wechseln müssen. Der Kampf mit dem zu lesenden Text ist eine ebenso gedankliche wie körperliche Anstrengung. Der Wechsel zwischen Konzentration und Dezentrierung legt, „unterschiedliche Grade der Versunkenheit" nahe, die allesamt konstitutiv für das Lesen im Besonderen und die wissenschaftliche Textarbeit im Allgemeinen sind (Engert u. Krey 2013: 373).

Werden Texte intensiv gelesen, so dauert das Auftauchen aus deren Erzählstrukturen mitunter eine kleine Weile. So sitzen Karl und Marion noch eine Weile über ihren Texten, nachdem sie die letzte Seite gelesen haben. Marion blättert dabei nochmal im Text zurück und wieder vor und legt ihn dann ein wenig weiter von sich weg. Solche Bewegungen konstituieren „Schlusssequenzen" des Lesens (vgl. Sacks u. a. 1974: 711). In solchen Schlusssequenzen hängen Karl, Marion und die anderen dem Gelesenen in Gedanken nach, machen sich Notizen oder beginnen, Exzerpte zu schreiben. Letzteres ist eine Textarbeit, die das Lesen in die spezifischen Verwertungszusammenhänge von Forschung, Lehre und Studium einspannt; ich komme darauf Kapitel 5.2.1 zurück. Wenn Texte im Speedreading bearbeitet und überflogen werden, fallen solche Schlusssequenzen oft sehr kurz aus oder gänzlich weg. Oft werden dann direkt Textstellen in ein eigenes Manuskript übertragen und zitiert oder ein Text wird einfach weggelegt.

Das, was ich hier geschrieben habe, beleuchtet lediglich eine Seite der Beziehung zwischen Körper und Text: die der Hexis und der situativen Bewegungen von Augen und Händen und der körperlichen Haltungen beim Lesen. Diese In-situ-Organisation steht jedoch wesentlich in Wechselwirkung mit der In-Text-Organisation der Literatur. Ich möchte die Analyse der physischen Praxis des Lesens also im folgenden Kapitel um eine Analyse der materialen Textur von Fachliteratur erweitern.

3 Publizierte Texte

In diesem Kapitel nehme ich die Wissenschaftsliteratur in den Blick, die die Forschenden, Lehrenden und Studierenden am Arbeitsbereich „Interplanetare Alltagskulturen" des Instituts für Exo-Soziologie an der Ups lesen.[1] Diese Literatur existiert dort wie auch in anderen Wissenschaftsdisziplinen in unterschiedlichen Formen: in einer Produktions-, einer Publikations- und in einer Rezeptionsform. In der Produktionsform ist Literatur ein Objekt des wissenschaftlichen Schreibens und Überarbeitens, Kritisierens und Kommentierens, Begutachtens und Bewertens. In der Publikationsform ist Literatur ein Objekt des ebenso wissenschaftlichen wie verlegerischen Editierens und Lektorierens, des Layouts und des Schriftsatzes, des Verkaufs und Vertriebs und anderer Arbeiten. Und in der Rezeptionsform ist Literatur ein Objekt des Lesens.

Mit Childress lassen sich entsprechend unterschiedliche „Felder" wissenschaftlicher Textarbeit mit je eigenen „Spielregeln" ausmachen, die in Wechselwirkung zueinander stehen (Childress 2017: 8–11). Da dieses Buch vom Lesen handelt, konzentriere ich mich hier und im Folgenden auf das Feld der Rezeption. Die formalen Strukturen und sozialen Situationen der Rezeption in der Exo-Soziologie habe ich im vorherigen Kapitel analysiert. Im Folgenden geht es nun um die Wechselwirkungen zwischen der In-situ-Organisation des Lesens und der In-Text-Organisation der Literatur. Dabei ist vor allem die Unterscheidung zwischen der Publikations- und der Rezeptionsform von Literatur wichtig. Im Publikationsprozess werden Texte in jene spezifische Form gebracht, in der sie dann als Literatur existieren – in der Exo-Soziologie etwa als gedrucktes oder digitales Buch, als Sammelbandbeitrag oder als Zeitschriftenaufsatz. Im bzw. für das Lesen transformieren die Soziolog/-innen und Studierenden diese Publikationsformen in unterschiedliche Rezeptionsformen: in Kopien oder Scans ganzer Texte oder von Textauszügen.

Diese Transformation von Publikations- in Rezeptionsformen geschieht auf eine systematische Weise, die sowohl an der In-Text-Organisation der Literatur als auch in der In-situ-Organisation des Lesens orientiert ist. Ich werde in diesem Kapitel die In-Text-Organisation der von den Soziolog/-innen und Studierenden gelesenen Literatur thematisieren und in Kapitel 4 fragen, wie die In-situ-Organisation des Lesens darauf reagiert.

Die Publikationsformen wissenschaftlicher Literatur behandle ich im Folgenden als etwas, was Bergmann als „kommunikative Gattungen" bezeichnet.[2] Dies sind „kommunikative Formen, die als ‚verfestigt' gelten können, weil sie wie ein Muster das Handeln der Beteiligten in seinem Ablauf über eine gewisse Zeitspanne hinweg vor-

---

[1] Alle Datenmaterialien wurden anonymisiert und in die fiktive Szenerie einer „Exo-Soziologie" übersetzt, die verschiedene Planeten, Monde und menschliche und nichtmenschliche Lebensformen umfasst. Vgl. zur Anonymisierung Kapitel 1.4.
[2] Vgl. zu diesem Konzept auch Luckmann 1986.

https://doi.org/10.1515/9783110580242-004

bestimmen." Publikationsformen sind in diesem Sinn „real wirksame Orientierungs-
und Produktionsmuster der alltäglichen Kommunikation" (Bergmann 1987: 35 f., 38).

Am Arbeitsbereich „Interplanetare Alltagskulturen" werden empirische Studien,
Methoden- und Theorietexte in Form von Monographien, Sammelbandbeiträgen und
Zeitschriftenaufsätzen gelesen, aber auch Einführungs-, Lehr- und Handbücher, Re-
zensionen und Reader. Diese Gattungen sind durch je spezifische Gestaltungen und
Formulierungen gekennzeichnet. Bei der Gestaltung handelt es sich um die materiale
und mediale Form und Organisation eines Textes; bei Formulierungen um dessen
Sprachgebrauch. In Kapitel 3.1 geht es um die Gestaltung und in Kapitel 3.2 um die
Formulierungen der Wissenschaftsliteratur, die die Soziolog/-innen und Studierenden
lesen.

3.1 Textgestaltungen

Laut Have basiert die Praxis des Lesens auf der „primären Fähigkeit", „Texten als
solchen, d. h. Worten, Sätzen, Absätzen etc. folgen zu können", und auf der „sekundären Fähigkeit", „zu ‚sehen', wie der gestaltete Text organisiert ist". Die Textgestaltung bildet einen „Lesepfad", der die Rezeption „vorstrukturiert". Er instruiert Lesende darin, „wie sie sich durch einen Text bewegen müssen" (Have 1999: 280). Dieses
Unterkapitel handelt von dieser sekundären Orientierung des Lesens durch die
Textgestaltung, die gegenüber den „Inhalten" eher im Hintergrund wirkt, die Rezeption jedoch mitstrukturiert. Dabei unterscheide ich zwischen drei Komponenten der
Textgestaltung: (1) dem Publikationsformat, (2) den Kommunikationskanälen und (3)
den Textsequenzen.

3.1.1 Publikationsformate

Als Publikationsformat bezeichne ich in Anlehnung an Goffman den Zusammenhang
all jener Partizipanden der Felder der Produktion und Publikation, die die Textgestaltungen zu relevanten Bezugsobjekten des Lesens machen. Die einzelnen Partizipanden, aus denen sich das Publikationsformat zusammensetzt, sind „funktionale
Knotenpunkte in einem Kommunikationssystem" (Goffman 1918: 144, 226 f.) – hier: in
der literarischen Kommunikation einer spezifischen Wissenschaftsdisziplin.

Versteht man das Lesen als eine Beziehung zwischen Körper und Text, so ist ein
wesentlicher Partizipand dieses Kommunikationssystems das jeweilige physische
Material oder Medium der Kommunikation. Literarische Kommunikation erstreckt
sich über unterschiedliche Felder und Situationen des Schreibens, Lesens und anderer Textarbeiten hinweg. Sie ist durch etwas geprägt, was Hirschauer als „Intersituativität" bezeichnet: als einen „Nexus", der in der *medialen und materialen Verbindung von Situationen*" ent- und besteht (Hirschauer 2014: 118). Die Materialien und

Medien dieser Verbindung literarischer Felder und Situationen bezeichne ich als Schriftträger.

Gegenwärtig wird Wissenschaftsliteratur noch vielfach in gedruckter Form auf Papier, jedoch mehr und mehr elektronisch-digital publiziert. Wie Taubert und Weingart schreiben, treten „neue und nicht mehr ganz so neue elektronische Publikationsmedien [...] dabei zum Teil zu den traditionellen, gedruckten Formaten hinzu, lösen diese zum Teil aber auch ab. Ergänzenden Charakter haben dabei Pre- und Postprint-Server und Zeitschriftendatenbanken mit retrodigitalisierten Publikationen. Verdrängungs- und Substitutionsverhältnisse lassen sich dagegen insbesondere bei der Umstellung von gedruckten Journalen auf elektronische Formate beobachten." (Taubert u. Weingart 2016: 11) In den Naturwissenschaften werden Zeitschriften heute beinahe ausschließlich digital publiziert. In anderen Fachkulturen – und so auch in der Exo-Soziologie – existieren gedruckte und digitale Wissenschaftspublikationen nebeneinander. Für das Lesen sind die Unterschiede zwischen beiden Trägerformen insofern relevant, als dass gedruckte Publikationen in aller Regel gebunden und vor- und rückseitig beschriftet sind, sodass ein dreidimensionales Leseobjekt entsteht – die zwei Dimensionen der Seitenhöhe und -breite und die dritte Dimension der Seitenfolge –, durch das man blättert, und digitale Publikationen in einem zweidimensionalen Neben- und/oder Untereinander der Seiten an den Bildschirmen von Lesegeräten abgebildet werden, durch die man „scrollt".

Schriftträger stellen das her, was Goffman als „Responspräsenz" bezeichnet: die unmittelbare physische Präsenz des kommunikativen Bezugsobjekts in einer Situation (Goffman 1983: 6). Sie sind die ausgedruckten oder digitalen Formen von Wissenschaftsliteratur, die Lesende auf Papier oder am Bildschirm bearbeiten. Und sie sind zugleich jene Partizipanden, über die alle anderen Bezugsobjekte des Lesens präsent gemacht werden, die analytisch nicht in der Beziehung von Körper und Text, sondern mal in wissenschaftlichen und mal in wirtschaftlich-technischen Strukturen anzusiedeln sind. Die wichtigsten Partizipanden der literarischen Wissenschaftskommunikation werden dabei meist an jenen Stellen explizit benannt, an denen die physische Praxis des Lesens Erstkontakt mit den Schriftträgern aufnimmt: auf den Umschlag- und ersten Seiten der Texte.

Die wichtigsten wissenschaftlichen Partizipanden sind dabei zweifellos die Autor/-innen. Bei einem Buch, das Petra für ihre Doktorarbeit liest, steht ein solcher Autorenname ganz oben und zentriert auf dem Umschlag geschrieben: „Ludmilla Faust"; bei einem Sammelbandbeitrag, den Bernd liest um am Forschungsstand seiner Dissertation zu schreiben, findet sich der Autorenname unterhalb der Kapitelüberschrift: „Robert Meyer", bei einem Zeitschriftenaufsatz, den Karl für die Forschung und die Lehre liest, ist der Autorenname ebenfalls unter dem Aufsatztitel angeordnet: „Konrad Kern-Zanetti", und bei einem Textauszug aus einem Reader, den Arno für die Lehre liest, sind zwei Personen als Autor/-innen genannt: „Petra Talheim" und „Leo Bergmann". Dieser Text ist also nicht von einer einzelnen Person, sondern einem Autorenduo geschrieben.

In der Textgestaltung werden solche Autor/-innen in etwas eingeordnet, was Gusfield als „szenisches Umfeld" bezeichnet. Dies ist ein spezifischer Kontext der Publikation, der auf wissenschaftliche wie auf verlegerische Sozialwelten verweist (Gusfield 1976: 18). Zu Partizipanden wissenschaftlicher Felder und Welten werden Autor/-innen, indem sie mit wissenschaftlichen Institutionen in Verbindung gebracht und mit fachspezifischen Lebensläufen ausgestattet werden. So sind unter dem Autorennamen des von Karl gelesenen Aufsatzes zwei Universitäten genannt – „Universität von Europa und Mond Universität" – an denen Konrad Kern-Zanetti forscht und lehrt. Zum Autor des von Bernd gelesenen Textes findet sich eine Kurzvorstellung in der „Liste der Beitragenden" auf den letzten Seiten des Sammelbands: „Robert Meyer ist Forschungsassistent am Douglas Adams-Institut für galaktische Anthropologie, Area 51. Seine Interessen liegen an der Schnittstelle zwischen Wissenschaft, Gesellschaft und Technologie. Sein neuster Aufsatz, ‚Mondschein. Schwangerschaftsbilder jenseits der Erde' ist im Erscheinen." Zur Autorin des von Petra gelesenen Buches findet sich eine Kurzvorstellung, die deren Geburts- und Todesjahr, die Disziplinen, die sie studiert, und die Universitäten, an denen sie geforscht und gelehrt hat, und eine Auswahl ihrer Publikationen aufführt.

Laut Bourdieu tragen all diese Angaben zum „sozialen Wert des Sprechers" bei, der in Wechselwirkung steht mit dem „sozialen Wert des sprachlichen Produkts". Die Wissenschaftswelten, mit denen die Autor/-innen in Verbindung gebracht werden, sind die „materiellen Existenzbedingungen", die, so Bourdieu, „den Diskurs [bestimmen], vermittelt über *sprachliche Produktionsverhältnisse*" (Bourdieu 2017: 86). So ist für die beforschten Leser/-innen die Publikation eines Doktoranden oft weniger wert als die einer promovierten Mitarbeiterin oder eines Professors. Der soziale Wert von Autor/-innen steigt in dem Maße, in dem ihre Verbindungen mit wissenschaftlichen Einrichtungen zunehmen und ihre Publikationslisten länger werden.

Zum szenischen Umfeld der literarischen Wissenschaftskommunikation gehören weitere Partizipanden, die auf den Tonträgern genannt und mit wichtigen Knotenpunkten der Textproduktion und -publikation identifiziert werden. So ist auf der ersten Seite des von Karl gelesenen Textes nicht nur der Name des Autors, sondern – in der Fußzeile – auch der Name der Zeitschrift abgedruckt: „Weltraum und Interaktion". Zeitschriftennamen erhöhen ihrerseits den sozialen Wert des sprachlichen Produkts, insofern sie auf das verweisen, was Gross als „Netzwerk von Autoritätsbeziehungen" innerhalb der Wissenschaftskommunikation bezeichnet (Gross 2006: 26 f.). Zeitschriften werden in aller Regel von etablierten Mitgliedern einer Wissenschaftsdisziplin „herausgegeben"; und die einzelnen, dort publizierten Texte wurden durch andere etablierte Mitglieder ebenjener Disziplinen begutachtet und bewertet – ein Verfahren, das im Feld literarischer Wissenschaftskommunikation als „Peer Review" bezeichnet wird. Bei „Weltraum und Interaktion" handelt es sich um eine anerkannte „Peer Review"-Zeitschrift.

Dieses Netzwerk an Autoritätsbeziehungen fügt der Textarbeit also weitere wichtige funktionale Knotenpunkte hinzu: das Begutachten und das Herausgeben. Wie Bazerman schreibt, hat sich die Figur des bzw. der Herausgeber/-in historisch aus den Akademien und anderer Vereinigungen wissenschaftlicher Disziplinen rekrutiert. In der Wissenschaftskommunikation wurde diese Figur zum vermittelnden Knotenpunkt zwischen Autor/-innen und den Leser/-innen. Den Herausgeber/-innen kommt dabei eine in erster Linie kuratorische, d. h. – im Wortsinn – pflegende und sich sorgende Funktion zu, die sich heute nicht mehr nur auf die Produktion von Zeitschriften beschränkt, sondern auch bei Büchern in Form von Sammelbänden eine immer wichtige Rolle spielt. Herausgeber/-innen rufen Kolleg/-innen dazu auf, Texte zur Publikation in einem Sammelband oder in einer Zeitschrift einzureichen, und organisieren deren Begutachtung, Überarbeitung und Veröffentlichung. Zunächst übernahmen die Herausgeber/-innen auch diese Review-Funktion, die im Laufe der Zeit aber mehr und mehr durch Gremien oder lose Kreise von Fachkolleg/-innen übernommen wurde (Bazerman 1988: 131 f., 137).

Die Gutachter/-innen bleiben in aller Regel anonym und werden nicht mit Namen im Publikationsformat eines Textes genannt; die Herausgeber/-innen treten dem entgegen oft explizit als Verantwortliche der Textzusammenstellung und als Verfasser eines Editorials zum „Jahrgang" einer Zeitschrift in Erscheinung. Bei Sammelbänden wie dem, aus dem Bernd seinen Text entnommen hat, werden die Herausgeber/-innen an jenen Stellen auf den Buchumschlägen genannt, an denen bei Monographien die Namen der Autor/-innen stehen. Bei dem von Petra gelesenen Buch werden neben dem Namen der Autorin – Ludmilla Faust – auch noch die Namen zweier Herausgeber/-innen und deren Funktion im Publikationsprozess auf dem Buchumschlag genannt: „Mit einer Einleitung und herausgegeben von Larissa Müller und Timo Lange."

Wie die Autor/-innen sind auch die Herausgeber/-innen in wissenschaftlichen Sozialwelten beheimatet. Zum Publikationsformat von Wissenschaftsliteratur gehören aber auch Knotenpunkte, die in technischen bzw. wirtschaftlichen Sozialwelten zu finden sind. So findet sich bei Petras Buch neben den Namen der Autorin und der Herausgeber/-innen auch noch folgender Schriftzug auf dem Umschlag: „hausbrink taschenbuch wissenschaft." Dieser Schriftzug umfasst sowohl einen Verlagsnamen – „hausbrink" – als auch eine Reihenbezeichnung: „taschenbuch wissenschaft." Eine Reihenbezeichnung findet sich auch in der Fußzeile der ersten Seite des von Karl gelesenen Aufsatzes: „Ausgabe 23, Heft 1, S. 67–87, ISSN 0157–6606, elektronische ISSN 2411–5338. © 2012 Gesellschaft zur Erforschung von Weltraum und Interaktion. Alle Rechte vorbehalten."

Wie die Partizipanden wissenschaftlicher Sozialwelten versehen auch Verlage und Reihenbezeichnungen einen Text mit einem sozialen Wert, sie verweisen aber auch auf dessen juristischen und ökonomischen Status. Verlage sind diejenigen Partizipanden, die die Schriftträger wissenschaftlicher Literatur technisch herstellen. Dafür lassen sie sich von den Autor/-innen oder Herausgeber/-innen Typoskripte zusenden – entweder in Form eines fertig gesetzten PDF oder als elektronische Datei, die dann vom Verlag in Publikationsform gebracht wird. Für diese technische Produktion und Publikation lassen sie sich von den Autor/-innen und Herausgeber/-innen die Rechte zur Vervielfältigung und Verbreitung des Textes einräumen. Das macht Literatur zu einem analytisch interessanten Grenzobjekt: juristisch ist sie Eigentum eines Verlags, geistig ist sie Eigentum der Autor/-innen und Herausgeber/-innen. Zugleich ist sie auch ein Objekt wirtschaftlichen Warenhandels, dessen Wert weitgehend von den Verlagen bestimmt wird.[3]

Diese Warenförmigkeit wissenschaftlicher Publikationen strahlt vom Feld der Ökonomie nicht nur durch Preise und die damit verbundenen Möglichkeiten und Probleme der Literaturbeschaffung auf Wissenschaftsdisziplinen aus. Vielmehr wurden Verlage und Publikationsformate zu, so Windgätter, „Markenartikeln" und „Orientierungsmarken": zu Objekten „des *Brandings*, *Product-Placements* oder *Labelings*" in den „Produktionsprozesse[n] wissenschaftlichen Wissens". Verlage wie Merve oder Suhrkamp schufen durch Buchumschläge und -einbände Wiedererkennungswerte: eine „optische Konditionierung" durch die Gestaltungsstrategien der Textproduktion, die „die Attraktivität des Layouts mit der Führung der Leser" koppelte (Windgätter 2010: 24 f., 27). Wie Felsch aufzeigt, gelang es Verlagen wie Merve und Suhrkamp, Bücher und Buchreihen zu entwickeln, die zu „Lifestyle-Accessoires" akademischer Milieus wurden (Felsch 2015: 12, 18). Die öffentliche Präsenz soziologischer Schulen wie der „Kritischen Theorie", des „Poststrukturalismus" oder der „Systemtheorie" verdankte sich u. a. auch dem Umstand, dass deren Vertreter Suhrkamp-Autoren waren oder von Merve und ähnlich prestigereichen Verlagen publiziert wurden; die „Kritische Theorie" war u. a. auch ein Produkt der Reihe „edition suhrkamp" (Behrmann 1999: 306 f.; vgl. Wegmann 2010).

Schriftträger und Verlage sind die wesentlichen Partizipanden im Feld der ökonomisch-technischen Textproduktion; Autor/-innen, Herausgeber/-innen und Gutachter/-innen die wichtigsten Partizipanden im Feld der wissenschaftlichen Disziplinen. Im ökonomisch-technischen Feld lassen sich noch weitere Knotenpunkte identifizieren, die jedoch für das Lesen eher „unsichtbar" bleiben: Lektorat, Redaktion, Satz etc. (Schneider 2005). Andere bislang nicht thematisierte Partizipanden gehören wissenschaftlichen Feldern und Sozialwelten an und sind dort wichtige Bezugspunkte des Lesens. Diese Partizipanden bezeichne ich in Anlehnung an Iser als „Perspektivträger" (Iser 1984: 61). Perspektivträger sind jene funktionalen Knotenpunkte der literarischen Wissenschaftskommunikation, die Beziehungen zwischen Texten und diskursiven Kontexten herstellen. Auch sie verweisen auf das szenische Umfeld einer Publikation – hier: auf die Methoden, Theorien und Phänomene einer Fachkultur, zu denen sich ein Text positioniert.

In den Publikationsformen wissenschaftlicher Literatur finden sich solche Perspektivträger zunächst auf den Umschlägen und den ersten Seiten von Büchern oder Sammelband- und Zeitschriftenartikeln. Das von Petra gelesene Buch trägt den Titel „Entwicklungen von Verwandtschaftsverhältnissen. Anmerkungen zur Wissensgeschichte". Hier wird also ein Phänomen – „Verwandtschaftsverhältnisse" – und eine

---

3 Zur Entwicklung des Verlagswesens und deren Bedeutung für die Herausbildung der Soziologie vgl. Steuer 2017; zur Struktur und Entwicklung des wissenschaftlichen Publikationswesens vgl. Taubert u. Weingart 2016.

Methoden- und Theorieschule benannt: „Wissensgeschichte". Der Titel des von Bernd gelesenen Sammelbandbeitrags benennt ein Phänomen und einige Fachbegriffe: „Bildgebungen. Artefakte, Erfahrungen und soziale Netzwerke der Sonographie auf dem Mond." Der Titel des Zeitschriftenartikels, den Karl liest, lautet: „Interplanetare Interaktionen: Ethnographien zwischen den Welten." Auch hier wird zunächst ein exo-soziologisches Konzept – „Interplanetare Interaktionen" – und dann eine Methode benannt: „Ethnographie." Der von Arno gelesene Text ist einem Buch mit dem Titel „Die praktische Konstitution des Alltags. Eine Abhandlung zur Sozialtheorie" entnommen. Dieser Titel benennt einerseits einige Begriffe und eine Theorieschule – „praktische Konstitution" und „Sozialtheorie" – und andererseits eine literarische Gattung: „Abhandlung." Eine ähnliche Gattungsbezeichnung findet sich bei Petras Buch: „Anmerkungen." Perspektivträger machen Texte in diesem Sinn überhaupt erst zu dem, was Wissenschaftler/-innen Holmes zufolge unter „Literatur" verstehen: einem Korpus an Publikationen, in und mit dem der Wissensvorrat einer Disziplin aufbewahrt und verhandelt wird (Holmes 1987: 220).[4] Sie verweisen auf fachkulturell spezifische Themen und rahmen Texte als eine spezifische Sorte Literatur, definieren also deren soziales Leben in einer Wissenschaftsdisziplin.

Wie bereits erwähnt, sind die hier angeführten funktionalen Knotenpunkte der Autor/-innen und Herausgeber/-innen, Verlagsnamen und Reihenbezeichnungen, Titel und Untertitel auf den Umschlägen und ersten Seiten der Literatur abgebildet. Sie sind also als Grapheme Teile der Texte, die aber an deren Randbereichen positioniert sind. Genette bezeichnet solche Grapheme als „Paratexte", die „zwar noch nicht *der* Text, aber bereits Text" sind. Dies sind Gestaltungselemente mit einem je spezifischen pragmatischen Status, die meist nicht als Bestandteile des Fließtexts wahrgenommen werden, dessen Rezeption aber wesentlich mitstrukturieren (Genette 2001: 9 f., 14 f.). Um diese Binnenunterscheidung der Texturen von Literatur geht es im folgenden Unterkapitel, in dem ich nach den Kommunikationskanälen von Wissenschaftspublikationen frage.

3.1.2 Kommunikationskanäle

Den Begriff des „Kommunikationskanals" übernehme ich ebenfalls von Goffman. Er geht davon aus, dass die Aufmerksamkeit jener, die an der Kommunikation partizipieren, durch einen „offiziellen Hauptfokus" – dem „Hauptkanal" – und anderen „untergeordneten Kanälen" orientiert wird (Goffman 1974: 201 f., 210). Dabei ist auch hier die Idee – wie bei Genette –, dass das, was auf untergeordneten Kanälen stattfindet, die Wahrnehmung des Geschehens im offiziellen Hauptfokus beeinflusst.

Für die Textgestaltungen wissenschaftlicher Literatur unterscheide ich diesem Vokabular entsprechend zwischen „Haupt-" bzw. „Fließtexten" auf der einen und

---

4 Vgl. Carlin 2010.

„Neben-" bzw. „Paratexten" auf der anderen Seite. Bei den Haupt- oder Fließtexten handelt es sich um jene graphemischen Buchstaben-, Wort-, Satz- und Absatzfolgen, die im Zentrum der Aufmerksamkeit von Lesenden stehen. Die Fließtexte der von den Forschenden, Lehrenden und Studierenden am Arbeitsbereich „Interplanetare Alltagskulturen" gelesenen Literatur sind meist in einer oder in zwei Spalten und im Block gesetzt und werden oben, unten und an den Seitenrändern von einigen Zentimetern Weißraum umfasst – der unbeschriebenen Fläche einer digitalen oder gedruckten Textseite.[5] Die Paratexte finden sich auf Buchumschlägen und ersten Seiten von Sammelband- und Zeitschriftenbeiträgen, an den Anfängen und Enden, in den Kopf- und Fußzeilen oben und unten auf einer Textseite und zwischen den einzelnen Sequenzen des Fließtexts. Diese sequenzielle Gestaltung des Fließtexts nehme ich im nächsten Unterkapitel in den Blick. Hier konzentriere ich mich auf einige Paratexte, die für das soziale Leben der Publikationsformen von Wissenschaftsliteratur in der beforschten Disziplin charakteristisch sind.

Einige dieser Paratexte habe ich im vorherigen Unterkapitel als Grapheme thematisiert, die auf das Produktionsformat, d. h. die für die Produktion und Rezeption wichtigen Partizipanden der Wissenschaftspublikation verweisen: Namen von Autor/-innen, Herausgeber/-innen und Verlagen ebenso wie Reihenbezeichnungen und Texttitel. All diese Paratexte sind Bestandteile der Titelei. Bei Büchern umfasst die Titelei die Umschlag- und ersten Seiten. Bei Zeitschriftenartikeln finden sich Äquivalente zur Titelei meist auf der ersten Seite in der Kopf- oder Fußzeile. Neben den genannten Paratexten finden sich in der Titelei noch weitere Informationen zu Urheberrecht und „Copyright", zu Publikationsjahr und -ort, zur Gestaltung des Textes und die „ISBN" bzw. „ISSN".[6]

Die Titelei umfasst Paratexte, die dem Hauptkanal tatsächlich texträumlich vorgelagert sind. Diese sind für das Lesen – wie bereits erwähnt – nur insofern relevant, als dass sie auf wissenschaftliche Diskurse und Welten verweisen: auf Autor/-innen und Herausgeber/-innen als Personen einer Wissenschaftsöffentlichkeit oder auf die Methoden, Theorien und Phänomene einer Disziplin. Ich hatte in Kapitel 2.1.3 gezeigt, dass die Namen von Autor/-innen oder Herausgeber/-innen und die Texttitel bei der Literaturrecherche und -auswahl eine große Rolle spielen. Für die Beziehung zwischen der In-Text-Organisation der Literatur und der In-situ-Organisation des Lesens sind die Namen von Autor/-innen und Herausgeber/-innen weitaus weniger relevant. Mit den Texttiteln hingegen wird ein Kommunikationskanal etabliert, an dem sich Lesende immer wieder orientieren. Fortgeführt wird dieser Kanal in den Zwischentiteln der Texte.

Die Zwischentitel des von Petra gelesenen Buches lauten z. B.: „Vorwort", „Kapitel 1: Wie heutige Verwandtschaftsverhältnisse entstanden sind", „Kapitel 2: Be-

---

5 Einzelne Gestaltungselemente und Sequenzen dieser Literatur sind mitunter auch linksbündig oder zentriert gesetzt.
6 Die „Internationale Standardbuchnummer" bzw. „International Standard Serial Number".

griffsgeschichtliche Überlegungen", „Kapitel 3: Individuum und Kollektiv", „Kapitel 4: Verwandtschaftsverhältnisse als Denkstile", „Kapitel 5: Schlussfolgerungen" und „Literaturverzeichnis". Und die des von Karl gelesenen Artikels lauten: „Interplanetare Interaktionen", „Die Logik interplanetarer Interaktionen", „Merkmale interplanetarer Interaktionen", „Kommunikation in interplanetaren Interaktionen", „Körper und Präsenz interplanetarer Interaktionen", „Raum und Zeit", „Anmerkungen" und „Literaturangaben". Einige dieser Zwischentitel sind eher formale bzw. technische, andere eher inhaltliche bzw. thematische Paratexte (vgl. Genette 2001: 81–84). Titel wie „Vorwort", „Kapitel 2: Begriffsgeschichtliche Überlegungen", „Schlussfolgerungen", „Anmerkungen" und „Literaturangaben" bzw. „-verzeichnis" sind formal bzw. technisch, da sie die Funktion oder Position eines Textteils im Verhältnis zum Text insgesamt explizieren oder eine Gattung benennen, der diese Textsequenz zuzuordnen ist. Titel wie „Individuum und Kollektiv", „Verwandtschaftsverhältnisse als Denkstile", „Interplanetare Interaktionen", „Die Logik interplanetarer Interaktionen" oder „Raum und Zeit" sind inhaltlich bzw. thematisch, da sie als Perspektivträger einen Text oder eine Textsequenz den spezifischen in einer Disziplin existierenden Methoden, Theorien oder Phänomenen zuordnen. Sowohl formal-technische als auch inhaltlich-thematische Zwischentitel fungieren als das, was Fahnestock als „Leserahmen" bezeichnet: als Interpretationsschemata, die die Aufmerksamkeit von Lesenden sinnhaft orientieren (Fahnestock 1999: 49, 127). Titel und Zwischentitel tun dies, indem sie eine Gesamtstruktur, d. h. eine Textur aufspannen, die vom Umschlag und den ersten Seiten bis zur letzten Seite einer Publikation reicht.

Paratexte, die das ebenfalls leisten, sich aber beinahe ausschließlich in Buchpublikationen – in Monographien wie Sammelbänden – finden, sind Inhaltsverzeichnisse.[7] Dabei handelt es sich um Gestaltungselemente, die das Nacheinander der einzelnen Kapitel eines Buches in einem graphemischen Untereinander auflisten. Diese graphische Repräsentation ist Goody zufolge eine spezifische Leistung von Schrift und von geschriebenen Listen als „Technologien des Intellekts", die es Lesenden ermöglichen, sich Gedanken – die eigenen oder die von anderen – vor Augen zu führen und so in einem logographischen Zusammenhang wahrzunehmen. Besonders im „analytischen Diskurs" in wissenschaftlichen Feldern ermöglichen es diese Technologien des Intellekts, Gedanken systematisch zu ordnen und weiterzudenken (Goody 2000: 135, 146). Die Kapitel von Wissenschaftspublikationen sind – wie in Petras Buch – oftmals nummeriert. Die einzelnen Textsequenzen ähneln dadurch, so Genette, der Betitelung „für Akte, Szenen und/oder Aufzüge in klassischen Dramen" (Genette 2001: 87, 282). Der von Bernd gelesene Text ist das „Kapitel 8" des Sammelbands, aus dem er ihn herauskopiert hat; dieser Text ist also gewissermaßen ein Akt in einem umfassenderen Wissenschaftsdrama. Wie in Kapitel 2.1.3 beschrie-

---

7 In seltenen Fällen haben auch Zeitschriftenartikel kurze Inhaltsverzeichnisse; wesentlich öfter wird dort die Textgliederung vorab kurz in Vorworten oder Einleitungen beschrieben. Solche Kurzzusammenfassungen des folgenden Textes finden sich auch in den Vorworten oder Einleitungen von Büchern.

ben, werden solche Inhaltsverzeichnisse ebenso wie die Zwischentitel der einzelnen Textsequenzen oft für die Recherche und vor dem eigentlichen Lesen genutzt und überflogen, um zu entscheiden, ob eine Publikation lesenswert ist.

Titel und Inhaltsverzeichnisse bilden etwas, was ich als Gliederungskanal wissenschaftlicher Literatur bezeichnen möchte. Ein weiterer Kanal ist der der bibliographischen Paratexte. Diese Paratexte sind entweder in den Fließtext eingelassen und dort durch Anführungszeichen und Klammern vom Zeichenstrom im offiziellen Hauptfokus separiert; oder aber sie wurden in die Form von Fuß- bzw. Endnoten gebracht und sind durch numerische Grapheme mit dem Hauptkanal des Fließtexts verbunden.[8] Ein in den Fließtext eingelassener bibliographischer Paratext findet sich z. B. im von Lisa gelesenen Artikel „Psychische Störungen im Arbeitsalltag auf Raumstationen":

Textausschnitt 1

Regine Kranz stellt fest, eine soziologische Forschung zu „psychischen Störungen" in Arbeitsbeziehungen im Weltraum finde „gegenwärtig so gut wie nicht statt" (Kranz 2006: 453).

– Regine Kranz stellt fest

Wie die Zwischentitel des Gliederungskanals verweisen auch die bibliographischen Paratexte auf spezifische funktionale Knotenpunkte der Wissenschaftspublikation zurück; hier auf Autor/-innen und Perspektivträger. So signalisieren sowohl die Anführungszeichen im Fließtext als auch der eingeklammerte Paratext am Satzende, dass hier Formulierungen eines anderen Textes und einer anderen Autorin referiert und dabei ein Thema soziologischer Forschung verhandelt wird: „Psychische Störungen." Für das Publikationsformat des gelesenen Textes hat dies zur Folge, dass dessen Autorin hier als Rezitatorin der Autorin und der Perspektivträger des referierten Textes präsentiert wird.

Paratexte wie „(Kranz 2006: 453)" in Ausschnitt 1 bezeichnet Lynch als „Minimalzitationen": dies sind Abfolgen von Autor/-innennamen und Jahres- und Seitenzahlen (Lynch 1998: 24). Bei solchen Minimalzitationen handelt es sich um graphemisch reduzierte Repräsentationen der zitierten Literatur im Text.[9] Hier sind diese Paratexte des bibliographischen Kanals in den Fließtext eingelassen; in solchen Fällen werden sie durch Klammerzeichen vom Hauptkanal separiert. In anderen Fällen finden sich solche Minimalzitationen in den End- oder Fußnoten eines Textes. Die Minimalzitation stellt sowohl intertextuelle wie infratextuelle Bezüge her. Zitate generieren eine zweite „Textschicht" bestehend aus literarischen Referenten, die auf

---

8 Beide Gestaltungsformen werden auf unterschiedliche Zitationskulturen zurückgeführt: Das Zitieren am Satzende wird als amerikanisches Zitieren bzw. als „Harvard-Stil" bezeichnet, das Zitieren in Fuß- oder Endnoten als deutsches Zitieren bzw. als „Chicago-Stil".

9 Diese Repräsentationen können mitunter auch ein diskursives Eigenleben entwickeln – dann etwa, wenn eine Publikation einen derartigen Bekanntheitsgrad erreicht, dass die Mitglieder einer Disziplin in der Lage sind, sie allein am Autor/-innennamen und am Publikationsjahr zu erkennen.

andere Texte verweisen; sie beziehen einen Text also auf einen literarischen Kontext (Latour u. Fabbri 2000: 121). Zugleich verweisen diese Paratexte auf ein anderes Gestaltungselement des bibliographischen Kanals desselben Textes: auf das Literaturverzeichnis.

Solche Literaturverzeichnisse finden sich nicht in allen, aber in den meisten der am Arbeitsbereich „Interplanetare Alltagskulturen" gelesenen Texten und sind in aller Regel hinter deren Schlusskapiteln positioniert.[10] Literaturverzeichnisse sind ähnlich listenförmig gestaltet wie Inhaltsverzeichnisse, folgen aber anderen Organisationsprinzipien. Während Letztere die Kapitelfolge eines Buches nach- bzw. untereinander abbilden und so an der sequenziellen Organisation des Textes orientiert sind, bringen Erstere die verzeichneten literarischen Referenten in eine alphabetisch-chronologische Ordnung.

Das erste Organisationsprinzip ist das alphabetische, das die zitierten Texte in ein graphemisches Nach- und Untereinander bringt und sich dabei an den Anfangsbuchstaben der Nachnamen der Autor/-innen der Texte orientiert. Der in Ausschnitt 1 zitierte Text findet sich im Literaturverzeichnis zwischen anderen Texten von Autor/-innen, deren Nachnamen mit dem Buchstaben „K" beginnen:

Textausschnitt 2

Literaturverzeichnis

[...]

Johnson, Franny 2003: Zur Psychologie und Soziologie der Arbeitsbelastungen im Weltall. *Neuigkeiten aus den Solaren Sozialwissenschaften* 17, 20 – 39

Kranz, Regine 2001: Verloren im Weltall. Auf der Suche nach einer Theorie der Exo-Soziologie. Ursa Minor Beta: Adams

Kranz, Regine 2006: Der Beitrag der Soziologie psychischer Erkrankungen im Raumfahrzeitalter. *Gesellschaftliche Fragen* 26; 450 – 463

Krey, Björn 2020: Textarbeit. Die Praxis des wissenschaftlichen Lesens. Berlin: De Gruyter

Luc-Picard, John 1991: Eine neue Generation. Wissenschaften im Weltall. San Francisco: Föderationen Verlag

[...]

– *Kranz, Regine 2006*

Die in Ausschnitt 1 zitierte Literatur ist hier unter dem Buchstaben „K" in eine alphabetisch geordnete Liste von Autor/-innennamen einsortiert. Hier wie auch in den in den Hauptkanal eingelassenen bibliographischen Paratexten ist der Autor/-innenname der erstgenannte funktionale Knotenpunkt der zitierten Publikationen. Im Literaturverzeichnis ist die alphabetische Sortierung entlang des bzw. der Anfangs-

---

10 Bei Sammelbänden verfügt manchmal jeder Beitrag über ein eigenes Literaturverzeichnis oder die dort referierte Literatur wird in einem Literaturverzeichnis am Ende des Buches aufgelistet.

buchstaben der Nachnamen von Autor/-innen das wichtigste Organisationsprinzip der Bibliographie. Ein zweites – nachrangiges – Organisationsprinzip ist die chronologische Anordnung von zitierten Texten derselben Autor/-innen nach Publikationsjahren.

Bei Literaturverzeichnissen handelt es sich um „lokal organisierte Referenzlisten", die die angegebenen Publikationen sowohl als „Beiträge zu einem Korpus an Literatur" als auch als „Stellvertreter des Korpus" im Text behandeln (Carlin 2010: 3). Diese Stellvertretung nimmt im Hauptkanal vor allem die Gestalt von Minimalzitationen an. Im Literaturverzeichnis werden über die Namen von Autor/-innen, Publikationsjahr und Seitenzahl hinaus noch weitere Angaben zum Publikationsformat der zitierten Texte gemacht. So werden im von Lisa gelesenen Text in Ausschnitt 2 zudem noch die Texttitel und -untertitel, die Namen von Verlagen und Zeitschriften, die Veröffentlichungsorte und – bei Sammelband- und Zeitschriftenpublikationen – die Zahlen der Seiten aufgelistet, auf denen die zitierten Texte beginnen und enden.

Der bibliographische Kanal ist insofern charakteristisch für Wissenschaftspublikationen – auch über die Grenzen unterschiedlicher Disziplinen und Gattungen hinweg –, als das explizite Referieren auf literarische Kontexte hier ein zentraler Bezugspunkt des Gestaltens und Formulierens ebenso wie des Lesens ist. Wie bereits erwähnt, bedient sich der bibliographische Kanal in manchen Texten auch Fuß- und Endnoten. Da diese aber nicht ausschließlich bibliographisch genutzt werden, bilden sie streng genommen eigenständige untergeordnete Kanäle der literarischen Kommunikation.

Fuß- und Endnoten sind, so Genette, „Bezugstexte", die sich „auf ein mehr oder weniger bestimmtes Segment des Text[e]s" beziehen und so angeordnet und gestaltet sind, dass Fließ- und Bezugstext aufeinander verweisen (Genette 2001: 304 f., 308 f.). Fußnoten sind zwischen Fließtext und Seitenzahl auf jener Seite positioniert, auf der auch das Segment lokalisiert ist, auf das sie sich beziehen. Endnoten finden sich am Ende eines jeden – oder des letzten – Kapitels des Fließtexts und sind dort ähnlich listenförmig angelegt wie Inhalts- und Literaturverzeichnisse; oft sind sie mit dem Titel „Anmerkungen" überschrieben. Mit dem Segment im Fließtext, auf das sie sich beziehen, sind Fuß- und Endnoten in aller Regel durch hochgestellte Nummern verbunden. Im Seitenlayout unterscheiden sich die Bezugstexte der Fuß- und Endnoten vom Hauptkanal des Fließtexts meist durch eine etwas kleine Schriftgröße und eine andere Schriftart.

In der am Arbeitsbereich „Interplanetare Alltagskulturen" gelesenen Literatur werden Fuß- und Endnoten von unterschiedlichen Partizipanden der Publikation zu unterschiedlichen praktischen Zwecken genutzt. So finden sich dort manchmal Anmerkungen von Herausgeber/-innen, Lektor/-innen und Übersetzer/-innen zum Produktions- und Publikationsprozess. Die Autor/-innen nutzen diese Begleittexte für Danksagungen an andere Partizipanden des Publikationsprozesses, an Kolleg/-innen und andere; für Anmerkungen zur eigenen Arbeit am Text, zu etwaigen Forschungsmethoden, zu Methoden der Gegenstandsauswahl und -analyse etc. Mitunter werden sie aber auch für Formulierungen von Gedankengängen genutzt, die über den Textzusammenhang im Hauptkanal hinausweisen.

Werden Fuß- und Endnoten für bibliographische Paratexte genutzt, so ähneln diese in aller Regel den weiter oben beschriebenen eingeklammerten Minimalzitationen im Fließtext. Andere Begleittexte können auch deutlich umfangreicher sein. Die Forschenden, Lehrenden und Studierenden am Arbeitsbereich „Interplanetare Alltagskulturen" lesen diese Fuß- und Endnoten meist zumindest oberflächlich. Gerade den Studierenden fällt es mitunter schwer, die Bedeutung dieses Kanals einzuschätzen; die Forschenden und Lehrenden ignorieren oder fokussieren nach sehr situativer Relevanz, wenn sie an einzelnen Formulierungen im Text „hängen bleiben": z. B. an Namen von Autor/-innen, an Methoden und Konzepten oder an Zitationen, die interessant „klingen". Für dieses kursorische Lesen eignen sich besonders die Fußnoten, da sie, wie bereits erwähnt, auf derselben Seite angeordnet sind, wie das Segment des Fließtexts, auf das sie sich beziehen; zwischen Endnoten und Fließtext muss man vor- und wieder zurückblättern.

Einige der hier behandelten Kommunikationskanäle und Paratexte verweisen auf die Gestaltung von Texten als Abfolge einzelner Textabschnitte: die Titel und Zwischentitel und das Inhaltsverzeichnis, aber auch das Literaturverzeichnis und die Endnoten bzw. Anmerkungen, die als paratextuelle Gestaltungselemente auf spezifische Weise in der umfassenden Textstruktur positioniert sind. Um diese Gliederung von Publikationen in einzelne Textabschnitte geht es im nächsten Unterkapitel.

3.1.3 Textsequenzen

Die Gliederung von Literatur in einzelne Abschnitte bezeichne ich als deren Sequenzorganisation, die einzelnen Abschnitte als Textsequenzen. Die Sequenzorganisation untergliedert Texte nicht nur, sondern bringt deren Abschnitte auch in eine sinnvolle, aneinander anschließende Reihenfolge, sodass die einzelnen Sequenzen durch spezifische Positionierungen in der umfassenderen Textur charakterisiert sind. Yearley beschreibt dies als eine „sequenzielle Organisation von Erzählmodi" (Yearley 1981: 429). Manche Sequenzorganisationen und Sequenzen lassen sich gattungsübergreifend in Wissenschafts- und anderen Publikationen ausmachen. Sie sind aber immer auch an das soziale Leben von Texten als Literatur spezifischer Schreib- und Lesekulturen und als Exemplare spezifischer literarischer Gattungen innerhalb dieser Kulturen gebunden.

Diese Sequenzorganisation möchte ich hier nur formal beschreiben; den inhaltlichen Aspekt der sinnhaften Organisation von Texten nehme ich in Kapitel 3.2 in den Blick. In gewisser Hinsicht weisen bereits die Schriftträger von Wissenschaftsliteratur eine durch einen Nebenkanal der Textorganisation gestützte Sequenzorganisation auf: eine durch Zahlen in den Kopf- und Fußzeilen gestützte Abfolge von Seiten. Der Textfluss wird so in die Logik einer numerischen Organisation gebracht. Darüber hinaus signalisiert der Gliederungskanal mit Paratexten wie Inhaltsverzeichnissen,

Titeln und Zwischentiteln eine umfassende Sequenzorganisation von Literatur, die vom Umschlag und den ersten Seiten bis zur letzten Seite einer Wissenschaftspublikation reicht. Der Gliederungskanal bildet diese Sequenzorganisation graphemisch ab. Für Letztere unterscheide ich hier und im Folgenden idealtypisch zwischen den Vor- und Nach-, den Eröffnungs- und Schluss- und den Hauptsequenzen wissenschaftlicher Literatur.

Vor- und Nachsequenzen finden sich in Buch- wie in Sammelband- und Zeitschriftenpublikationen. In dem Buch, das Petra liest, folgt auf die Titelei und das Inhaltsverzeichnis ein „Vorwort" und auf das Schlusskapitel ein „Literaturverzeichnis". Beides sind – wie im vorherigen Unterkapitel beschrieben – Paratexte, aber eben solche, die durch den Gliederungskanal und die Sequenzorganisation eine spezifische Position im Text haben: eben vor und nach dem Beginn und dem Ende des Haupttexts. Vorsequenzen sind, so Bergmann, der eigentlichen Kommunikation „vorgeschaltet". Sie ermöglichen, dass sich Partizipanden z. B. auf eine Publikation „hin orientieren" und antizipieren können, was sie beim Lesen erwartet (vgl. Bergmann 1987: 114). Nachsequenzen sind entsprechend der Kommunikation im Hauptkanal des Textverlaufs nachgelagert. Diese Sequenzen orientieren Lesende von einem jeweiligen Text weg; im Fall von Literaturverzeichnissen z. B. weg vom zitierenden Text und hin zum zitierten Text.

Bei manchen Vorworten, aber auch bei anderen Vor- und Nachsequenzen wie „Anmerkungen" und „Danksagungen" handelt es sich um (Auto-)Biographien von Texten und deren Produktions- und Publikationspersonal, die beschreiben, wie und wieso ebenjene Texte entstanden sind und veröffentlicht wurden; bei Auflagen bereits zuvor publizierter Texte werden mitunter auch Rezeptionsgeschichten erzählt, die davon handeln, wie Lesende auf einen Text reagiert haben. Andere Vor- und Nachsequenzen paraphrasieren vorab oder im Nachhinein die Inhalte eines Textes oder ordnen diesen in einen spezifischen literarisch-diskursiven Kontext ein: als Literatur, die ein spezifisches Phänomen behandelt und sich auf spezifische Weise zu den Methoden und Theorien und zur bereits zirkulierenden Literatur einer Disziplin positioniert. Mitunter werden Vor- und Nachsequenzen aber auch vom Produktions- und Publikationspersonal genutzt, um auf Kolleg/-innen und Organisationen des Wissenschaftsbetriebs zu verweisen, etwaige Beiträge und Unterstützungen zu benennen und sich dafür zu bedanken.

Vorworte finden sich vor allem in Buchpublikationen.[11] Deren Äquivalente in Sammelband- und Zeitschriftentexten sind die „Zusammenfassungen" bzw. „Abstracts" im internationalen und interplanetaren Publikationsbetrieb. Bei den Aufsätzen, die Bernd, Karl und Lisa lesen, sind diese Zusammenfassungen nach den Titeln der Texte und den Namen der Autor/-innen positioniert. In Lisas Aufsatz ist der Text sowohl in deutscher als auch in englischer Sprache zusammengefasst, der Text selbst in deutscher Sprache geschrieben. Auf diese Vorsequenz folgen einige „Schlüssel-

---

11 Für eine detailliertere Analyse von Vorworten in Wissenschaftsliteratur vgl. Krey 2011.

wörter": „Soziologie psychischer Störungen", „Arbeit im Weltraum" und „Exo-Soziologie". Solche Schlüsselwörter finden sich auch in Karls Text: „Interplanetare Interaktion", „elektronische Projektion" und „Ethnographie". Diese Schlüsselwörter benennen die wesentlichen Perspektivträger des Textes, die ihrerseits den Text in einem literarisch-diskursiven Kontext verorten. Auch diese Vorsequenzen dienen also der Orientierung des Lesens. Wie bei Büchern, so finden sich auch bei Sammelband- und Zeitschriftenpublikationen paratextuelle Nachsequenzen wie Literaturverzeichnisse, Anmerkungen und Endnoten.

Wenn Vor- und Nachsequenzen auf Texte hin- bzw. von Texten wegorientieren, so beginnen und beenden Eröffnungs- und Schlusssequenzen die Texte im offiziellen Hauptfokus der Kommunikation, d. h. die Hauptsequenzen dieser Texte. Bei den Eröffnungssequenzen kann es sich um eigene Kapitel – oft unter dem formal-technischen Zwischentitel „Einleitung" – oder um die ersten Sätze und Absätze eines Textes handeln, auf die dann die weiteren Abschnitte der Hauptsequenz folgen. Die Eröffnungssequenzen der von Bernd und Lisa gelesenen Aufsätze haben keine Zwischentitel; ebenso ist es beim von Tina gelesenen Zeitschriftenaufsatz. Die Eröffnungssequenz von Karls Text hat einen inhaltlich-thematischen Titel: „Interplanetare Interaktionen." Die Hauptsequenz des von Bernd gelesenen Buches beginnt mit „Kapitel 1: Wie heutige Verwandtschaftsverhältnisse entstanden sind." Der Text, den Arno und Jule aus dem von Susanne zusammengestellten Reader lesen, ist überschrieben mit: „Einleitung: Probleme der Sozialtheorie." Petras Buch endet mit „Kapitel 5: Schlussfolgerungen"; das Buch, aus dem Arno und Jules Textauszug entnommen ist, mit einer Schlusssequenz mit dem Titel: „Schlussfolgerungen: Alltag und Sozialtheorie." Bernds Sammelbandaufsatz hat eine Schlusssequenz, die mit „Abschließende Bemerkungen" überschrieben ist. Die von Karl und Lisa gelesenen Zeitschriftentexte enden mit Sequenzen ohne eigene Zwischentitel.

Eröffnungssequenzen etablieren den offiziellen Hauptfokus der literarischen Kommunikation. Dabei werden sowohl die Perspektivträger als auch die Sequenzen des Textes bestimmt und beschrieben, d. h. es werden die wesentlichen funktionalen Knotenpunkte und die Sequenzorganisation des Textes expliziert. In der literarischen Wissenschaftskommunikation sind Einleitungen jene Sequenzen, in und mit denen Lesende in eine, mit Iser geschrieben, „implizierte" Rezeptionshaltung gebracht werden: Das Explizieren der Perspektivträger und der Sequenzorganisation gibt Lesenden eine „bestimmte Textstruktur vor", eine „perspektivierte Darstellungsweise" bzw. einen „Verweisungshorizont der Textperspektiven" ebenso wie „unterschiedliche Orientierungszentren", die es Lesenden ermöglichen, einem Text zu folgen (Iser 1984: 61 f.). In Einleitungen entsteht überhaupt so etwas wie ein offizieller Hauptfokus der literarischen Kommunikation, indem Leseerwartungen auf die Perspektiven und die Sequenzorganisation eines Textes fokussiert und dazu gebracht werden, dem Verweisungshorizont der Textperspektiven zu folgen. Dies geschieht, indem hier (1) der Gegenstandsbereich eines Textes bestimmt und beschrieben wird – ein empirisches Phänomen, disziplinär-spezifische Methoden und Theorien etc. – und (2) die Orientierungszentren des Textes benannt werden: die einzelnen Sequenzen und deren Positionen in der alles umfassenden Sequenzorganisation.

Schlusssequenzen ähneln den Einleitungssequenzen von Texten in dieser Hinsicht: auch hier werden Lesende impliziert. So wird hier reformuliert, wovon der Text und dessen einzelne Sequenzen handelten, d. h. was dort geschrieben stand und entsprechend gelesen werden konnte. Auf diese Weise werden Lesarten des Geschriebenen in den Reformulierungen der Schlusssequenzen vorgeschrieben. Darüber hinaus wird das Geschriebene abstrahiert, d. h. aus dem unmittelbaren Textzusammenhang heraus in umfassende diskursive Kontexte einer Wissenschaftsdisziplin gestellt. Dabei geht es darum, den offiziellen Hauptfokus zu verschieben bzw. zu weiten, weg vom konkret Geschriebenen und hin zu umfassenden Bedeutungszusammenhängen einer Disziplin. Lesende werden darin instruiert, Texte als Beiträge zu bestimmten Gegenstandsbereich zu verstehen, d. h. als gemeinsam geteilte und anerkannte Literatur einer Fachkultur.

Eröffnungs- und Schlusssequenzen sind in diesem Sinn wesentlich Sequenzen der Fokussierung und Kanalisierung des Lesens, die sich in Büchern wie in Sammelband- und Zeitschriftenpublikationen und ebenso unterschiedlichen literarischen Gattungen innerhalb einer Disziplin und über Disziplingrenzen hinweg existieren. Die anderweitige Organisation der Hauptsequenzen von Wissenschaftsliteratur ist da schon deutlich vielgestaltiger und an bestimmte Disziplinen gebunden.

In manchen Disziplinen haben sich Standardsequenzfolgen durchgesetzt: das „IMRD"-Format und dessen Varianten; das Kürzel „IMRD" steht für die englischsprachigen Zwischentitel der Sequenzen „Introduction", „Methods", „Results" und „Discussion". Diese Sequenzorganisation geht auf die standardisierten Gliederungen von Zeitschriftenaufsätzen zurück, die historisch zunächst vor allem in den Naturwissenschaften Verbreitung fanden und dort gegenwärtig eine Vorrangstellung einnehmen. In der irdischen und außerirdischen Soziologie finden sich solche Standardsequenzen vor allem in Disziplinen, in denen quantitative Forschung betrieben wird. Deren Literatur gliedert sich oft, so Ayaß und Koautoren, entlang der Abfolge von „Einleitung", „Stand der Forschung", „Hypothesen", „Analyse" und „Fazit" (Ayaß u. a. 2014: 3; vgl. Alasuutari 1995: 180).

Die Hauptsequenzen der am Arbeitsbereich „Interplanetare Alltagskulturen" gelesenen Literatur nutzen häufig solche IMRD-Gliederungen. So folgen auf die Einleitung der von Bernd und Karl gelesenen Aufsätze Sequenzen, in denen andere Publikationen zum Thema referiert und die Theorien, Methoden und Datenmaterialien beschrieben werden, die den Text perspektivisch tragen. Auf diese Abschnitte folgen analytische Beschreibungen und Diskussionen der Gegenstände – die Resultate – und dann die oben thematisierten Schlusssequenzen. Die Hauptsequenz von Petras Buch ist ähnlich organisiert: Hier folgt auf das erste Kapitel, das die Einleitung bildet, ein Kapitel, das mit „Begriffsgeschichtliche Überlegungen" betitelt ist und Wissenschaftsliteratur zum Thema des Buches – „Entwicklungen von Verwandtschaftsverhältnissen" – referiert. Die folgenden zwei Kapitel sind dann analytische Kapitel, in denen verschiedene Aspekte dieses Themas diskutiert werden. Anders als in der Literatur der Naturwissenschaften sind hier – wie auch in Bernds und Karls Aufsätzen – „Resultate" und „Diskussion" eng verbunden in Analysesequenzen. Ich komme darauf in Kapitel 3.2.4 zurück. Petras Buch endet mit den „Schlussfolgerungen". Bei den von Lisa und Tina gelesenen Publikationen ist der Stand der Forschung selbst der Gegenstand des Textes, d. h. diese Aufsätze haben die Literatur zu einem jeweiligen Thema als Thema – in Lisas Fall die Literatur zum Thema „Psychischen Störungen im Arbeitsalltag auf Raumstationen" und in Tinas Fall die Literatur zum Thema „Kontexte der Sexualisierung in der gegenwärtigen Kultur". In den Kapiteln der Hauptsequenz, die auf die Einleitung folgen, werden hier unterschiedliche Perspektiven auf diese Themen anhand der referierten Literatur diskutiert. Auf diese Kapitel folgen kurze Schlusssequenzen.

Es finden sich noch zahlreiche andere Gattungen und Exemplare wissenschaftlicher Literatur, für die sich nur bedingt allgemeine und formale Weisen der Sequenzorganisationen herausarbeiten lassen: „Abstract"- und „Review"-Aufsätze ebenso wie „Rezensionen" bereits veröffentlichter Literatur, die im Zuge der Gründung wissenschaftlicher Akademien aufkamen und die nicht zuletzt genutzt werden, um sich vor dem Hintergrund einer stetig wachsenden Masse an Wissenschaftspublikationen zu orientieren (vgl. Vickery 2000: 77 f.; Weingart 2001: 102 f.); aber auch freie Formate wie z. B. „Editorials", „Essays", „Kommentare", „Repliken" oder „Tagungsberichte". Deren Sequenzorganisationen müssten detailliert am konkreten Fall untersucht werden; dies jedoch wäre eine Leistung, die den Rahmen des vorliegenden Buches sprengen würde.

Ich möchte jedoch einen Aspekt am Beispiel des von Bernd gelesenen Sammelbandbeitrags illustrieren, der m. E. von der Schnittstelle zwischen den Gliederungen und den Formulierungen wissenschaftlicher Literatur handelt: dies ist die Verbindung von unterschiedlichen Ebenen der Sequenzorganisation in Texten. Sammelbandaufsätze wie der von Bernd gelesene sind Kapitel innerhalb von Büchern, d. h. sie sind ihrerseits Sequenzen innerhalb einer mehrere Texte umfassenden Textgliederung. Im konkreten Fall trägt der Sammelband den Titel: „Körperbilder in Kunst und Medien." Nach einer Vorsequenz, die mit „Anmerkungen" überschrieben ist, folgt eine Einleitung, in der eine der beiden Herausgeberinnen in das Thema des Bandes einführt und die einzelnen Beiträge vorstellt. Diese Beiträge bilden die Kapitel der Hauptsequenz. Der von Bernd gelesene Text ist das achte Kapitel dieser Sequenz. Nach dem elften Kapitel folgt eine Schlusssequenz, in der die andere der beiden Herausgeberinnen einige Resultate der Beiträge zusammenfasst und mögliche Anschlussperspektiven an diese Resultate formuliert. Hinter dem Schluss sind ein Literaturverzeichnis und ein Index als Nachsequenzen positioniert.

Zwischen dieser mehrere Teile umfassenden Sequenzorganisation des Sammelbands und der des von Bernd gelesenen Beitrags bestehen einerseits insofern keine starken Verbindungen, als dass die Organisation des Sammelbands keinen Einfluss auf die Positionierung der einzelnen Abschnitte innerhalb der Gliederung des Beitrags hat. Der Beitrag ist zwar ein Kapitel innerhalb des Sammelbands; die Sequenzorganisation des Beitrags ist aber auf ganz eigene Weise gestaltet. Sammelband und

Beitrag weisen Vor- und Nach- sowie Einleitungs- und Schlusssequenzen auf; die Hauptsequenz des Sammelbands besteht aber einfach aus den elf Einzelbeiträgen, während der von Bernd gelesene Text lose dem IMRD-Format folgt und nach der Einführung Literatur diskutiert, dann Methoden- und Theorieperspektiven einführt, anschließend analytische Gegenstandsbeschreibungen und -diskussionen formuliert und mit „Abschließenden Bemerkungen" als einer kurzen Schlusssequenz endet.

Andererseits wiederholen sich aber eben bestimmte Sequenzen auf den unterschiedlichen Gliederungsebenen des Buches wie des Beitrags: So finden sich auf beiden Ebenen Vor- und Nach-, Eröffnungs- und Schluss- sowie eine aus mehreren Abschnitten bestehende Hauptsequenz. Es finden sich hier also Redundanzen in der Sequenzorganisation. Das hat zum einen sicherlich damit zu tun, dass Sammelbandbeiträge auch als einzelne Texte existieren und funktionieren müssen – ich komme darauf in Kapitel 4.1.2 zurück. Es hat andererseits aber auch mit der Logik der Praxis der literarischen Kommunikation zu tun: damit, dass die In-Text-Organisation der Literatur immer wieder mit der In-situ-Organisation des Lesens verbunden und die Lesepraxis insofern instruiert werden muss, dass sie den in der Textgestaltung ausgelegten Lesepfaden folgen kann. Lesende müssen in jede einzelne Publikation und in jede einzelne Sequenz dieser Publikation impliziert werden, d. h. auf Texte hinorientiert, auf die Perspektivträger und Orientierungszentren fokussiert und in ihrem Leseverhalten entlang der Abfolge der einzelnen Textabschnitte in der Sequenzorganisation kanalisiert werden. Entsprechend finden sich diese Sequenzen von Eröffnung, Hauptteil und Schluss – und mitunter auch Vor- und Nachsequenzen – auf verschiedenen Ebenen der Textgliederung: auf der Ebene der umfassenden Sequenzorganisation wie auf der Ebene der Organisation einzelner Kapitel.

In diesem Sinn lassen sich Sequenzen von Subsequenzen unterscheiden: Kapitel und Unterkapitel, die auf unterschiedlichen Gliederungsebenen positioniert sind. Subsequenzen finden sich in Buch-, Sammelband- und Zeitschriftenbeiträgen. So weist die Sequenzorganisation des Buches, aus dem Arno einen Textauszug liest, unterschiedliche Gliederungsebenen auf: eine umfassende Sequenzorganisation bestehend aus Vor- und Nachsequenz, Eröffnungs- und Schlusssequenz und einer Hauptsequenz, die aus drei Kapiteln besteht. Diese Kapitel wiederum haben mal zwei, mal drei, mal vier Unterkapitel und einzelne dieser Unterkapitel ihrerseits Unterkapitel. Solche unterschiedlichen Gliederungsebenen und die Stellung der einzelnen Kapitel zueinander und zur Sequenzorganisation werden oft graphemisch durch alphabetische oder numerische Schriftzeichen signalisiert, wie z. B: „I.", „1.", „a)", „2.1" oder „3.1.2". Bücher können recht vielschichtige Gliederungen aufweisen; Aufsätze haben in aller Regel höchstens zwei oder drei Ebenen; die Texte, die Bernd, Karl, Lisa und Tina lesen, haben nur eine Ebene.

Die Betrachtung unterschiedlicher Ebenen der Sequenzorganisation führt zu einem Punkt, mit dem ich dieses Unterkapitel beenden und zu Kapitel 3.2 überleiten möchte: Sequenzen finden sich nicht nur auf der Ebene der Gliederungen, sondern auch auf der der Formulierungen von Wissenschaftsliteratur – als Abfolge von Buchstaben, Worten, Sätzen und Absätzen. Auf dieser Ebene werden insofern Verbindungen zwischen der In-Text-Organisation der Literatur und der In-situ-Organisation des Lesens hergestellt, als dass Lesende diesen graphemischen Sequenzen mit Augen, Händen und anderweitig sinnlich folgen müssen, um Texte sinnhaft erfassen und be- und verarbeiten zu können. Die Verbindung zwischen den Sequenzen auf Gliederungs- und jenen auf Formulierungsebene besteht in der Positionierung der einzelnen Formulierungen durch die Textgliederung in einem spezifischen Kapitel und im infratextuellen Kontext. Formulierungen werden so in einen spezifischen Bedeutungszusammenhang gestellt. Um diese Ebene der Formulierungen wissenschaftlicher Literatur geht es im Folgenden.

3.2 Textformulierungen

Dieses Unterkapitel handelt vom Sprachgebrauch in Wissenschaftsliteratur: von schriftlichen Formulierungen. Entsprechend des zuletzt unter dem Stichwort „Textsequenzen" entwickelten Vokabulars sind diese Formulierungen graphemische Buchstaben-, Wort-, Satz- und Absatzfolgen, die auf spezifische Weise im Text positioniert sind. In und mit dieser Positionierung bilden Formulierungen Orientierungszentren für das Lesen unterhalb der Gliederungsebene des Textes. Im Folgenden unterscheide ich zwischen (1) Autorisierungen, (2) Relevanzformulierungen, (3) Kontextformulierungen, (4) Analyseformulierungen und (5) Regulativen. Daneben gibt es noch andere Sorten von Formulierungen. Ich konzentriere mich aber auf die genannten, da es sich dabei um die für das Lesen wichtigsten Formulierungen handelt.

3.2.1 Autorisierungen

Autorisierungen sind Formulierungen, mittels derer Texte bestimmten Partizipanden des Produktions- und Publikationspersonals von Wissenschaftsliteratur zugeschrieben werden: den Autor/-innen. Diese Autor/-innen werden so zu literarischen Wissenschaftssubjekten: zu denjenigen, aus deren Perspektive ein Text formuliert ist. Foucault zufolge geschieht dies durch „eine Reihe von Zeichen, die auf den Autoren verweisen [...]: es sind die Personalpronomen, die Adverbien der Zeit und des Ortes, die Verbalkonjugationen" (Foucault 1974: 22). Wie er und auch andere Autor/-innen gezeigt haben, sind diese Zeichenreihen in wissenschaftlichen und anderen Texten ebenso historisch wie kulturell variabel (Foucault 1974; vgl. Lepenies 1978; Stein 2010: 287 f.).

Eine in gegenwärtigen Disziplinen häufig zu findende Form der Autorisierungen ist in dem von Gusfield so benannten „Stil des Nicht-Stils" begründet. Dieser bedient sich einer „passiven Stimme", die alle Spuren aus dem Hauptkanal tilgt, die auf den schriftstellerischen oder verlegerischen Produktions- und Publikationsprozess verweisen und Texte als „neutrale Medien" der Kommunikation präsentiert (Gusfield

1979: 17, 21).[12] Die mitunter paradox anmutende Konsequenz dieses Stils ist, dass der funktionale Knotenpunkt der Autor/-in so nicht von Personen des Wissenschaftslebens – deren Namen auf einem Umschlag oder den ersten Seiten geschrieben stehen –, sondern vom Text selbst oder von disziplinär-spezifischen Perspektivträgern besetzt wird. Beispiele für diesen Stil des Nicht-Stils finden sich in den von Karl und Lisa gelesenen Aufsätzen:

Textausschnitt 3

Der vorliegende Beitrag möchte ein exo-soziologisches Reden über psychische Erkrankungen vorschlagen.

– *Der vorliegende Beitrag möchte vorschlagen*

Textausschnitt 4

Dieser Artikel denkt zentrale interaktionistische Annahmen, wie Blaumann und andere sie entworfen haben, mit Blick auf interplanetare Tätigkeitsfelder neu.

– *Dieser Artikel denkt*

Hier sind die Texte – in ihrem sozialen Leben als spezifische Gattungen – selbst Subjekt der Wissenschaftskommunikation: „Der vorliegende Beitrag möchte [...] vorschlagen" in Lisas Aufsatz und „Dieser Artikel denkt" in Karls Aufsatz. Neben den Texten spielen in diesem Stil des Nicht-Stils aber vor allem die unterschiedlichen Perspektivträger jeweiliger Disziplinen eine wichtige Rolle in der Autorisierung von Wissenschaftsliteratur. Für naturwissenschaftliche Disziplinen haben Gilbert und Mulkay hier ein „empirizistisches" Vokabular identifiziert, das Texte vor allem „nicht-menschlichen Agenten" zuschreibt und das sich so ähnlich auch in kultur- und sozialwissenschaftlicher Literatur ausmachen lässt (Gilbert u. Mulkay 1984: 40 – 42). Die wichtigsten Perspektivträger dieses Vokabulars sind Datenmaterialien und Forschungsmethoden und -resultate. Beispiele für dieses Vokabular finden sich in den Texten von Bernd und Karl:

Textausschnitt 5

Basierend auf Interviews und teilnehmenden Beobachtungen, die während meiner Forschung auf dem Mond durchgeführt wurden, sind die Fragen, die diesem Kapitel zugrunde liegen: Wie begegnen Ultraschall und schwangere Frauen einander? Wie leiten sie ineinander über? Was sind die Objekte, die beim Ultraschall behandelt werden, und welche normativen Werte tragen diese abgebildeten Fakten? Kurz, wie werden schwangere (Ultraschall-)Körper auf dem Mond hervorgebracht und welche Rechte zu existieren haben sie oder bekommen sie gewährt?

– *Basierend auf Interviews und teilnehmenden Beobachtungen*

---

12 Vgl. Montgomery 1996.

Textausschnitt 6

Die Argumentation basiert auf eingehender ethnographischer Forschung über interplanetare Handelsbeziehungen, die woanders detaillierter beschrieben werden (Kern-Zanetti 2001).

– Die Argumentation basiert auf eingehender Forschung

In beiden Textausschnitten werden die Datenmaterialien und Forschungsmethoden als entscheidende Perspektivträger des Textes präsentiert. So basieren „die Fragen, die diesem Kapitel zugrunde liegen" in Bernds Text auf „Interviews und teilnehmenden Beobachtungen" und „Die Argumentation" in Karls Text auf „eingehender ethnographischer Forschung". Zwar referiert Ausschnitt 5 mit der Formulierung „während meiner Forschung auf dem Mond" auf den Autor als Textsubjekt, dies geschieht jedoch in einer passiven Stimme („durchgeführt wurden"). In beiden Texten finden sich immer wieder Formulierungen wie „Das Transkript zeigt", „Es zeigt sich, dass", „Diese Geschichte illustriert", „Dieses Narrativ erzählt" etc. – das „Transkript", die „Geschichte" und dieses „Narrativ" sind spezifische Datenmaterialien in den von Bernd und Karl gelesenen Aufsätzen; ich komme darauf unter dem Stichwort „Analyseformulierungen" zurück. Hier ist entscheidend, dass im empirizistischen Vokabular Datenmaterialien und andere Perspektivträger als nicht-menschliche Agenten im Hauptfokus des Textes stehen. Autor/-innen nehmen hier eine passive Haltung ein, die darin besteht, zu formulieren, was „Das Transkript zeigt", „Die Geschichte illustriert" oder „Dieses Narrativ erzählt". Diese Agens-Patiens-Struktur – aktive Perspektivträger, passive Autor/-innen – ist charakteristisch für das empirizistische Autorisierungen wissenschaftlicher Literatur.

Wie Ausschnitt 5 illustriert, bedeutet dies aber nicht, dass alle Zeichen, die auf Autor/-innen als Wissenschaftspersonen und Protagonisten eines Textes verweisen, aus eben jenem Text getilgt würden. So finden sich auch in den Aufsätzen von Bernd und Karl – in Foucaults Terminologie – Personalpronomen, Orts- und Zeitbestimmungen ebenso wie Verbalkonjugationen, die die Partizipation der Autor/-innen bezeichnen. So z. B. in folgenden Formulierungen des von Bernd gelesenen Textes:

Textausschnitt 7

Um dies zu zeigen, bin ich dem Ultraschall an Orte gefolgt, an denen er noch nicht Standard und Teil des Alltags ist. Ich bin dem Ultraschall in die Lebenswelten von Menschen auf dem Mond gefolgt.

– Ich bin dem Ultraschall an Orte gefolgt

Im von Karl gelesenen Text finden sich ähnliche Formulierungen, wie z. B. „Ich fand diese zwei Ordnungen in den Feldern, die ich untersucht habe", „Die Felder, die ich beforscht habe" oder „Was ich in solchen Situationen beobachtet habe". Hier wird das Verhalten eines Textsubjekts in der ersten Person Singular formuliert. In beiden Fällen ist das Textsubjekt ebenfalls Träger von Forschungsperspektiven. So stellt sich das Textsubjekt in Ausschnitt 7 in den Dienst von Forschungsfragen und folgt den Forschungsgegenständen des Textes. In Karls Text „beforscht", „beobachtet" und „untersucht" das Textsubjekt „Felder" und „Situationen". Die Autorisierung in der ersten Person Singular wird so genutzt, um eine Forschungsgeschichte zu erzählen, in der das Textsubjekt Gegenständen „folgt" um etwas „zu zeigen" oder Gegenstände „fand". Das Textsubjekt wird so zum Protagonisten einer empirizistischen Szenerie.

Solche Autorisierungen kreieren etwas, was Van Maanen als „impressionistische Erzählung" bezeichnet. Sie zielen darauf ab, einen „Eindruck der Partizipation" bei Lesenden zu erzeugen. Dies geschieht, indem die „temporale Natur" des Forschungsprozesses in die „räumliche Organisation" des Textes übersetzt wird. Auf diese Weise können Lesende nachvollziehen, was Forschende vollzogen haben (Van Maanen 1988; 103 – 106). Für Iser entsteht so eine „Identifikation" der Lesenden mit dem Gelesenen. Diese Identifikation ist eine durch den Text strategisch erzeugte Lesereaktion (Iser 1972: 296).

Einer ähnlichen Strategie folgen Autorisierungen, die Lesende an der Denkarbeit partizipieren lassen. So z. B. im von Karl gelesenen Aufsatz:

Textausschnitt 8

Eine wesentliche Frage, die ich stellen möchte, ist, wie wir Blaumannianische und andere interaktionistische Annahmen überdenken können, um mit Situationen umzugehen, die genuin interplanetar sind und nicht angemessen durch existierende sonnensystemische und planetarische Paradigmen erfasst werden. Ich beginne diese Fragen mithilfe zweier Konzepte zu beantworten: dem der projizierten Situation und dem der Zeitdilatation. Interplanetare Situationen, so argumentiere ich, beinhalten projizierte Komponenten, die überlieferte Formen der Interaktionsordnung verändern.

– So argumentiere ich

Diese Autorisierungen machen das Textsubjekt zum Protagonisten wissenschaftlichen Räsonierens: des Fragestellens und -beantwortens ebenso wie des Argumentierens. Die Perspektivträger sind hier nicht so sehr empirizistische, sondern eher konzeptionelle Bezugsobjekte: die Begriffe und Paradigmen einer spezifischen Disziplin und spezifischer Theorieschulen innerhalb dieser Disziplin. Entsprechend wird hier weniger eine empirische, sondern eher eine theoretische Forschungshaltung eingenommen. In Karls Text sind beide Forschungshaltungen aufeinander bezogen. Am Arbeitsbereich „Interplanetare Alltagskulturen" wird jedoch auch Literatur gelesen, die vorwiegend theorieorientiert formuliert ist. Einen solchen Aufsatz liest z. B. Tina. In diesem Text finden sich ganz ähnliche Formulierungen. So etwa in folgendem Ausschnitt:

Textausschnitt 9

Indem ich mich durch zunehmend umstrittene Fälle von Sexualisierung wie öffentliches gleichgeschlechtliches Duschen, Fotos von badenden Kindern und gegenwärtige filmische und popkulturelle Repräsentationen arbeite, behaupte ich, dass die Sexualisierung der Öffentlichkeit Kontexte nicht-sexualisierter Nacktheit destabilisiert.

– Indem ich mich durcharbeite, behaupte ich

Hier wie auch im vorherigen Ausschnitt können sich Lesende mit dem Räsonieren des Textsubjekts als Protagonisten einer wissenschaftlichen Arbeit identifizieren. Durch diese Perspektivierung des Textes mithilfe eines „Ichs" als Protagonist entsteht etwas, was Foucault als „Ego-Pluralität" bezeichnet (Foucault 1974: 22): eine Verdoppelung von Autorschaft. Autor/-innen sind zum einen Partizipanden, die bestimmte funktionale Knotenpunkte der Produktion und Publikationen von Wissenschaftsliteratur besetzen. Und sie sind zum anderen mitunter Protagonisten von Forschungsgeschichten, deren Perspektiven im Text formuliert werden und mit denen Lesende sich identifizieren können.

In Ausschnitt 8 bedient sich Karls Text dabei einer Autorisierung, die zwischen der ersten Person Singular und der ersten Person Plural variiert: „Eine wesentliche Frage, die ich stellen möchte, ist, wie wir [...] Annahmen überdenken können." Mit dieser Formulierung werden gemeinsam geteilte Bezugsobjekte und somit so etwas wie eine wissenschaftliche Gemeinschaft hergestellt und das Textsubjekt wird zum Träger der dort verhandelten Perspektiven gemacht. Gleichzeitig ist auch hier die Strategie, das Leseverhalten dazu zu bewegen, sich mit dem Text zu identifizieren. Mit so einem „Wir" bekommt die Autorisierung von Texten noch eine weitere Ebene. So geht es hier nicht nur darum, welchen Partizipanden Texte zugeschrieben werden, sondern auch um das Prestige dieser Partizipanden – um die Autorisierung im Sinn einer Bekräftigung bzw. Bestätigung der Perspektive, die ein Text einnimmt und von der aus er formuliert ist. Es geht hier also um Autor/-innen als anerkannte Autoritäten einer jeweiligen Disziplin.

Wie weiter oben beschrieben, wird solch ein Prestige in der Textgestaltung dadurch hergestellt, dass die Biographien und Bibliographien der Autor/-innen im Publikationsformat benannt werden. In Autorisierungen geschieht dies eben dadurch, dass die Textperspektiven kollektiviert werden. In den Texten, die Bernd, Lisa, Karl, Tina und die anderen lesen, finden sich entsprechend immer wieder Formulierungen wie „Was wir hier finden ist", „Wenn wir davon ausgehen, dass", „Wir können daraus schließen, dass" oder „Wir sollten unsere Aufmerksamkeit dafür schärfen, dass". Neben dieser ersten Person Plural lassen sich aber immer wieder Indefinitpronomen ausmachen. So z. B. im von Arno gelesenen Buchauszug: „Man nennt dies soziale Kontrolle", „Man kann dann von Alltagsleben sprechen" oder „Zunächst kann man feststellen, dass". Ebenso ist es in Lisas Aufsatz: „Wenn man sich dies in Erinnerung ruft", „Wenn man sein Augenmerk auf diese Frage richtet" oder „Dann nimmt man eine Position ein, die". Zum einen implizieren solche Indefinitpronomen eine Wissenschaftsgemeinschaft und somit Lesende, die sich mit den Texten identifizieren. Zum anderen zielen sie darauf ab, Texte in Netzwerke der sozialen und publikatorischen Autoritätsbeziehungen einer Disziplin einzuordnen. Das „Man" autorisiert Texte als allgemein anerkannte Literatur.

Im Kern geht es bei Autorisierungen eben um genau das: wer oder was zum kommunikativen Gegenüber und somit zum Bezugsobjekt des Lesens gemacht wird – zu jenem Ko-Partizipanden, zu dem sich Lesende in situ verhalten können und müssen. Dies können Personen des Wissenschaftslebens sein ebenso wie Forschungsfragen und -gegenstände, Datenmaterialien und Methoden- und Theorieperspektiven. Autorisierungen hängen in diesem Sinn eng zusammen mit einer zweiten Sorte von Formulierungen: mit Relevanzformulierungen, die einen Text als lesenswerte Literatur darzustellen versuchen.

3.2.2 Relevanzformulierungen

Relevanzformulierungen reagieren auf die in Kapitel 2 beschriebene Verwertungsorientierung wissenschaftlichen Lesens: darauf, dass Literatur hier in aller Regel für Forschungs-, Lehr- und Studienzwecke gelesen wird. Relevanzformulierungen präsentieren Texte entsprechend als nützliche Mittel zur Erreichung dieser Zwecke. Meist wird dabei ein noch nicht oder nur unzureichend behandelter Forschungsgegenstand behauptet. Garfinkel zufolge lautet die Parole hier: „Da klafft eine Lücke in der Literatur" (Garfinkel 2002: 131). Solche literarischen Lücken werden meist in Vor- oder Eröffnungssequenzen und dann aber vor allem in Hauptsequenzen in Kapiteln zum Forschungsstand formuliert. So z. B. auch in dem von Bernd gelesenen Aufsatz:

Textausschnitt 10

Ungeachtet der reichhaltigen Forschung zu Reproduktionstechnologien fällt auf, wie wenig Studien existieren, die Reproduktionstechnologien in kulturellen Kontexten beforschen, die sich in vielerlei Hinsicht von jenen Kontexten unterscheiden, in denen diese Technologien ursprünglich entwickelt und eingesetzt wurden. Diese Lücke in der gegenwärtigen Forschung ist besonders bestürzend, da Ultraschallgeräte – klein, tragbar, vergleichsweise günstig und anspruchslos, was die Infrastruktur betrifft – zunehmend auf anderen Welten eingesetzt werden. So wissen wir immer noch wenig über die Begegnungen zwischen Ultraschalltechnologien und schwangeren Körpern an diesen weit entfernten Orten.

– Diese Lücke in der gegenwärtigen Forschung

Diese Formulierung eröffnet und begrenzt einen ontologischen wie thematischen Gegenstandsbereich. Woolgar und Pawluch bezeichnen dies in Anlehnung an Gieryn als eine „Grenzarbeit", mittels derer Gegenstände und Themen für argumentative Zwecke rhetorisch zugeschnitten und abgesteckt werden (Woolgar u. Pawluch 1985: 216 f.; vgl. Gieryn 1983). In Bernds Text geht es dabei um „Reproduktionstechnologien" im Allgemeinen und um „Reproduktionstechnologien in kulturellen Kontexten" im Besonderen. Es wird eine Realität beschrieben, in der „Ultraschallgeräte [...] zunehmend auf anderen Welten eingesetzt werden", und eine „Lücke in der gegenwärtigen Forschung", in der nur „wenig Studien" sich mit dieser Realität auseinandersetzen. Diese Forschungslücke wird als „besonders bestürzend" beschrieben im Kontrast zwischen einem real gegebenen fortschreitenden Geschehen – Ultraschall wird „zunehmend auf anderen Welten eingesetzt" – und dem Defizit einer Wissenschaftsgemeinschaft, die hier über ein Pronomen in der ersten Person Plural hergestellt wird: „So wissen wir immer noch wenig." Das Thema, das in dieser Satzfolge abgesteckt wird, lautet dann: „Begegnungen zwischen Ultraschalltechnologien und schwangeren Körpern an diesen weit entfernten Orten."

Die Relevanz des von Bernd gelesenen Aufsatzes wird im weiteren Textverlauf in den dort eingenommen Perspektiven begründet:

Textausschnitt 11

Ich möchte die Begrenzungen ausdehnen, die der anhaltende geographische Fokus auf die Erde auf unser Denken über den schwangeren Körper ausgeübt hat. Ich untersuche Ultraschallwelten als kulturell und historisch spezifische Konfigurationen, die bestimmte Schwangerschaften befördern und andere ausschließen.

– Ich möchte die Begrenzungen ausdehnen

In diesem Ausschnitt sind Autorisierung und Relevanzformulierung eng miteinander verbunden. So wird eine Wissensgemeinschaft hergestellt – „unser Denken über den schwangeren Körper" – und die Identifikation der Lesenden mit dem „Ich" als Perspektivträger zugleich als Mittel der Schließung „der Lücke in der gegenwärtigen Forschung" dargestellt: „Ich möchte die Begrenzungen ausdehnen, die der anhaltende geographische Fokus auf die Erde [...] ausgeübt hat". Das „Ich" macht sich selbst und den Text zu etwas, was Latour als „obligatorischen Passagepunkt" bezeichnet (Latour 1987: 150 f.): Das „Ich" wird zu einem Diskursobjekt, mit dem andere sich auseinandersetzen müssen, soll die Wissensgemeinschaft die Begrenzungen ihres Denkens ausdehnen.

Eine ähnliche Relevanzformulierung findet sich im von Karl gelesenen Text im weiter oben angeführten Ausschnitt 8: „Eine wesentliche Frage, die ich stellen möchte, ist, wie wir Blaumannianische und andere interaktionistische Annahmen überdenken können, um mit Situationen umzugehen, die genuin interplanetar sind und nicht angemessen durch existierende sonnensystemische und planetarische Paradigmen erfasst werden." Hier wie in Bernds Text wird das Innovationspotenzial eines Textes in Aussicht gestellt – etwas, was ein zentraler Bezugspunkt der literarischen Wissenschaftskommunikation ist (vgl. Gross 2006: 26 f., 44; Myers 1985: 595). In Handbüchern, Readern und ähnlichen literarischen Gattungen kann diese Innovation darin bestehen, einen aktuellen und interessanten Überblick über wichtige Perspektiven einer Disziplin für Lehre und Studium zu bieten oder bislang Unveröffentlichtes oder zuvor Vergriffenes zu präsentieren. In eher forschungsorientierten Gattungen, zu denen auch die von Bernd und Karl gelesenen Aufsätze gezählt werden können, bedienen sich Relevanzformulierungen eher mentaler Prädikate wie „argumentieren", „denken", „interessieren" oder „wissen".

Entscheidend ist dabei, dass die Relevanzformulierungen, in denen solche Prädikate genutzt werden, „objektgetrieben" sind, wie Montgomery dies nennt: orientiert auf und durch empirische und theoretische Gegenstände, Forschungsprozesse, Methoden etc. (Montgomery 1996: 13). So z. B. im von Karl gelesenen Text:

Textausschnitt 12

Ich habe mich mit verschiedenen Gegenständen beschäftigt – Wissensordnungen, Finanzströmen, Technologien. Diese Gegenstände haben mich an die Grenze zu dem gebracht, wofür Blaumann sich interessiert hat. Meine Forschung brachte mich wieder und wieder an den Rand des Territoriums der Interaktionsordnung. Was ich hier tun möchte, ist, diese Schwelle zu überschreiten. Ich werfe Fragen auf, welche meine Forschung mich zu stellen veranlasste – Fragen, die sich auf die Realität der interplanetaren Ordnung in der gegenwärtigen Welt beziehen.

– Was ich hier tun möchte, ist, diese Schwelle zu überschreiten

Die Relevanzformulierung bedient sich hier objektgetriebener Autorisierungen: Das Textsubjekt hat sich „mit verschiedenen Gegenständen beschäftigt". „Diese Gegenstände" bekommen den aktiven Part in der Forschungsgeschichte zugeschrieben, während die Haltung des Textsubjekts zunächst passiv ist: sie „haben mich an die Grenze zu dem gebracht", „Meine Forschung brachte mich wieder und wieder". Ich schreibe „zunächst", da im weiteren Textverlauf diese Agens-Patiens-Struktur gedreht wird und das Textsubjekt eine aktive Haltung einnimmt: „Ich werfe Fragen auf." Auch hier ist es aber „meine Forschung", die das Textsubjekt diese Fragen „zu stellen veranlasste". Insofern sich Lesende mit dem Textsubjekt identifizieren, können sie nachvollziehen, wie es die Forschung geradezu erfordert, die tradierten Konzepte infrage zu stellen.

Die Identifikation mit den Perspektivträgern funktioniert hier nicht zuletzt über die Formulierung „Was ich hier tun möchte, ist, diese Schwelle zu überschreiten". Die „Schwelle" ist eine Figur des Übergangs, der – so Turner und van Gennep – „Liminalität" (Turner 1969: 94 f.; Van Gennep 1999). Mit dem Überschreiten der Schwelle verlässt man einen mehr oder minder klar umrissenen Bereich und wechselt bzw. wagt sich vor in einen anderen – hier: in einen Bereich neuen Räsonierens. Mit Kuhn formuliert, geht es hier um einen „Paradigmenwechsel" (vgl. Kuhn 2012). In Ausschnitt 10 deutet sich an, dass dieser Paradigmenwechsel in der Wissenschaftsliteratur dadurch vollzogen wird, dass ein Kontrast hergestellt wird zwischen der „existierenden" Literatur und dem zu lesenden Text: „Ungeachtet der reichhaltigen Forschung zu Reproduktionstechnologien fällt auf, wie wenig Studien existieren, die Reproduktionstechnologien in kulturellen Kontexten beforschen, die sich in vielerlei Hinsicht von jenen Kontexten unterscheiden, in denen diese Technologien ursprünglich entwickelt und eingesetzt wurden." Um diese Kontextualisierung der Literatur geht es im folgenden Kapitel.

3.2.3 Kontextformulierungen

Kontext- und Relevanzformulierungen sind eng aufeinander bezogen. So wird die Relevanz eines Textes – wie in Ausschnitt 10 – häufig im Kontext anderer Literatur formuliert. Während Relevanzformulierungen die Verwertbarkeit eines Textes für Forschungs-, Lehr- und Studienzwecke betont, setzen Kontextformulierungen diesen Text in Beziehung zu anderen bereits publizierten Texten. Diese anderen bereits publizierten Texte bilden die literarischen Kontexte einer Wissenschaftspublikation.

Kontextformulierungen kreieren meist etwas, was Smith als „Kontraststrukturen" bezeichnet. Dabei handelt es sich um Beschreibungen unterschiedlicher Perspektiven auf einen Gegenstand, die so angelegt sind, dass eine oder einige dieser Perspektiven als inadäquat, inkorrekt und illegitim und andere – in aller Regel die des Textes – als adäquat, korrekt und legitim erscheinen (Smith 1993: 30 f., 33 f.).[13] Ein Beispiel hierfür findet sich in einer Sequenz zum Forschungsstand im von Bernd gelesenen Aufsatz:

Textausschnitt 13

> In den vergangenen Jahrzehnten ist die menschliche Reproduktion zunehmend in den Fokus anthropologischer Forschung gerückt. Eine Reihe an Studien hat gefragt, wie Reproduktionstechnologien die Wahrnehmungen von Empfängnis, Schwangerschaft und Geburt geprägt und Vorstellung von Verwandtschaft und Geschlechterrollen verändert haben (vgl. Charlot und Hop 1997; Schmidt u. a. 1999). In den 1990er-Jahren kamen feministische Studien zur Reproduktionsmedizin und männlichen und technokratischen Herrschaftsstrukturen hinzu (siehe z. B. Sawatzki 1994; Grünenbaum 1995; Langenscheidt 1996). Diese Studien beschrieben die Entfremdung weiblicher Körperwahrnehmungen durch medizinische Technologien. Jedoch widmeten sie ihre Aufmerksamkeit mehr den imaginierten sozialen Konsequenzen und weniger den tatsächlichen Erfahrungen von Frauen mit Reproduktionstechnologien. Gefangen im Paradigma der Technologiekritik nahmen diese Studien es als gegeben an, dass die politischen Themen des Ultraschalls auf allen Planeten die gleichen seien.
>
> *– Gefangen im Paradigma*

Hier werden verschiedene Perspektiven auf „die menschliche Reproduktion" in „den vergangenen Jahrzehnten" referiert. Lynch bezeichnet solche historisierenden Kontextformulierungen als „Genealogien". Diese beschreiben eine „normale Geschichte der Wissenschaft" mit dem Ziel, „die Gegenwart mit der Vergangenheit zu verbinden, indem eine historische Linie von Arbeiten durch eine kanonische Tradition" nachgezeichnet und der gelesene Text zu diesem literarischen Kanon positioniert wird (Lynch 1998: 15 f.). Entscheidend ist dabei, dass diese Genealogie die Konstruktionen ebenjenes Textes ist: Eine Wissenschaftsgeschichtsschreibung, die darauf abzielt, unterschiedliche Perspektiven auf einen Gegenstand zu benennen und zu kontrastieren.

Dies geschieht durch etwas, was Kuhn „Paradigmenartikulation" nennt: Die Beschreibung verschiedener Grundannahmen einer Disziplin, um diese Grundannahmen zu hinterfragen, zu überwinden oder weiterzuentwickeln (Kuhn 2012: 23 – 33). In Bernds Text werden hierzu zunächst eine „Reihe an Studien" zitiert, die gefragt haben, „wie Reproduktionstechnologien die Wahrnehmungen von Empfängnis, Schwangerschaft und Geburt geprägt und Vorstellung von Verwandtschaft und Geschlechter-

---

13 Vgl. Yearley 1981: 430.

rollen verändert haben" und daran anschließend „feministische Studien", „die die Entfremdung weiblicher Körperwahrnehmungen durch medizinische Technologien" beschrieben. All dies läuft darauf hinaus, ein „Paradigma der Technologiekritik" zu beschreiben, das durch eine bestimmte Grundannahme – nämlich „dass die politischen Themen des Ultraschalls auf allen Planeten die gleichen" sind – und einen bestimmten Fokus gekennzeichnet ist, der die Aufmerksamkeit auf die „imaginierten sozialen Konsequenzen" und nicht auf die „tatsächlichen Erfahrungen von Frauen mit Reproduktionstechnologien" richtet.

Solche Kontextformulierungen bezeichnet Lynch als „feindliche Genealogien", die Geschichten von Fehlannahmen, Irrwegen und Schwachstellen in der zitierten Literatur erzählen (Lynch 1998: 19). Feindliche Genealogien können helfen, den Innovationswert eines Textes zu markieren; in Bernds Text: aus einem Paradigma auszubrechen und sich mit „tatsächlichen" und nicht mit imaginierten Gegenständen zu beschäftigen. Wie Myers argumentiert, liegt das Bezugsproblem der wissenschaftlichen Textproduktion und -publikation an diesem Punkt aber darin, nicht nur den Innovationswert von „Wissensbehauptungen" zu proklamieren, sondern diese zugleich an den literarischen Korpus einer Disziplin anzubinden. Kontextformulierungen müssen in diesem Sinn ebenso innovativ und konservativ sein, Dissens und Konsens herstellen (Myers 1985: 595).[14] Bernds Text tut dies, indem an die feindliche eine freundlichere Genealogie anschließt.

Textausschnitt 14

Neuere Studien zu Geburtstechnologien fundieren ihre Erkenntnisse dem entgegen in einer empirischen Erforschung von Bildgebungstechnologien und Schwangerschaften, darunter Robertos Forschung über Ultraschallbilder (Roberto 2004) und die Studie von Charles über schwangere Frauen in Frankreich (Charles 2006). Statt sich auf die Entfremdung von Körpern zu konzentrieren, betonen diese Studien die sozio-kulturell spezifischen Formen der Reproduktion. Bei aller Vielfalt der Forschung fällt allerdings auf, wie wenig Studien es zu Reproduktionstechnologien auf anderen Planeten gibt. Erst seit Kurzem wird die terrestrische Forschung durch Erkundungen anderer Ultraschallwelten ergänzt. So untersuchen Rhodan und Kollegen Schwangerschaften auf Raumstationen (Rhodan u. a. 2007) und Dath Ultraschalltechnologien auf Mars und Venus (Dath 2009). Dieses Kapitel schließt an diese Studien an.

– Dieses Kapitel schließt an diese Studien an

In den ersten Sätzen dieses Ausschnitts werden „Neuere Studien" zitiert, die Fehlannahmen, Irrwege und Schwachstellen der im „Paradigma der Technologiekritik" gefangenen überwunden haben. Explizit wird die Kontraststruktur dieser Sequenz in der Formulierung: „Statt sich auf die Entfremdung von Körpern zu konzentrieren, betonen diese Studien die sozio-kulturell spezifischen Formen der Reproduktion." Um den Text dennoch genügend lesenswert zu machen, wird im Folgenden dann wieder eine Forschungslücke benannt: „Bei aller Vielfalt der Forschung fällt allerdings auf,

---

14 Vgl. Gross 2006: 27, 109.

wie wenig Studien es zu Reproduktionstechnologien auf anderen Planeten gibt." Bernds Text wird dann als Beitrag zu einer neueren Entwicklung präsentiert, mit der sich diese Lücke zu schließen beginnt: „Erst seit Kurzem wird die terrestrische Forschung durch Erkundungen anderer Ultraschallwelten ergänzt. So untersuchen Rhodan und Kollegen Schwangerschaften auf Raumstationen (Rhodan u. a. 2007) und Dath Ultraschalltechnologien auf Mars und Venus (Dath 2009). Dieses Kapitel schließt an diese Studien an." Diese Formulierungen markieren einen Kipppunkt zwischen Dissens und Konsens. Die literarischen Referenten werden hier als, wie Latour es schreibt, „Alliierte" genutzt, die die Textperspektive stützen – eine „Argumentation durch Autorität" (Latour 1987: 31). Der Text und seine Perspektiven erscheinen so als innovativ, jedoch nicht als isoliert, sondern im Kontext eines Korpus bereits publizierter und in der Disziplin zirkulierender Literatur.

Die Kontexte und Relevanzen von Texten werden nicht nur über solche Genealogien formuliert. In vielen Texten werden die literarischen Referenzen entsprechend weniger historisch und eher thematisch angeordnet. In Lisas Aufsatz z. B. werden in der Hauptsequenz des Textes zunächst „Soziologische und biologische Erklärungsmodelle psychischer Störungen" nacheinander referiert und daran anschließend die Textperspektiven eingeführt: „Raumflug als Arbeit" und das „exo-soziologische Paradigma". Die unterschiedlichen literarischen Referenten werden – wie in Bernds Text – als literarische Exemplare dieser unterschiedlichen Perspektiven präsentiert. In Lisas Text reihen die Kontextformulierungen unterschiedliche Disziplinen und Theorien auf. In anderen Texten sind die literarischen Kontexte dem entgegen z. B. entlang unterschiedlicher Methodenperspektiven oder empirischer Gegenstände organisiert.

Ob nun eher genealogisch oder eher thematisch – die Kontextformulierungen von Wissenschaftsliteratur verweisen auf andere, bereits publizierte Texte. Sie stellen – wie weiter oben geschrieben – intertextuelle Bezüge her. Das, was ich bislang als „literarisch-diskursiven Kontext" bezeichnet habe – als den literarischen Diskurs einer Fachgemeinschaft also –, ist aus dieser Perspektive also zunächst und vor allem die Konstruktion der Formulierungen eines Textes: der Bestimmung und Beschreibung literarischer Referenten in einem spezifischen Textzusammenhang (vgl. Krey 2011: 95).

Was das Produktionsformat betrifft, sind Kontextformulierungen insofern interessant, als hier die Perspektiven anderer Texte referiert, d. h. funktionale Knotenpunkte anderer Wissenschaftspublikationen in einen Text transkribiert werden. Dies geschieht vor allem auf zwei Weisen: im Originalton oder in der Übersetzung. Ein Originalton findet sich in Lisas Text im weiter oben angeführten Textausschnitt 1:

Textausschnitt 1(b)

Regine Kranz stellt fest, eine soziologische Forschung zu „psychischen Störungen" in Arbeitsbeziehungen im Weltraum finde „gegenwärtig so gut wie nicht statt" (Kranz 2006: 453).

– Regine Kranz stellt fest

Hier stehen die Anführungszeichen für einen Wechsel im Produktionsformat: dafür, dass die so markierten Formulierungen nicht die des Autors des gelesenen, sondern der Autorin des zitierten Textes sind. Der Gebrauch von Originaltönen ist in der Idee begründet, dass Texte das geistige Eigentum bzw. die Repräsentation der Gedankengänge von Autor/-innen als Mitgliedern wissenschaftlicher Disziplinen sind. „Regine Kranz" ist hier die Urheberin der zitierten Formulierungen. Dies ist Foucault zufolge ein wesentliches „Merkmal der Funktion Autor": die „psychologisierende Projektion der Behandlung, die man Texten angedeihen lä[ss]t" (Foucault 1974: 20) – hier: der Behandlung eines Textes als literarisches Exemplar eines Paradigmas innerhalb einer Disziplin. Zur Artikulation solcher Paradigmen bedienen sich Kontextformulierungen aber vor allem Übersetzungen. So z. B. in folgenden Ausschnitt aus dem von Karl gelesenen Aufsatz:

Textausschnitt 15

Wie wir alle wissen, nutzte Blaumann einen „interaktiven Ausgangspunkt" (Blaumann 1980: 5). Interaktionen definierte er als „das, was zwischen den Menschen entsteht". Sein Gegenstand war das Zwischenmenschliche. Er betonte, die physischen und sozialen Wechselwirkungen dieser Situation und lieferte frühe Formulierungen zu Untersuchungen des Alltagslebens. Ich konzentriere mich vor allem auf Blaumann, weil es diese Annahmen sind, die ich hinterfragen möchte.

– Annahmen, die ich hinterfragen möchte

Hier wechselt das Produktionsformat zwischen Originaltönen und Übersetzungen des zitierten Textes bzw. Autors. Zunächst werden Blaumanns Perspektiven in Anführungszeichen zitiert und dann in andere Worte übersetzt, d. h. reformuliert: „Er betonte, die physischen und sozialen Wechselwirkungen dieser Situation und lieferte frühe Formulierungen zu Untersuchungen des Alltagslebens". Dieses Reformulieren habe ich woanders als „Umterminieren" bezeichnet, das darauf abzielt, andere, alternative Perspektiven zu unterminieren (Krey 2011: 109 f.). In Karls Text wird dieses Vorhaben im letzten Satz des Ausschnitts 15 formuliert: „Ich konzentriere mich vor allem auf Blaumann, weil es diese Annahmen sind, die ich hinterfragen möchte." Diese Reformulierungen schließen an die Grenzarbeit von Relevanzformulierungen an, d. h. daran, einen Text als obligatorischen Passagepunkt des literarischen Diskurses zu präsentieren, der dazu beiträgt, Forschungslücken zu schließen und die falschen oder verzerrten Perspektiven zuvor publizierter Literatur zu korrigieren. So werden in Karls Text im weiter oben angeführten Ausschnitt 8 „Blaumanns und andere interaktionistische Annahmen" und „existierende sonnensystemische und planetarische Paradigmen" als Perspektiven präsentiert, mit denen Situationen, „die genuin interplanetar sind" nicht „erfasst werden" können.

Diese Formulierungen betreiben etwas, was sich mit Woolgar und Pawluch als „ontologische" Grenzarbeit bezeichnen lässt: Als eine Gegenstandsbeschreibung von Gegenständen, die bestimmte Aspekte als unproblematisch und andere als problematisch präsentiert (Woolgar u. Pawluch 1985: 215 f.). So ist z. B. in Bernds Text in Ausschnitt 14 der Forschungsstand zu „sozio-kulturell spezifischen Formen der Reproduktion" als unproblematisch dargestellt, durch die Ergänzung der „terrestrische [n] Forschung durch Erkundungen anderer Ultraschallwelten" aber doch problematisiert. Der Gegenstandsbereich wird so zugeschnitten, dass der Forschungsstand weniger ausreichend und der von Bernd gelesene Text als umso relevanter erscheint. Ähnlich ist es in Lisas Text, in dem erst „[s]oziologische und biologische Erklärungsmodelle psychischer Störungen" referiert werden und dann der Gegenstandsbereich in Richtung „Raumflug als Arbeit" und das „exo-soziologische Paradigma" verschoben wird. Durch diese Verschiebung werden die referierten Texte und deren Perspektiven reproblematisiert.

Diese ontologische Grenzarbeit hat zwei Bezugspunkte – einen strategischen und einen epistemischen. Den strategischen Bezugspunkt habe ich in diesem und im letzten Kapitel bereits thematisiert. Die ontologische Grenzarbeit hilft dabei, Lesende dazu zu bringen, den Textperspektiven zu folgen, und bedient sich hierzu argumentativer ebenso wie autoritativer Mittel: Argumentativ werden unterschiedliche Paradigmen und Perspektiven so artikuliert und kontrastiert, dass sich implizierte Lesende mit den Perspektiven des Textes bzw. Textsubjekts identifizieren; und autoritativ wird der Text durch eine, so Latour, „Quantität an Referenzen" gestützt, die womöglich zweifelnde Lesende durch literarische Alliierte zu überzeugen versucht (Latour 1987: 38). Den epistemischen Bezugspunkt bildet das Formulieren logischer Schlussfolgerungen aus diesen Kontextualisierungen für den weiteren Textverlauf. So z. B. im von Karl gelesenen Aufsatz:

Textausschnitt 16

Ein interplanetar orientierter Interaktionismus wird drei Kernannahmen in diesen und anderen Schriften zurückweisen müssen. (1) Die Annahme, dass die prototypische Einheit einer Interaktion eine physische Umgebung ist und diese die Anwesenheit von Menschen umfasst. (2) Die Annahme, dass die Interaktion theoretisch auf territoriale und nicht auf temporale Strukturen zurückgeführt werden kann. (3) Die Annahme, dass es einen großen Unterschied zwischen der Interaktionsdynamiken von Mikro- und Makrophänomenen gibt. In der folgenden Diskussion zeige ich, wie wir über solche Annahmen hinausgehen können.

– In der folgenden Diskussion

In diesem Ausschnitt werden wiederum Perspektiven zitierter Literatur übersetzt – in „drei Kernannahmen in diesen und anderen Schriften" – und ein obligatorischer Passagepunkt eines spezifischen Diskurses bestimmt: „Ein interplanetar orientierter Interaktionismus" wird diese Kernannahmen „zurückweisen müssen". Daran anschließend wird das Textsubjekt als Perspektivträger dieses Passagepunkts präsentiert: „In der folgenden Diskussion zeige ich, wie wir über solche Annahmen hinausgehen können." Das Textsubjekt wird hier wie auch im vorherigen Ausschnitt in der ersten Person Plural zum Mitglied einer epistemischen Gemeinschaft, die auch die Lesenden umfasst. Die „drei Kernannahmen", die hier aufgelistet werden, referieren auf die zentralen Argumentationsstränge „der folgenden Diskussion". Und genau dies ist ein entscheidender Punkt: Die ontologische Grenzarbeit zielt hier darauf ab, die

Gedankenbewegungen des Lesens zu informieren. Mit Luhmann geschrieben: Es geht darum, „die Aufmerksamkeit einzuspannen und dem Duktus der Theorieaussage anzupassen". Er bezeichnet dies als ein Problem der „Simultanpräsenz" zwischen Schreiben und Lesen (Luhmann 1981: 176).

Kontextformulierungen etablieren in diesem Sinn sowohl Sozialbeziehungen als auch Gedankenobjekte. Lesende werden zu Mitgliedern einer mit Textsubjekten und literarischen Referenten gemeinsam geteilten Wissenschaftsgemeinschaft. Und diese Gemeinschaft wird um spezifische Gegenstandsentwürfe organisiert und auf den Verlauf „der folgenden Diskussion" orientiert. So wichtig Autorisierungen und Relevanz- und Kontextformulierungen auch sind: Diese „Diskussion" gehört zu einer Sorte von Formulierungen, die die wesentlichen Orientierungszentren in der von den Forschenden, Lehrenden und Studierenden am Arbeitsbereich „Interplanetare Alltagskulturen" gelesenen Literatur bilden – zu den Analyseformulierungen. Um diese geht es nun.

3.2.4 Analyseformulierungen

In und mit Analyseformulierungen werden die Gegenstände wissenschaftlicher Forschung thematisiert. Dabei lassen sich Deskriptions- und Diskussionssequenzen voneinander unterscheiden – eine Unterscheidung, die sich so auch im Vokabular der am Arbeitsbereich „Interplanetare Alltagskulturen" gelesenen Literatur findet:

Textausschnitt 17

Ich beschreibe den Informationsfluss zwischen Planeten und diskutiere die Konzepte der Präsenz und der Zeitdilatation.

– Ich beschreibe und diskutiere

Wie sich aus diesem Ausschnitt aus dem von Karl gelesenen Text ableiten lässt, formulieren Beschreibungen bzw. Deskriptionen empirische und Diskussionen theoretische Gegenstände, hier: „den Informationsfluss zwischen Planeten" auf der einen Seite und „die Konzepte der Präsenz und der Zeitdilatation" auf der anderen. Diese beiden Sorten von Analyseformulierungen entwerfen, mit Pollner geschrieben, unterschiedliche „ontologische Bereiche" (Pollner 1987: 7): einen Bereich empirischer Objekte in der Deskription und einen Bereich diskursiver Objekte in der Diskussion.

Je nach literarischer Gattung konzentrieren sich die Analyseformulierungen in Wissenschaftspublikationen mal auf die Deskription und mal auf die Diskussion. Theorieliteratur betreibt vor allem Diskussionen, empirische Literatur vor allem Deskriptionen. In der Literatur, die Karl und die anderen Soziolog/-innen und Studierenden lesen, finden sich oft beide Sorten Analyseformulierungen. Diese sind mal auf unterschiedliche Kapitel der Sequenzorganisation der Textgliederung verteilt – so z. B. in der IMRD-Organisation – und mal innerhalb eines Kapitels auf Ebene von Satz- und Absatzfolgen. Ich nehme im Folgenden zunächst einige Aspekte der Deskription und dann einige Aspekte der Diskussion von Gegenständen in der Wissenschaftsliteratur in den Blick, die an der Ups am beforschten Arbeitsbereich „Interplanetare Alltagskulturen" gelesen wird.

Wenn deskriptive Formulierungen ontologische Bereiche empirischer Gegenstände entwerfen, so sind diese Bereiche in der hier beforschten Literatur immer in etwas lokalisiert, was Schütz „die Sozialwelt" nennt. Diese Welt hat „eine bestimmte Bedeutung und Relevanzstruktur für die menschlichen Wesen, die darin leben, denken und agieren." Die Objekte sozialwissenschaftlichen Räsonierens „beziehen und begründen sich", so Schütz, „auf den Gedankenobjekten, die vom Gewohnheitsdenken des Menschen konstruiert werden, der sein Alltagsleben unter seinen Mitmenschen lebt." (Schütz 1953: 3) Schütz ist ein wichtiger Bezugspunkt der beforschten Forschungs-, Lehr- und Studienarbeit und ein Träger jener Perspektive, die Winch als „Idee sinnhaften Verhaltens" bezeichnet und die diese Arbeit wesentlich orientiert (Winch 2008: 43, 79). So werde die Gegenstände in der dort gelesenen Literatur auf die eine oder andere Weise als Gegenstände einer Sozialwelt beschrieben: Im von Arno gelesenen Readertext geht es um die „praktische Konstitution des Alltags" und im von Bernd gelesenen Text um Reproduktionstechnologien im „täglichen Leben", im „sozialen Leben" und in den „Lebenswelten von Menschen auf dem Mond". Karls Aufsatz handelt von der „Realität der interplanetaren Ordnung in der gegenwärtigen Welt", Tinas von der „Sexualisierung in der gegenwärtigen Kultur". Der Text aus dem vom Marion gelesenen Buch beschreibt eine „Geschichte des Denkens" in der „Beschäftigung mit Problemen von Raum und Zeit" und Petras Buch eine „Wissensgeschichte" über die „Entwicklung von Verwandtschaftsverhältnissen".

So unterschiedlich die Gattungen und Gestaltungsformen der gelesenen Literatur, so vielfältig fallen deren Formen von Gegenstandsbeschreibungen aus. Ich unterscheide im Folgenden für analytische Zwecke zwischen Datensammlungen, Formatausleihen und Reihenfolgen – empirisch existieren diese meist in Mischformen.

Anderson und Sharrock bezeichnen die Datensammlungen in Texten in Anlehnung an Lévi-Strauss als „Bricolage": als eine mitunter unsystematisch erscheinende Auflistung von Materialien, die sowohl wissenschaftliche „Daten" im engeren als auch eher alltagskulturelle Beobachtungen und Dokumente zusammenführt (Anderson u. Sharrock 1982: 83 f.).[15] Solche Datensammlungen finden sich z. B. in den von Karl und Tina gelesenen Aufsätzen. In Karls Text besteht die Sammlung aus „ethnographischer Forschung" – in Ausschnitt 6 –, aus Datenmaterialien anderer Publikationen, aus „einer Kundenbefragung von HAL" und aus „Alltagsbeispielen"; und in Tinas Text ebenfalls aus Beschreibungen anderer Studien, aus „Fotos von badenden Kindern" und aus Beispielen aus „gegenwärtigen filmischen und popkulturellen Repräsentationen". Eine etwas andere, dafür jedoch weit verbreitete Form der Bricolage findet sich in Bernds Text, der – in Ausschnitt 5 – „auf Interviews und teilnehmenden Be-

---

15 Vgl. Lévi-Strauss 1973: 29.

obachtungen" basiert. Dies ist eine Art Minimalbricolage, die in vielen empirischen Textgattungen genutzt wird.

Die Analyseformulierungen in Bernds Text sind darüber hinaus aber vor allem durch Formatausleihen charakterisiert. Ich leihe dieses Konzept ebenfalls von Anderson und Sharrock aus, die darunter die Organisation eines Textes entlang der Struktur von Gegenständen verstehen (Anderson u. Sharrock 1982: 90).

Textausschnitt 18

Dieses Kapitel basiert auf den Narrativen von Frauen, die in die Krankenhäuser gelangt sind, die mit Ultraschall ausgestattet sind, und deren Reproduktionsgeschichten mit Bildgebungstechnologien in Berührung gekommen sind. Die fünf Frauen, die von ihren Erfahrungen mit Körperscannern sprechen, sind Einzelfälle, jedoch stehen sie repräsentativ für viele andere Narrative, denen ich während meiner Feldarbeit zugehört habe und die die Schwierigkeiten des Technologietransfers und der Intention bekunden, neue Körpervorstellungen in bereits existierende Praktiken einzuführen.

– Narrative von Frauen, repräsentativ für viele andere Narrative

Die Formatausleihe folgt hier erstens „den Narrativen von Frauen, die in die Krankenhäuser gelangt sind, die mit Ultraschall ausgestattet sind, und deren Reproduktionsgeschichten mit Bildgebungstechnologien in Berührung gekommen sind." Die Formatausleihe besteht dabei darin, diese Geschichten deskriptiv nachzuvollziehen, d. h. zunächst und vor allem nachzuerzählen. Und zweitens werden die Narrative der „fünf Frauen" als „Einzelfälle" präsentiert, die „repräsentativ für viele andere Narrative [stehen], denen ich während meiner Feldarbeit zugehört habe." Hier besteht die Formatausleihe darin, die Gegenstände als „Einzelfälle", d. h. in ihren je spezifischen Eigenarten und Eigenschaften, zu beschreiben, die darüber hinaus aber auch „viele andere Narrative" repräsentieren. Die Analyseformulierungen im von Bernd gelesenen Aufsatz leihen sich also die Gegenstandsstrukturen aus, um die Narrative einerseits als Einzelfälle und andererseits als Repräsentationen des Gegenstandsbereichs insgesamt zu beschreiben.

Die Repräsentation von Gegenstandsbereichen durch Fälle ist ein gängiges Konzept im sozialwissenschaftlichen Räsonieren. Baccus zufolge werden Gegenstandsbeschreibungen in Texten als „Indikatoren" für „echt-weltliche, das heißt tatsächliche, objektiv gegebene Phänomene" präsentiert und als Repräsentationen dieser Phänomene im sozialwissenschaftlichen Räsonieren genutzt (Baccus 1986: 3 f., 10 f.). Diese Fälle dabei zunächst als Einzelfälle in ihren Eigenarten und Eigenschaften zu beschreiben, ist indes eine Analysehaltung, die vor allem in der qualitativen Forschung beheimatet ist.[16]

Am Arbeitsbereich „Interplanetare Alltagskulturen" wird vor allem qualitative Forschung betrieben. Entsprechend wird dort viel Literatur gelesen, die ihre Gegen-

---

16 Zur Idee und Geschichte der qualitativen Forschung zunächst in den Natur- und dann in den Sozial- und Kulturwissenschaften vgl. Brinkmann u. a. 2014.

stände aus dieser Haltung heraus entwirft. Die Formatausleihen basieren dort oft auf Interviews und teilnehmenden Beobachtungen und beschreiben die Erzählungen und das beobachtete Geschehen in deren jeweiligen Entwicklungs- und Vollzugslogiken. Die „Narrative" und „Reproduktionsgeschichten" in Bernds Text betonen dabei vor allem die zeitliche Entwicklung der Eigenarten und Eigenschaften der beforschten Gegenstände. Diese Perspektive findet sich in vielen Publikationen der qualitativen Forschung und ist auf etwas begründet, was sich mit Bergmann als „Vorstellung einer sich in Prozessen und Handlungsvollzügen selbst reproduzierenden Wirklichkeit" bezeichnen lässt. Aus dieser Forschungshaltung heraus werden Gegenstände als ein sich „in der Zeit" realisierendes Sozialgeschehen beforscht. Bergmann schreibt solche Perspektiven vor allem der „objektiven Hermeneutik" und der „Konversationsanalyse" als zwei Subdisziplinen innerhalb der qualitativen Forschung zu. Dort werden „Protokolle" und „Transkripte" als Datenmaterialien zur Formulierung der Gegenstände angefertigt (Bergmann 1985: 303 f.). Ein solches Transkript findet sich auch in Karls Aufsatz. Dort wird ein „Chat" zwischen zwei Finanzhändlern als ein sich in der Zeit vollziehendes Geschehen beschrieben.

Neben solchen Temporalstrukturen werden noch andere Gegenstandsmerkmale zu Formatausleihen genutzt. So ist die Analyse in Bernds Text entlang der einzelnen „Narrative" der „fünf Frauen" organisiert. Die Gegenstandsbeschreibungen formulieren die Beziehungen dieser Frauen zu anderen Bewohner/-innen der beforschten „Lebenswelt", ihre Gedanken und Gewohnheiten und die Sozialstrukturen, Orte und sonstigen Elemente, die diese Lebenswelt bilden und ausmachen der Reihe nach.

Ich hatte geschrieben, dass Karls Text ebenfalls Datenansammlungen generiert und Formatausleihen betreibt; die Analyseformulierungen sind hier aber vor allem durch Reihenfolgen organisiert. Fahnestock unterscheidet bei solchen Reihenfolgenorganisationen zwischen „diskreten" und „graduellen" Serien: Erstere betonen die Unterschiede und somit die Besonderheiten, Letztere die Übergänge und somit die Ähnlichkeiten zwischen Gegenständen (vgl. Fahnestock 2002: 93–97). In Karls Text werden die Gegenstände graduell als eine Serie von Variationen eines Sachverhalts aufgereiht:

Textausschnitt 19

Ich unterscheide zwischen vier Typen von Handelssituationen. Der erste Typ ist der Austausch zwischen anwesenden Händlern vor Ort. Ein zweiter Typ findet sich ebenfalls im erwähnten Beispiel des Handels: ein konkreter Handelsplatz, in dem sich Körper in einer physischen Umgebung befinden und mit einem Ohr dem Geschehen vor Ort lauschen und zugleich visuell die Bildschirme fixieren, die sie mit anderen Handelsplätzen verbinden. Ein dritter Typ ist eine Interaktion in einer physischen Umgebung, in der interplanetare Medien vorhanden sind und in der man z. B. gemeinsam vor dem Bildschirm sitzt. Ein vierter Typ sind z. B. Videokonferenzen zwischen mehreren Teilnehmern, von denen sich einige gemeinsam an dem einen Ort und andere gemeinsam an einem anderen Ort befinden. Darüber hinaus finden sich noch komplexere Fälle, die Kombinationen der genannten Merkmale beinhalten, z. B. verschiedene Kommunikationskanäle, Medien, Relevanzen und Zielgruppen.

– Ich unterscheide zwischen vier Typen

Hier werden „vier Typen von Handelssituationen" als zunehmend medial vermittelt und zunehmend interplanetar beschrieben. Im letzten Satz wird diese Reihe gewissermaßen als offene Liste präsentiert, die keinen Anspruch auf Vollständigkeit hat. Eine ähnlich graduelle Serie von Gegenständen weist der von Tina gelesene Text auf:

Textausschnitt 20

Indem ich mich durch zunehmend umstrittene Fälle von Sexualisierung wie öffentliches gleichgeschlechtliches Duschen, Fotos von badenden Kindern und gegenwärtigen filmischen und popkulturellen Repräsentationen arbeite, behaupte ich, dass die Sexualisierung der Öffentlichkeit Kontexte nicht-sexualisierter Nacktheit destabilisert.

– Indem ich mich durch zunehmend umstrittene Fälle arbeite, behaupte ich

Der wesentliche Unterschied zwischen der Formatausleihe und der Reihenfolge – und mitunter auch der Datensammlung – besteht darin, dass bei der Formatausleihe der Text entlang von Gegenstandsstrukturen organisiert ist, während Reihenfolgen und Datensammlungen schon stärker begriffliche Strukturierungen darstellen. In Reihenfolgen wird das Verhältnis von Textstruktur und Gegenstandsbeschreibung insofern umgekehrt, als hier nicht die Relevanzstrukturen der Gegenstände den Text, sondern die Relevanzstrukturen des Textes die Beschreibung der Gegenstände organisiert. In Tinas Text liegt diese Relevanz in einem Argumentationsbogen und -ziel: „Indem ich mich durch zunehmend umstrittene Fälle von Sexualisierung [...] arbeite, behaupte ich, dass die Sexualisierung der Öffentlichkeit Kontexte nicht-sexualisierter Nacktheit destabilisiert".

Wie solche Gegenstandsbeschreibungen konkret aussehen, möchte ich an Bernds Text illustrieren. Dort beginnt die Analyse eines Narrativs wie folgt:

Textausschnitt 21

Als ich Ursula Kohl begegnete, 23 Jahre alt und zum elften Mal schwanger, brachte sie ihre unbefriedigenden Erfahrungen mit der neuen Technologie und damit zum Ausdruck, wie die Krankenschwestern diese nutzten, ohne jedoch den Auslöser für den uteralen Tod aller vorhergehenden Kinder zu sehen – „*Sporen*".

– Als ich Ursula Kohl begegnete[17]

Die Gegenstandsbeschreibung bedient sich der weiter oben thematisierten „impressionistischen" Rhetorik, die Lesende dazu motiviert, das Forschungsvorhaben nachzuvollziehen und sich so mit dem Textsubjekt zu identifizieren. Diese Formulierungen figurieren den Forschungsgegenstand, indem sie „Ursula Kohl" als Perspektivträger einführen. Dies geschieht über etwas, was McHoul in Anlehnung an Iser „Szenenausstattung" nennt: Eine Beschreibung, die Lesenden hilft, sich den Gegenstand

---

[17] „Ursula Kohl" ist eine Anonymisierung, die ich der Roman-Trilogie „Red Mars", „Green Mars" und „Blue Mars" von Kim Stanley Robinson entnehme.

vorzustellen, ihn zu imaginieren. Dies trägt zur „virtuellen Dimension" eines Textes bei: zur gedanklichen Ausgestaltung der Gegenstandsbeschreibungen im Lesen (McHoul 1982: 23 f.; vgl. Iser 1972: 284). Hier wird Ursula Kohl als Protagonistin mit einer spezifischen Biographie eingeführt. Zugleich wird die Szene beschrieben, in der sich die folgenden Beschreibungen abspielen. So bereitet diese Sequenz auf ein Transkript des Narrativs vor, in dem Ursula Kohl von ihren „unbefriedigenden Erfahrungen mit der neuen Technologie" berichtet:

Textausschnitt 22

Ich habe es ihnen [den Schwestern] gesagt. Als ich jung war, habe ich Mondstaub gegessen. Das war vielleicht die Ursache. [...] Mein Vater sagte, du wirst Sporen bekommen, aber ich war noch jung und lebte bei Verwandten. Ich aß damals Mondstaub. [...] Sie sagten mir nicht, ich dürfe den nicht essen, sie waren nicht meine Eltern. Sie gaben mir kein Mittel für Durchfall, zur Magenreinigung. Auf diese Weise nisteten sich Chlorianer bei mir ein. Vielleicht Sporen, vielleicht Chlorianer. Mein erstes und mein zweites Kind tranken deren Blut, sie gingen in meinem Magen verloren. Ein Verwandter brachte mich zum Meister [dies ist ein traditioneller Heiler; RM], er gab mir Medizin, um die Chlorianer zu besänftigen. Er wusch meinen Magen mit der Medizin aus, ich hörte ihre Stimmen. Sie kamen zur nächsten Schwangerschaft zurück. Ich hörte sie sich bewegen. Jetzt verhärten sie meinen Magen, sodass sie das Kind, wenn es wächst und wächst und irgendwann dort angelangt, beißen werden. Das Kind stirbt.

– Ursula Kohls Geschichte

In Bernds Aufsatz ist diese Sequenz etwas eingerückt. Zusammen mit den Anführungszeichen am Ende von Ausschnitt 21 weist dies darauf hin, dass es sich hier um einen, mit Latour und Fabbri, Daten-„Infratext" handelt (Latour u. Fabbri 2000: 121): Ursula Kohl kommt hier im Originalton zu Wort. Damit vollzieht sich ein Wechsel im Produktionsformat: Der Autor des Textes gibt hier lediglich wieder, was Ursula Kohl sagt. Er wird zum Gestalter der Erzählung von Ursula Kohl und ihrer Reproduktionsgeschichte als Bewohnerin der „Lebenswelten von Menschen auf dem Mond". Die Gestaltung kommt u. a. durch die Aus- und Einlassungen in den eckigen Klammern zum Ausdruck. Die Abkürzung „RM" in einer der Klammern steht für den Autorennamen.

Die Formatausleihe dieser Gegenstandsbeschreibungen besteht nun darin, dass die Analyse hier zunächst dem Narrativ im Originalton folgt und so die in diesem Narrativ angelegte(n) Perspektive(n) nacherzählt. So kommen Ursula Kohls Beziehungen zu anderen Menschen ebenso zum Ausdruck wie die Erfahrungen, die sie in ihrem Leben gemacht hat, die Orte, an denen sie sich aufgehalten hat, und ihr Sprachgebrauch und ihre Bedeutungsgebungen bezogen auf ihre Reproduktionsgeschichte. Der Wechsel zu diesen Bedeutungsgebungen findet schon mit dem letzten Wort der Sequenz in Ausschnitt 21 statt, das kursiv und in Anführungszeichen gesetzt und so als Ursula Kohls Wort markiert ist: „Sporen".

Mit solchen Szenenausstattungen wird das präfiguriert, was Goffman den „Informationsstatus" von Rezipient/-innen nennt: das Wissen über relevante Charaktere und deren Eigenschaften, über wichtige Erzählstränge und über den umfassenderen

Erzählhorizont, in den ein konkretes Geschehen eingelassen ist. Die Beschreibung einer Perspektive informiert so die Perspektive der Rezipient/-innen (Goffman 1974: 133 f., 152 f.). Dieser Informationsstatus wird dann aber vor allem auch über die Diskussion von Forschungsgegenständen orientiert und strukturiert. In Bernds Text folgt diese Diskussion – wie auch in den Texten von Karl und Tina – unmittelbar auf die Deskription:

Textausschnitt 23

Ursula Kohls Geschichte illustriert, dass die Körper von Frauen auf dem Mond geteilte Orte von menschlichen und nicht-menschlichen Entitäten sind. Ursula Kohl beschreibt ganz explizit, wie Menschen zu diesen Entitäten kommen – durch das Essen von Mondstaub, einer allgegenwärtigen Praxis von schwangeren Frauen auf dem Erdtrabanten (Hainer 2000). Ihre Geschichte erwähnt auch einige implizite Gründe für diesen geteilten Körper: die Respektlosigkeit gegenüber den Anweisungen der Eltern und die Sorglosigkeit ihrer Verwandten. Anstatt jedoch getrennt voneinander zu bestehen – der eine Grund eher „biologisch" und der andere eher „kulturell" – sind diese Gründe eng aufeinander bezogen. Erdreich und Sozialstruktur sind auf dem Mond über Verwandtschaftsverhältnisse und Annahmen über Vererbung und spirituelle Beziehungen miteinander verbunden. Darüber hinaus erzählt Ursula Kohls Narrativ von den Schwierigkeiten, Chlorianer zu diagnostizieren und ihre Kinder davon fernzuhalten. Ihre Geschichte stellt das auf dem Mond geteilte medizinische Wissen zur Schau.

– Ursula Kohls Geschichte illustriert

Die Diskussion von Forschungsgegenständen basiert hier wie auch in anderer Wissenschaftsliteratur (1) auf rhetorischen Tropen und Figuren und (2) auf Modalitäten. Tropen und Figuren formulieren die Bedeutungszusammenhänge und Gedankenobjekte und Modalitäten die Aussagekraft einer Gegenstandsdiskussion.

Rhetorische Tropen wenden bzw. variieren Bedeutungszusammenhänge, indem sie Formulierungen durch andere Formulierungen ersetzen, d. h. in ein anderes Vokabular übertragen (vgl. Fahnestock 2002: 196). In den Gegenstandsdiskussionen in Wissenschaftsliteratur geschieht dies u. a. mit dem weiter oben beschriebenen Umterminieren: einem Wechsel im Produktionsformat zwischen Originalton und Übersetzung.

Eine wesentliche Trope ist dabei die Metapher: eine Perspektivenverschiebung mit der, so Burke, „das Diessein eines Jenes oder das Jenessein eines Dies" beschrieben, d. h. etwas „in anderen Worten" formuliert wird (Burke 1941: 421 f.). In Bernds Text wird „Ursula Kohls Geschichte" reperspektiviert, indem deren Originalton in ein wissenschaftliches Vokabular übersetzt wird: so werden „die Körper von Frauen auf dem Mond geteilte Orte" und „Vater", „Sporen", „Verwandte", „Chlorianer"", „Kind" und „Meister" zu „menschlichen und nichtmenschlichen Entitäten". Karls Text reperspektiviert Handelsbeziehungen, bei denen Bildschirm- und ähnliche Technologie zum Einsatz kommt, als „elektronisch projizierte Situationen". In Lisas Text wird „Raumflug als Arbeit" umterminiert. In Petras Text werden „Verwandtschaftssysteme als Denkstile" reperspektiviert. Und Tinas Text diskutiert „Nacktheit in der gegenwärtigen Kultur als eine Beziehung zwischen einem unbekleideten Körper und den Blicken von anderen."

In der Wissenschaftskommunikation gehen solche Reperspektivierungen mit rhetorischen Tropen der Metonymie einher. Diese gehören, wie Schrott und Jacobs schreiben, zu den „grundlegendsten Formen, um über Menschen, Dinge, Ereignisse und Situationen zu referieren" (Schrott u. Jacobs 2011: 460). Solche Formulierungen substituieren konzeptuelle Gedankenobjekte durch konkrete Gegenstände. Burke zufolge „figurieren" Metonymien anderweitig nur schwer- oder nicht Greifbares (Burke 1941, 424 f., 426). In Bernds Text wird die Diskussion der, so in Ausschnitt 10, „Begegnungen zwischen Ultraschalltechnologien und schwangeren Körpern" durch „Ursula Kohls Geschichte" und deren Perspektivträger und Handlungsbögen in Ausschnitt 22 und 23 figuriert: „Vater", „Kinder" und „Verwandte", „Blut", „Durchfall", „Chlorianer" und „Sporen" „Körper von Frauen", „Essen von Mondstaub" und „Respektlosigkeit gegenüber den Anweisungen der Eltern und die Sorglosigkeit ihrer Verwandten".

In und mit solchen Figurationen greifen Deskription und Diskussion ineinander. Analyseformulierungen bedienen sich hier etwas, was Gusfield als „konzeptuelle Archetypen" bezeichnet: durch die Alltagssprache und kulturelle Vorlagen „konventionalisierte Formen, mit denen Objekte beschrieben werden" und die „konventionalisierte Kategorien von Geschehnissen und Personen" bereithalten, die dabei helfen, die Analyse „ihrem Publikum verständlich" zu machen (Gusfield 1979: 25 f.). Deskription und Diskussion bedingen einander also: Die Deskription figuriert die virtuelle und die Diskussion abstrahiert daraus die konzeptuelle Dimension eines Textes.

Dies geschieht, indem Beschreibungen in Texten als Indikatoren, d. h. als graphemische Repräsentationen der analysierten Gegenstände behandelt werden. Die verschiedenen „Narrative" in Bernds Text, die „Handelssituationen" in Karls Text, der „Raumflug" in Lisas Text, die „Verwandtschaften" in Petras Text und die „Fotos", „Filme" und anderen popkulturellen Objekte in Tinas Text sind genau das, als was sie in Tinas Text in Ausschnitt 9 bezeichnet werden: „Repräsentationen". In der Rhetorik sind Repräsentationen „Synekdochen": Teile eines Objekts, die zur Beschreibung des Objekts insgesamt genutzt werden. Dies ermöglicht es, so Burke, einen „Mikrokosmos" anstelle des „Makrokosmos" und – in der Textarbeit – ein Zeichen anstelle des Bezeichneten zu diskutieren (Burke 1941: 426 f.). Für Schrott und Jacobs wird durch solche Repräsentationen ein „Denkspielraum" kreiert, der sich „durch die Verlagerung des Blicks vom Ganzen auf das Detail ergibt". Die Synekdoche ermöglicht „das Mitverstehen und Mitaufnehmen von einem im anderen" (Schrott u. Jacobs 2011: 457, 459). Dieser Denkspielraum und das Mitverstehen und Mitnehmen eines analytischen Makrokosmos im textuellen Mikrokosmos lässt sich anhand von Karls Text diskutieren:

Textausschnitt 24

Die Händler bereiten sich darauf vor, auf eine interplanetare Situation zu reagieren, indem sie schnell und „ohne nachzudenken" handeln, wenn dies erforderlich ist. Sie selbst nennen das „so ein Gefühl haben". Es zeigt sich, dass der interplanetare Handel vor Ort die Form eines situierten Handelns annimmt. In einem interplanetaren Maßstab umfasst die Situation zudem Bildschirmprojektionen und ist vielleicht tatsächlich vollständig dadurch konstituiert. Sie wird eine *projizierte Situation*. Die *elektronisch projizierte Situation* reicht weit darüber hinaus, was vor Ort und in einem normalen physischen Setting sichtbar wäre. Sie bringt alles zusammen, was potenziell relevant sein könnte.

– die Situation [...] ist vielleicht tatsächlich

Diese Sequenz beginnt mit einer Figuration des Gegenstands durch Beschreibungen der Händler, die deren Aktivitäten mal in Übersetzung und mal im Originalton formuliert. Darauf folgen Reformulierungen in ein wissenschaftliches Vokabular. Die konkret beschriebene Szenerie wird so zu einem konzeptuellen Objekt: „Sie wird eine *projizierte Situation*. Die *elektronisch projizierte Situation* reicht weit darüber hinaus, was vor Ort und in einem normalen physischen Setting sichtbar wäre." Etwas später im Textverlauf wird der Fokus auf den deskriptiven Mikrokosmos der Handelsbeziehungen dann auf den analytischen Makrokosmos „interplanetarer Odnungen" erweitert:

Textausschnitt 25

Solche visuellen und informationellen Artikulationen verändern den Arbeitsprozess. Die *projizierte Situation* erlangt eine neue Dynamik durch die informationelle Steigerung des Beobachtbaren. Ordnungen sind nicht einfach Anhäufungen kurzer Begegnungen – jener Sorte Begegnungen, die zur Analyse der Situation von Angesicht zu Angesicht geführt haben. Der entscheidende Punkt ist hier, dass Ordnungen, die interplanetar aufgespannt werden, oft auch institutionelle Ordnungen sind, so wie das Beispiel des Handels, dessen ich mich in diesem Aufsatz bedient habe. Solche Situationen benötigen und erschaffen eine zeitliche Koordination. Die projizierten Komponenten generieren Zeitstrukturen auf eine einzigartige Weise. Ich glaube, sie können nicht auf persönliche Begegnungen reduziert werden. Was ich glaube, ist, dass interplanetare Ordnungen eine gesteigerte Umgebung für die Erforschung gegenwärtiger Rekonfigurationen der Interaktionsordnung bilden. Sie generieren eine Ordnung, auf deren Grundlage deren Prinzipien weitergeführt und umgeformt werden. Interplanetarität öffnet den Raum für andere Ordnungen.

– Was ich glaube

In diesem Ausschnitt wird das Mitverstehen und Mitnehmen allgemeinerer konzeptueller Denkräume durch konkrete figurierte Beschreibungen explizit formuliert: „Was ich glaube ist, dass interplanetare Ordnungen eine gesteigerte Umgebung für die Erforschung gegenwärtiger Rekonfigurationen der Interaktionsordnung bilden." Der deskriptive Gegenstand fungiert als „Beispiel" für „Ordnungen, die interplanetar aufgespannt werden" – so wie in Bernds Text in Ausschnitt 23 „Ursula Kohls Geschichte" etwas „illustriert", d. h. ein konkretes Bild für allgemeinere Bedeutungszusammenhänge ist, und die Gegenstände in Tinas Text „Repräsentationen" einer gegenwärtigen Kultur sind.

Dieser Gebrauch rhetorischer Tropen zum Zweck der Gegenstandsdiskussion geht einher mit spezifischen Modalitäten der Formulierungen, wie sie u. a. in den Ausschnitten 24 und 25 zu finden sind: „die Situation [...] ist vielleicht tatsächlich", „Ordnungen sind", „Der entscheidende Punkt ist", „Ich glaube, sie können", „Was ich glaube ist". Modalverben wie „ist" und „kann" bezeichnen die Aussagekraft einer Formulierung; im konkreten Beispiel: das Maß, in dem das Textsubjekt von der eigenen Forschungsresultaten überzeugt ist und Lesende über ihre Identifikation überzeugt sein sollten. Latour unterscheidet „positive" und „negative Modalitäten": positive steigern und negative senken die Aussagekraft einer Formulierung (Latour 1987: 22 f.). Modalitäten organisieren in diesem Sinn die Existenzweise einer Formulierung als wissenschaftliche Aussage.

In der beforschten Wissenschaftsliteratur finden sich solche Modalitäten in unterschiedlichen Textsequenzen und Formulierungen. Ihr Gebrauch mag unterschiedlichsten praktischen Zwecken folgen; im Kontext von Gegenstandsdiskussionen sind sie in umfassendere rhetorische Figuren eingelassen, die ich als Reihenfolgen bzw. Serien thematisiert habe. Innerhalb dieser Figuren öffnen und schließen Modalitäten die Denk- und Interpretationsspielräume von Formulierungen für das Lesen. Bei der Gegenstandsdiskussion geht es bei solchen Serienfiguren darum, so Fahnestock, „konzeptuelle Verbindungen" bzw. Kausalketten herzustellen (Fahnestock 2002: 108 f.). Das Ende einer solchen Kausalkette findet sich in Bernds Text in Ausschnitt 23, in dem „einige implizite Gründe für diesen geteilten Körper" benannt werden: „die Respektlosigkeit gegenüber den Anweisungen der Eltern und die Sorglosigkeit ihrer Verwandten", „Erdreich und Sozialstruktur", „Verwandtschaftsverhältnisse und Annahmen über Vererbung und spirituelle Beziehungen". Latour zufolge werden mit solchen Formulierungen „Referenzketten" errichtet, die „Objektivität" produzieren. Er bezeichnet dies als „Ideographie": als ein „In-Form-Fassen" mit graphemischen Mitteln (Latour 2014: 168).[18]

Die Analyseformulierungen in Bernds Text sind positiv modalisiert: „Körper von Frauen auf dem Mond [sind] geteilte Orte." „Erdreich und Sozialstruktur sind auf dem Mond über Verwandtschaftsverhältnisse und Annahmen über Vererbung und spirituelle Beziehungen miteinander verbunden"; „diese Gründe [sind] eng aufeinander bezogen". Damit formulieren sie eine stabile konzeptuelle Dimension des Textes. Anders als die Formulierung „ist vielleicht tatsächlich" in Ausschnitt 24 werden die Resultate der Referenzkette hier als objektive Fakten präsentiert. Damit schließen diese Formulierungen mögliche Interpretationsspielräume für die Reaktion auf die Analyse im Lesen, sie schreiben auf diese Weise mögliche Lesarten vor. Das geschieht meist, indem den Gegenständen in der Diskussion konzeptuelle Charakteristika zu-

---

18 Zu „Ideographien" in der qualitativen Forschung vgl. Krey 2018; zu anderen „Ideographie"-Konzepten vgl. Krämer 2015: 36; Stein 2010: 32.

geschrieben werden. Ein solches Schließen von Interpretationsspielräumen, d. h. ein Vorschreiben möglicher Lesarten der Analyse durch Zuschreiben von Charakteristika findet sich auch in Tinas Text:

Textausschnitt 26

Im Fall der Eltern/Kind-Beziehung sehen wir erneut eine bestimmte kulturelle *Sorge*, dass diese Beziehung nicht immer und nicht zwangsläufig nicht-sexuell in dem Sinn des Sexuellen ist, wie ihn die gegenwärtige Kultur *vorgibt*. So werden z. B. Fotos, die Eltern von ihren badenden Kindern aufnehmen und anderen zeigen oder zugänglich machen, von der Polizei und anderen als pornographisch interpretiert. Dies hat seine Ursache im Zusammenbrechen der Konventionen privater Kontexte, die Nacktheit vom Sexuellen trennen, und in öffentlichen Debatten über und Fällen von pornographischen Darstellungen von Kindern. Dieser Bereich dient als brauchbares Beispiel für die Instabilität der Bereiche, in denen Nacktheit getrennt von Sexualität gesehen werden konnte.

Wo Autoritätsbeziehungen zwischen Eltern und Kindern durch solche Rahmen davor geschützt waren, als sexuell angesehen zu werden, führen der Zusammenbruch der Kontexte, die Möglichkeit, Fotos von Kindern durch sexualisierte diskursive Formationen zu lesen, und das Verbot, dies zu tun, gemeinsam dazu, das fotografierte Kind als sexuelles Objekt zu sehen.

– Wir sehen hier erneut

Hier wird die erste Person Plural genutzt, um Lesende dazu zu bewegen, sich mit der Textperspektive zu identifizieren. Sie werden so darin instruiert, diese Perspektive einzunehmen und nachzuvollziehen: „Im Falle der Eltern/Kind-Beziehung sehen wir erneut eine bestimmte kulturelle *Sorge*, dass diese Beziehung nicht immer und nicht zwangsläufig nicht-sexuell in dem Sinn des Sexuellen ist, wie ihn die gegenwärtige Kultur *vorgibt*." Dem Fall werden bestimmte Charakteristika zugeschrieben, die diese Lesart nahelegen: „So werden z. B. Fotos, die Eltern von ihren badenden Kindern aufnehmen und anderen zeigen oder zugänglich machen, von der Polizei und anderen als pornographisch interpretiert." Der Fall wird zum Mikrokosmos, dessen Analyse dazu beiträgt, einen Makrokosmos zu verstehen: „Dieser Bereich dient als brauchbares Beispiel für die Instabilität der Bereiche, in denen Nacktheit getrennt von Sexualität gesehen werden konnte." Der „Fall der Eltern/Kind-Beziehung" wird als Figuration von Perspektiven der konzeptuellen Dimension in der Inszenierung der virtuellen Dimension gerahmt.

Was die Kausalkette betrifft, werden hier spezifische Wirkungszusammenhänge durch Agens-Patiens-Strukturen hergestellt: Die „Konventionen privater Kontexte" und die „öffentlichen Debatten über und Fälle[.] von pornographischen Darstellungen von Kindern" werden als Elemente konzipiert, die auf andere Elemente im Gegenstandsbereich einwirken. Die „kulturelle Sorge, dass diese Beziehungen nicht immer und nicht zwangsläufig nicht-sexuell sind" und die „Interpretationen" „von der Polizei und anderen" sind von diesen Elementen abhängige Variablen. Die Kausalkette wird dann im Schlussabsatz dieser Gegenstandsdiskussion als These formuliert: „Wo Autoritätsbeziehungen zwischen Eltern und Kindern durch solche Rahmen davor geschützt waren, als sexuell angesehen zu werden, führen der Zusammenbruch der

Kontexte, die Möglichkeit, Fotos von Kindern durch sexualisierte diskursive Formationen zu lesen, und das Verbot, dies zu tun, gemeinsam dazu, das fotografierte Kind als sexuelles Objekt zu sehen."

Die Kausalitäten dieser Gegenstandsdiskussion sind – wie die in Bernds Text – positiv modalisiert und werden so als objektiv gegebene Fakten präsentiert; „objektiv" hier verstanden im Sinn einer objektgetriebenen Rhetorik, die Konzepte, Methoden und Forschungsgegenstände zu den Perspektivträgern macht. In Karls Text tauchen dem gegenüber gestellt auch negativ modalisierte Formulierungen und Kausalketten auf, in denen eine Perspektive als Perspektive des Textsubjekts präsentiert wird: „die Situation [...] ist vielleicht tatsächlich", „Ich glaube, sie können", „Was ich glaube, ist". Ich glaube, dass solche Variationen zwischen positiven und negativen Modalitäten und zwischen objektiven und subjektiven Perspektivträgern mitunter idiosynkratisch, vor allem aber auch systematisch und in Textverläufen an spezifischen Stellen genutzt werden. Sie sind eingelassen in größere Deskriptions- und Diskussionsbögen und so positioniert, dass sie an spezifischen Textstellen Interpretationsspielräume schließen und wieder öffnen.

In der Figuration und Attribution werden diese Spielräume nach Möglichkeit geschlossen, sodass ein Passungsverhältnis zwischen der virtuellen und der konzeptuellen Dimension der Analyse besteht. Die Figurationen müssen als gute Beschreibungen und die Attributionen als gute Diskussionen der Gegenstände durchgehen. Auf solche Sequenzen folgen dann in der am Arbeitsbereich „Interplanetare Alltagskulturen" gelesenen Literatur Schlussfolgerungen, die mal am Ende einer Analyse innerhalb eines Kapitels, mal am Ende eines Kapitels oder mal als eigenes Kapitel am Ende des Textes positioniert sind. In diesen Sequenzen werden Abstraktionen aus den Gegenstandsdeskriptionen und -diskussionen formuliert, die eine Art argumentative Klimax bilden. So weisen Wissenschaftspublikationen immer wieder deskriptive und diskursive Höhepunkte auf, die wesentliche Orientierungszentren für Lesende darstellen. Ein Beispiel für solche Klimaxformulierung findet sich am Ende des von Tina gelesenen Aufsatzes:

Textausschnitt 27

Ich glaube, durch das Überdenken von Sexualität weg von den Genitalien werden Genitalien entsexualisiert und zugleich zu Hinweisen auf einen erotischen Körper, sodass Nacktheit und das Ansehen von Nacktheit mit Distanz zu den Kodes verstanden werden können, die dies als obszön charakterisieren, ohne diese Obszönität gänzlich aufzulösen. Nacktheit in Duschen, Umkleideräumen, Familienfotos und in Filmen und Gesprächen kann so als weder sexuell noch nicht-sexuell gedacht werden – und so zu denken heißt, die kulturell kodierten Signifikationen von Sexualität zu verwerfen und Nacktheit als materialisiert durch deren Umwelt und außerkörperliche Umwelt zu verstehen.

– so zu denken heißt

Die Formulierungen in diesem Ausschnitt sind negativer modalisiert, als dies in Ausschnitt 26 der Fall ist: „Ich glaube", „sodass Nacktheit und das Ansehen von Nacktheit mit Distanz zu den Kodes verstanden werden können", „Nacktheit in Du-

schen, Umkleideräumen, Familienfotos und in Filmen und Gesprächen kann so als
weder sexuell noch nicht-sexuell gedacht werden". Diese negativen Modalitäten sind
darin begründet, dass es sich hier um Abstraktionen aus den Analyseformulierungen
handelt, die über die beschriebenen und diskutierten Gegenstände hinausweisen.
Ebenso verhält es sich in Ausschnitt 25 im von Karl gelesenen Text: „Ich glaube, sie
können nicht auf persönliche Begegnungen reduziert werden. Was ich glaube ist, dass
interplanetare Ordnungen eine gesteigerte Umgebung für die Erforschung gegenwärtiger Rekonfigurationen der Interaktionsordnung bilden". „Kann" ist hier ein
Modalverb, das nicht mehr die Aussagekraft einer Deskription oder Diskussion organisiert, sondern die Relevanz der Deskriptionen und Diskussionen eines Textes für
den literarischen Kontext und eine Disziplin.

Auf diese Weise schließen Analyseformulierungen die umfassenderen Bögen der
Sequenzorganisation, indem sie auf die früheren Relevanzformulierungen referieren
und diese in den Gegenstandsdeskriptionen und -diskussionen begründen. An diesen
Positionen öffnen Modalitäten Interpretationsräume, indem sie Potenziale formulieren, die sich aus der Analyse ergeben „können". Und zugleich begrenzen sie diese
Räume, indem sie diese Potenziale auf die Textperspektiven als obligatorische Pas-
sagepunkte fokussieren: „so zu denken heißt, die kulturell kodierten Signifikationen
von Sexualität zu verwerfen und Nacktheit als materialisiert durch deren Umwelt und
außerkörperliche Umwelt zu verstehen" in Ausschnitt 27 in Bernds Text und „Was ich
glaube, ist, dass interplanetare Ordnungen eine gesteigerte Umgebung für die Erforschung gegenwärtiger Rekonfigurationen der Interaktionsordnung bilden" in Ausschnitt 25 in Karls Text.

Mit der Frage nach dem Begrenzen von Interpretationsräumen und dem Vorschreiben von Lesarten gerät eine Sorte Formulierungen in den Fokus, die ich Regulative nenne, und die an der Schnittstelle zwischen der In-Text-Organisation der Literatur und der In-situ-Organisation des Lesens steht und ich aus diesem Grund zum
Abschluss dieses Kapitels und als Übergang zum nächsten Kapitel thematisiere.

3.2.5 Regulative

Bei Regulativen handelt es sich um Grapheme, die darauf abzielen, das Lesen und
Lesarten von Texten vorzustrukturieren, d. h. um Formulierungen, die als Rahmungen
anderer Formulierungen fungieren. Goffman zufolge findet diese Regulation im
Schriftgebrauch u. a. durch Interpunktionen statt, also durch Schriftzeichen, die Satz-
und Wortfolgen und deren innere Struktur signalisieren: Anführungs-, Ausrufe- und
Fragezeichen; Binde-, Gedanken- und Trennstriche, Kommata, Semikola, mehrfache
Punkte für Auslassungen und einfache Punkte zwischen Abkürzungen oder an Sat-
zenden etc. (Goffman 1974: 210 f.). Andere Regulative sind eingelassen in historisch
variable Konventionen literarischer Gemeinschaften, wie z. B. eine einheitliche
Schreibrichtung, eine Unterscheidung von Groß- und Kleinbuchstaben oder die Regeln für die Worttrennung (vgl. Stein 2010: 63 f.).

Solche Regulative orientieren ein basales Textverstehen von Wort- und Satzfolgen. Andere folgen schon spezifischeren Zwecken. Zu diesen Regulativen gehören z. B. fett oder gesperrt gedruckt abgebildete Grapheme oder Unterstriche, wie sie sich aber kaum in der gegenwärtigen Wissenschaftsliteratur finden. Weiter verbreitet sind da schon Kursivsetzungen wie jene im von Tina gelesenen Zeitschriftenaufsatz in Textausschnitt 26: „Im Fall der Eltern/Kind-Beziehung sehen wir erneut eine bestimmte kulturelle *Sorge*, dass diese Beziehung nicht immer und nicht zwangsläufig nicht-sexuell in dem Sinn des Sexuellen ist, wie ihn die gegenwärtige Kultur *vorgibt*." Hier werden bestimmte Grapheme durch Kursivsetzen betont und somit von anderen unterschieden. Lesende werden so darin instruiert, die Relevanz der Worte „Sorge" und „vorgibt" sinnlich und sinnhaft wahrzunehmen und die Argumentationslogik der Formulierung zu verstehen. Ähnlich ist es in den Ausschnitten 24 und 25 in Karls Text. Dort wird das Lesen durch Kursivsetzung auf dessen spezifische Perspektiven und analytische Konzepte orientiert: „In einem interplanetaren Maßstab umfasst die Situation zudem Bildschirmprojektionen und ist vielleicht tatsächlich vollständig dadurch konstituiert. Sie wird eine *projizierte Situation*. Die *elektronisch projizierte Situation* reicht weit darüber hinaus, was vor Ort und in einem normalen physischen Setting sichtbar wäre"; „Die *projizierte Situation* erlangt eine neue Dynamik durch die informationelle Steigerung des Beobachtbaren".

In Ausschnitt 24 finden sich zudem Regulative, die bestimmte Formulierungen als Zitate markieren: „Die Händler bereiten sich darauf vor, auf eine interplanetare Situation zu reagieren, indem sie schnell und ‚ohne nachzudenken‘ handeln, wenn dies erforderlich ist. Sie selbst nennen das ‚so ein Gefühl haben‘." Hier weisen die Regulative auf einen Wechsel im Produktionsformat hin: die Formulierungen sind nicht die des Autors, sondern sind Originaltöne aus dem diskutierten Datenmaterial. Andere Anführungszeichen verweisen jedoch auch auf Originaltöne literarischer Kontexte; so z. B. in Lisas Text in Ausschnitt 1 – „Regine Kranz stellt fest, eine soziologische Forschung zu ‚psychischen Störungen‘ in Arbeitsbeziehungen im Weltraum finde ‚gegenwärtig so gut wie nicht statt‘ (Kranz 2006: 453)" – und in Karls Text in Ausschnitt 15: „Wie wir alle wissen, nutzte Blaumann einen ‚interaktiven Ausgangspunkt‘ (Blaumann 1980: 5). Interaktionen definierte er als ‚das, was zwischen den Menschen entsteht‘". In Bernds Text finden sich in Ausschnitt 23 ebenfalls Worte in Anführungszeichen: „Anstatt jedoch getrennt voneinander zu bestehen – der eine Grund eher ‚biologisch‘ und der andere eher ‚kulturell‘ – sind diese Gründe eng aufeinander bezogen." Hier wird aber kein Originalton des Datenmaterials oder eines literarischen Kontexts formuliert; eher werden hier mögliche alternative Analyseperspektiven der Gegenstandsdiskussion in Form einer Kontraststruktur benannt. Auf diese Weise werden Lesende darin instruiert, solche möglichen Alternativperspektiven auf den Gegenstand als inadäquate Perspektiven zu verstehen.

Bei all den bisher genannten Regulativen handelt es sich um Formulierungen, die das Lesen vor allem über die von Krämer so bezeichnete „Schriftbildlichkeit", d. h. graphisch-visuelle Dimension von Texten orientieren (vgl. Krämer 2015). Ähnlich verhält es sich mit Abkürzungen, wie sie sich z. B. in den Kontextformulierungen von

Bernds Text in Ausschnitt 13 finden: „Eine Reihe an Studien hat gefragt, wie Reproduktionstechnologien die Wahrnehmungen von Empfängnis, Schwangerschaft und
Geburt geprägt und Vorstellung von Verwandtschaft und Geschlechterrollen verändert
haben (vgl. Charlot und Hop 1997; Schmidt u. a. 1999). In den 1990er-Jahren kamen
feministische Studien zur Reproduktionsmedizin und männlichen und technokrati-
schen Herrschaftsstrukturen hinzu (siehe z. B. Sawatzki 1994; Grünenbaum 1995;
Langenscheidt 1996)". Ähnliche Abkürzungen finden sich in den Analyseformulierungen der von Karl und Tina gelesenen Texte in den Ausschnitten 19 – „Ein dritter
Typ ist eine Interaktion in einer physischen Umgebung, in der interplanetare Medien
vorhanden sind und in der man z. B. gemeinsam vor dem Bildschirm sitzt. Ein vierter
Typ sind z. B. Videokonferenzen zwischen mehreren Teilnehmern, von denen sich
einige gemeinsam an dem einen Ort und andere gemeinsam an einem anderen Ort
befinden. Darüber hinaus finden sich noch komplexere Fälle, die Kombinationen der
genannten Merkmale beinhalten, z. B. verschiedene Kommunikationskanäle, Medien,
Relevanzen und Zielgruppen" – und 26: „So werden z. B. Fotos, die Eltern von ihren
badenden Kindern aufnehmen und anderen zeigen oder zugänglich machen, von der
Polizei und anderen als pornographisch interpretiert."

In allen Fällen handelt es sich um das, was Garfinkel und Sacks „Glossen" nennen: Formulierungen, die Bedeutungszusammenhänge auf Kurzformeln bringen und
auf diese Weise reduzieren (Garfinkel u. Sacks 1986: 164). In Bernds Text werden die
zitierten Texte mit dem „z. B." als Exemplare präsentiert, die einen ganzen literarischen Kontext repräsentieren. Das „vgl." ist dabei eine Instruktion, die zitierte Literatur als Literatur zu lesen, die für die formulierte Perspektive steht. Ähnlich ist es mit
dem „z. B." in den Texten von Karl und Tina, das die genannten Gegenstandsbeschreibungen als Repräsentationen eines umfassenderen Korpus an Gegenstandsbeschreibungen präsentiert. Gegenstände werden so, so Garfinkel, in Gattungen von
Gegenständen eingepasst (Garfinkel 1967: 21 f.). Diese Abkürzungen stützen Konstruktionen sowohl von literarischen Kontexten als auch von deskriptiven Infratexten.

Andere Abkürzungen regulieren auch stärker die Bedeutung von Formulierungen.
So z. B. in einer Formulierung im von Bernd gelesenen Text:

Textausschnitt 28

Ich verstehe den schwangeren Körper als vermittelt, d. h. als einen Effekt von Politik, Geschichte,
Institutionen und Kultur.

– d. h.

Hier leitet „d. h." eine Reformulierung des zuvor Formulierten ein. So wird eine me-
taphorische Glosse – „Körper als vermittelt" – in andere Worte reformuliert und gewissermaßen „als [...] Effekt von Politik, Geschichte, Institutionen und Kultur" aus-
buchstabiert. Der zweite Satzteil ist eine, mit Pollner, „explikative Transaktion": Eine
Sequenz, in der die Bedeutung einer vorherigen Sequenz erläutert und ausdrücklich
benannt wird (Pollner 1979: 228 f.). Solche explikativen Regulative finden sich – aus-

buchstabiert ebenso wie in Abkürzungen – immer wieder in Wissenschaftsliteratur. So auch im folgenden Textausschnitt aus dem von Tina gelesenen Aufsatz:

Textausschnitt 29

In anderen Worten: Wenn Nacktheit nicht länger in bestimmten Bereichen und Blicken erkannt und begrenzt werden kann, dann bedroht sie das Subjekt, indem sie eine angsteinflößende Begegnung mit unstabilen Signifikanten kreiert.

– In anderen Worten

Hier wird „In anderen Worten" reformuliert, was zuvor geschrieben wurde – ein Wechsel im Produktionsformat, der den Text selbst zum Original und das Folgende zur Übersetzung dieses Originals macht. „In anderen Worten" steht dabei für Redundanzen, die sich immer wieder in Wissenschaftsliteratur finden und die sich Regulativen bedienen wie „bzw.", „d. h.", „Ich meine also, dass", „Oder kurz gesagt:", „Um es zu wiederholen". Solche Redundanzen werden auch mit Formulierungen erzeugt, die Anderson „Themenführer" nennt: Wortwiederholungen und -variationen, die sich durch einen Text ziehen (Anderson 1978: 121). In Bernds Text sind solche Themenführer z. B. „Abbildung", „Aktanten", „Bilder", „Bildgebungstechnologien", „Entitäten", „Frauen", „Lebenswelten", „Narrative" und „Schwangere" bzw. „Schwangerschaft"; in Karls Text z. B. „Blaumann", „elektrisch", „elektronisch projiziert", „Ethnographie", „Handel", „Interaktion", „interplanetar", „Raum", „Zeit"; in Lisas Text u. a. „Arbeit", „biologisch", „Exo-Soziologie", „Paradigmen, „psychische Erkrankungen", „Raumflug"; und in Tinas Text u. a. „gegenwärtige Kultur", „Nacktheit", „Sexualisierung" und „Subjekt". Solche Themenführer kreieren eine thematisch kohärente und zusammenhängende Textur.

Wenn ich geschrieben habe, dass sich Regulative an der Schnittstelle zwischen der In-Text-Organisation der Literatur und der In-situ-Organisation des Lesens befinden, so meine ich damit, dass Formulierungen hier, mit Iser, einen „stromzeitlichen Fluss des Lesens" und die „Wirkungsstrukturen des Textes" vordenken (Iser 1984: 61 f., 164 f.). Regulative strukturieren das Lesen und die Lesarten von Wissenschaftsliteratur vor, indem sie schriftbildlich wie buchstäblich reformulieren, wovon ein Text handelt. In Kapitel 2 hatte ich mit Mead geschrieben, dass die Lesearbeit in Forschung, Lehre und Studium eine „objektive Realität von Perspektiven" unterstellt, d. h. davon ausgeht, dass Lesende eine „gemeinsame Perspektive" auf Literatur unterstellen (Mead 2002: 174). Regulative zielen ebenfalls auf diese objektive Realität ab: darauf, dass sich die Lesenden mit den Perspektiven des Produktions- und Publikationspersonals eines Textes identifizieren und sich diese Perspektiven zu eigen machen. Die anderen in diesem Kapitel untersuchten Formulierungen zielen ebenfalls auf diese imaginierten Lesenden ab; Regulative bilden aber jene Sorte von Formulierungen, die ausschließlich auf das Instruieren des Lesens durch und die Identifikation von Lesenden mit dem Text abzielen.

Ich hatte in Kapitel 2.2 die In-situ-Organisation des Lesens als ein körperliches Vollzugsgeschehen und als eine Beziehung zwischen dem Text als einem materialen

Objekt und dem Lesen als einer körperlichen Praxis beschrieben. Im Folgenden geht es darum, wie das Lesen auf die hier untersuchten Textgestaltungen und -formulierungen reagiert, d. h. wie aus impliziten Lesenden und Lesarten explizite werden.

4 Rezipierte Texte

Dieses Kapitel nimmt eine Eigenart der literarischen Wissenschaftskommunikation in den Blick: den Umstand, dass Wissenschaftsliteratur nur selten in ihrer publizierten Gestalt und Form gelesen wird: in der gedruckten oder digitalen Gestalt und Form eines Buches oder einer Zeitschrift. Eher wird die Literatur in Forschung, Lehre und Studium als Kopie oder Scan gelesen. Entsprechend unterscheide ich – wie zu Beginn von Kapitel 3 geschrieben – zwischen publizierter und rezipierter Wissenschaftsliteratur. In Kapitel 3 habe ich die Gestaltungen und Formulierungen der publizierten Literatur untersucht; im Folgenden geht es mir nun um die Gestaltungen und Formulierungen der publizierten Literatur im und für das Lesen: Unterkapitel 4.1 handelt von den Lesegestaltungen, d. h. von den materialen und medialen Trägern, die Lesende für ihre Arbeit an und mit Wissenschaftsliteratur nutzen; und Unterkapitel 4.2 von den Leseformulierungen, d. h. von den Graphemen, mit denen Lesende auf die Literatur reagieren.

4.1 Lesegestaltungen

Bei der Lesegestaltung handelt es sich um eine Reorganisation der publizierten Wissenschaftsliteratur für die Aufgaben, Motive und Zwecke ebenso wie für die konkreten Situationen der Rezeption. Die Lesegestaltung umfasst dabei eine Reorganisation (1) von Publikationsformaten in Rezeptionsformate und (2) von Textsequenzen in Rezeptionssequenzen. Durch die Umgestaltung von Publikationsformaten und Textsequenzen werden auch die Kommunikationskanäle von Publikationen reorganisiert.

4.1.1 Rezeptionsformate

Wie bereits in Kapitel 2 thematisiert, lesen die Forschenden, Lehrenden und Studierenden am Arbeitsbereich „Interplanetare Alltagskulturen" des Instituts für Exo-Soziologie an der Ups ihre Literatur meist als Kopien oder Scans.[1] Arno und Jule lesen z. B. Textauszüge, die Susanne, die Professorin am Arbeitsbereich, zu einem „Reader" für ein Seminar zusammengestellt hat; Bernd liest die ausgedruckte Kopie eines Sammelbandbeitrags; Marion liest für ihr Seminar, das sie gemeinsam mit Ernst hält, ausgedruckte Kopien von Kapiteln aus einer Essaysammlung und einem Handbuch; Karl, Lisa und Tina lesen ausgedruckte Zeitschriftenaufsätze für ihre Forschungs-

---

[1] Alle Datenmaterialien wurden anonymisiert und in die fiktive Szenerie einer „Exo-Soziologie" übersetzt, die verschiedene Planeten, Monde und menschliche und nichtmenschliche Lebensformen umfasst. Vgl. zur Anonymisierung Kapitel 1.4.

https://doi.org/10.1515/9783110580242-005

projekte; und Petra liest eingescannte Kapitel aus einem Buch am Bildschirm seines Computers daheim.

Das Kopieren, Scannen, Ausdrucken und Abbilden ersetzt die Schriftträger von Publikationen durch jene der Rezeption. So drucken sich Lisa und Tina ihre Texte z. B. auf „Schmierpapier", d. h. auf die Rückseite von zuvor anderweitig verwendetem Papier aus: auf alte eigene Texte und Datenmaterialien der eigenen Projekte, auf alte Gutachten von Abschlussarbeiten oder auf Evaluations- und Klausurbögen aus der Lehre. Petra scannt sich Kapitel aus einem Buch ein und liest also nicht in der gedruckten und gebundenen, publizierten Gestalt, sondern sie digitalisiert die Literatur für ihr Lesen. Buchpublikationen werden meist im Querformat kopiert und gedruckt, sodass jeweils eine linke und eine rechte Buchseite auf den Schriftträger gebracht und deren Nebeneinander somit in die Rezeptionsgestalt übernommen wird. Bernd, Lisa und Tina bringen auch Zeitschriftenaufsätze – bei denen es meist keine linke und rechte Seite, manchmal aber linke und rechte Spalten gibt – in ein Querformat mit jeweils zwei publizierten Seiten auf einer rezipierten Seite. Hier wird das Nacheinander der publizierten Seiten also durch ein Nebeneinander in der Kopie bzw. dem Ausdruck ergänzt. Arno druckt manchmal auch vier oder acht Seiten neben- und untereinander auf einem Blatt aus – dies aber nur bei Texten, die er schnell überfliegen und nicht intensiv lesen muss. Zudem bedruckt er – wenn er kein Schmierpapier verwendet – sowohl Vorder- als auch Rückseite.

Die Übertragung von Literatur von einer publizierten in eine Rezeptionsgestalt hat vor allem zwei Gründe: Zum einen recherchieren und akquirieren Forschende, Lehrende und Studierende Wissenschaftsliteratur über die Bestände der Bibliothek der Ups oder über digitale Archive im Internet. Diese Texte sind also zunächst nicht ihre Texte, sondern sind ausgeliehene Literatur. Die Übertragung auf Kopien oder Scans ist ein – rechtlich nicht immer gestatteter und mitunter umstrittener, letztlich aber allgemein beschrittener – Weg, sich diese Literatur zu eigen zu machen. Dies wiederum zu Zwecken, die mit dem zweiten Grund zusammenhängen: Wissenschaftsliteratur wird, wie in Kapitel 2.2.4 beschrieben, vor allem mit Markern und Stiften graphemisch bearbeitet; diese Arbeit hinterlässt Spuren in der Literatur. Die Übertragung auf Kopien oder Scans verhindert, dass diese Spuren in den originalen Schriftträgern erscheinen. Letzteres ist bei Bibliotheksausleihen moralisch problematisch und eigentlich meist auch untersagt: Nachfolgendes Rezeptionspersonal soll nicht durch die Spuren vorheriger Lesender irritiert werden. Aber auch in erworbenen Büchern arbeiten viele nicht gern mit Marker und Stift. So sagt Arno: „Das ist eigentlich schon so eine Schwelle. In Hardcoverbüchern male ich nicht drin herum." Bei manchen liegt diese Schwelle niedriger; bei anderen wiederum höher. So besitzt Petra eine „Theoriebibel": ein Buch, das intensive Bearbeitungsspuren in Form von Annotationen, Markierungen und Klebezetteln aufweist.

Petra liest aber vor allem digitale bzw. selbst digitalisierte Texte. So recherchiert sie, ob es die Literatur, die sie lesen möchte, in „portablen Dokumentformaten" existiert, oder sie bringt diese selbst in diese Gestalt, um sie dann am Bildschirm lesen zu können. Dies begründet sie damit, dass sie beim Lesen „rein und raus zoomen",

d. h. die abgebildete Textgröße manipulieren kann. Digitale Schriftträger sind in diesem Sinn, so Littau in Anlehnung an Bolter, „Wahrnehmungsmanipulatoren": sie ermöglichen es, die materiell-mediale Repräsentation eines Textes auf einem Bildschirm zu variieren (Littau 2006: 54; vgl. Bolter 1996: 257). Lesende werden so zu Mitgestaltern der Literatur und die Rezeption zu einem funktionalen Knotenpunkt der Textproduktion. Bei Kopien sind dieser Manipulation Grenzen durch die Größe der Schriftträger gesetzt; bei Scans liegt diese Begrenzung in der Größe der Abbildungsgeräte.

Diese Frage nach der Größe und den Grenzen der Schriftträger und Lesegeräte ist für Petra auch eine Frage nach dem „Platz" für ihre eigenen Grapheme. Auf Papier ist ihr oft „zu wenig Platz", um etwas zu annotieren. Zudem stört sie die Dreidimensionalität gebundener Bücher: „Wenn ich ein Buch hier liegen habe, dann kann ich zwar auch etwas an den Rand schreiben, aber wenn das Buch zu ist oder ich auf Seite 40 bin, dann sehe ich nicht mehr, was ich auf Seite 20 an den Rand geschrieben habe." Beim digitalen Lesen nutzt sie Apps oder Programme auf ihrem Computer, ihrem Tablet oder ihrem Smartphone, in die sie annotiert und Hyperlinks oder andere Verbindungen zwischen den Annotationen und den Textseiten herstellt. Diese Verbindungen halten ihr die Annotationen wie die Seiten unmittelbar präsent. Zudem kann sie markierte Textstellen mit einem speziellen digitalen Stift in diese Apps und Programme kopieren. Eine wichtige Funktion der Digitalisierung ist für sie zudem die Möglichkeit, nach Textstellen suchen zu können: „Oft ist es ja so, dass man in einem Text nach einer Stelle sucht und dann findet man das nicht. Man blättert und findet es ewig nicht." In eingescannten Texten kann sie diese Textstellen hingegen durch eine Suchfunktion unmittelbar ausfindig machen.

Es sind gerade diese für das wissenschaftliche Lesen charakteristischen Arbeitsweisen und Relevanzen, die durch digitale Schriftträger ermöglicht werden. Petra findet, „dass man von der Digitalisierung bei Texten eigentlich am Allermeisten profitieren kann, weil man diese Suchfunktion hat und der Text irgendwie auch viel leichter zu handhaben ist für mich." Dies ist insofern eine interessante Perspektive, als dass die Digitalisierung bezogen auf das wissenschaftliche Lesen häufig in Verfallsnarrativen diskutiert wird, die argumentieren, dass durch diese technologischen Entwicklungen Lesekulturen und Lesekompetenzen verloren gehen (vgl. Bohn 2010, Hagner 2015).[2] Petras Fall illustriert jedoch, dass Lesende durchaus in der Lage sind, digitale und andere Schriftträger gezielt einzusetzen und miteinander zu ergänzen. So nutzt sie digitale Schriftträger, wenn sie Literatur intensiv mit Marker und Stift bearbeiten muss. Gedruckte Literatur liest sie dann, wenn sie „einfach nur" lesen möchte: um sich inspirieren zu lassen, um abzuschalten oder aus einem zunächst nicht genauer benennbaren Interesse. Die unterschiedlichen Schriftträger werden von ihr also für unterschiedliche Zwecke genutzt.

---

2 Zu weniger pessimistischen Perspektiven vgl. Collins 2010; Martus und Spoerhase 2018; Littau 2006.

Mit der Übertragung publizierter Literatur in Kopien und Scans gehen weitere Umgestaltungen des Publikationsformats einher. So haben Bernd, Marion und Petra auch die ersten Seiten und die Titeleien der Bücher, aus denen ihre Texte entnommen sind, eingescannt bzw. kopiert: die Buchtitel und -untertitel, die Namen der Autor/-innen und Herausgeber/-innen, die Inhalts- und mögliche Abbildungsverzeichnisse. Bernd hat sich zudem das Literaturverzeichnis des Sammelbands herauskopiert; Marions Schriftträger umfasst die Endnoten, die hinter dem letzten Kapitel der Essaysammlung positioniert sind. Auf die Kopien des Readers, den Arno und Jule lesen, sind auf die erste Seite die Autorennamen, der Texttitel und das Publikationsjahr handschriftlich notiert: „Talheim, Petra / Bergmann, Leo (1969): Die praktische Konstitution des Alltags." Bernd hat sich neben den Autorennamen „ist Heilpraktiker" geschrieben. Bei Petra finden sich handschriftliche Annotationen des Geburts- und Todesjahrs der Autorin. Tina hat neben den Texttitel und den Namen des Autors erneut dessen Nachnamen und dann das Publikationsjahr des Aufsatzes – „Decker 2003" – und darunter einige Stichworte und Seitenzahlen annotiert: „unstabiler Sinn – 63", „→ das Flüchtige wird durch das Dokumentieren sexuell aufgeladen – 66", „→ queer studies, das sexuelle Subjekt als Illusion – 62 f.", „→ Medienanalyse / Queer Theory". Darunter steht: „ziemlich Theorie-aufgeblasen."

Diese Annotationen illustrieren: die Lesenden reorganisieren die Publikationsformate der gelesenen Literatur für eigene praktische Zwecke und werden so zu Mitgestaltern der Texte. Die Rezeption ist ihrerseits ein funktionaler Knotenpunkt der literarischen Wissenschaftskommunikation, der deren Publikationsformate in die Situation des Lesens hinein verlängert bzw. einbettet.

Im konkreten Lesevollzug werden dabei auch die Körper der Rezipierenden zu materiellen Trägern der Kommunikation. So hatte ich in Kapitel 2.2.4 beschrieben, wie Augen- und Hand-, vor allem aber auch Gedankenbewegungen sich in situ auf Texte beziehen; so sprechen die beforschten Lesenden immer wieder davon, dass sie sich mit Texten „auseinandersetzen", diese „weiterdenken" wollen und was sie dabei „denken". Lesende werden bzw. machen sich so, in Goffmans Terminologie, zu „Relais" der Informationsübertragung (Goffman 1974: 450): Wissenschaftsliteratur wird mit Augen, Händen und Gedanken ebenso wie mit Markern und Stiften gelesen. Diese verschiedenen Körperbewegungen und Geräte greifen dabei beim Lesen ineinander. Ich komme darauf in Kapitel 4.2 zurück, wenn ich thematisiere, wie Lesende graphemisch formulieren, was sie lesen. Hier ist wichtig, dass durch diese Einbettung und Bindung der Literatur in die Lesesituationen und an die lesenden Körper auch Perspektivträger reorganisiert werden. So werden die Perspektivträger der publizierten Texte konfrontiert und koordiniert mit den Perspektiven der Lesenden, die wesentlich durch die formalen Strukturen und Situationen der Textarbeit in Forschung, Lehre und Studium orientiert werden – durch die damit verbundenen Aufgaben und Arbeitsbögen, Lesemotive und -zwecke, räumlichen und sozialen Ökologien und die praktischen Vollzugsdynamiken der Rezeption. Dabei werden u. a. die Sequenzen der Textorganisation mit den Sequenzen des Lesens konfrontiert. Noch bevor Lesende den Textsequenzen mit Augen und Händen, Markern und Stiften folgen, gestalten sie sich diese Gliederungen der Literatur für eigene praktische Zwecke um. Um diesen Aspekt der Textarbeit geht es im folgenden Unterkapitel.

4.1.2 Rezeptionssequenzen

Als Rezeptionssequenzen bezeichne ich die Gliederungen von Wissenschaftsliteratur im bzw. für das Lesen. Bei online recherchierten und akquirierten Zeitschriftenaufsätzen bleibt die publizierte Sequenzorganisation der Kapitelfolgen dabei meist mehr oder minder unverändert. Dies liegt daran, dass diese Texte meist ohne die anderen Bestandteile der publizierten Zeitschrift heruntergeladen und ausgedruckt werden können: ohne die Vorworte oder Einführungen von Herausgeber/-innen und ohne die anderen Aufsätze innerhalb der jeweiligen Zeitschriftenausgabe. In Kapitel 2.1.3 hatte ich solche Publikationen in Anlehnung an Latour als „unveränderliche Mobile" bezeichnet, die im Zuge der Literaturrecherche und des Lesens in Gestalt und Form mehr oder minder erhalten bleiben (Latour 1990: 26 – 28). Dies hat sicher auch damit zu tun, dass sich Zeitschriftenaufsätze meist stärker auf bestimmte Themen und Perspektiven konzentrieren und zudem deutlich kürzer sind. Sie haben meist einen Seitenumfang von ungefähr 20 bis 30 Seiten.

Bei Sammelbandbeiträgen ist dies ähnlich. Diese zirkulieren aber meist eben als Kapitel im Kontext einer Buchpublikation. Aus diesem Kontext werden sie für das Lesen herausgelöst. Bernd z. B. hat sich seinen Text aus einem Sammelband eingescannt, auf dem PC abgespeichert und dann für das Lesen ausgedruckt. Dabei hat er die Sequenzorganisation des Sammelbands reorganisiert. So beginnt sein Scan mit den ersten drei Seiten der Titelei, die bibliographische Angaben und das Inhalts ebenso wie das Abbildungsverzeichnis der Buchpublikation umfassen. Darauf folgen das von Bernd recherchierte „Kapitel 8", das auf Seite 136 beginnt und auf Seite 155 endet, und die Seiten 205 bis 217, die das Literaturverzeichnis des Sammelbands umfassen. Für das Lesen wird dieser Scan wiederum insofern reorganisiert, als dass Bernd ausschließlich das Kapitel ausdruckt, das er lesen möchte. Er reduziert die publizierte Gliederung auf ein Kapitel des Hauptkanals und lässt alle anderen Gestaltungselemente weg. Bernds Text existiert so in drei Gestalten: in der publizierten, in der archivierten und in der gelesenen.

Marion reorganisiert die Gliederung einer Essaysammlung und eines Handbuchs, indem sie die jeweiligen Kapitel, die sie lesen möchte, einscannt und ausdruckt – bzw. von Hiwis einscannen und ausdrucken lässt. Der Ausdruck des Kapitels aus der Essaysammlung umfasst zudem noch die Endnoten am Ende des Buches, in denen die Literaturangaben zu finden sind; die Kapitel im Handbuch haben je eigene Literaturverzeichnisse, sodass Marion hier keine anderen Gestaltungselemente aus dem publizierten Buch für ihr Lesen einscannen und ausdrucken lässt. Bei beiden bleibt die innere Organisation der publizierten Kapitel in den rezipierten Texten erhalten.

Anders ist dies bei den von Arno und Jule gelesenen Readertexten. Den dort abgedruckten Buchauszug aus „Die praktische Konstitution des Alltags" hat Susanne von den Hiwis des Arbeitsbereichs „Interplanetare Alltagskulturen" so reorganisieren lassen, dass er die erste bis dritte Seite der eigentlich längeren Einleitung und dann Auszüge aus den einzelnen Kapiteln des Buches umfasst. Hier werden also Textauszüge aus verschiedenen publizierten Sequenzen herausgeschnitten und neu zusammengesetzt. Bei den meisten anderen Texten des Readers ist dies ganz ähnlich. Die Rezeptionssequenzen der von Arno und Jule gelesenen Readertexte sind also gewissermaßen Literaturkollagen. Die Kollagen transportieren aber zusätzlich meist – wie die Texte von Bernd und Marion – die jeweiligen Kapitelüberschriften und Zwischentitel in die Rezeptionsgestalt. Susannes Reader ist u. a. insofern analytisch interessant, als er deutlich illustriert, wie Lesende gegen die Kohärenzfiktionen anarbeiten, die in den in Kapitel 3.2.5 beschriebenen Wirkungsstrukturen der Textorganisation und den damit verbundenen Vorstrukturierungen des Lesens in der Produktion und Publikation von Literatur angelegt sind: Lesende reorganisieren sich diese Texte für eigene praktische Texte und machen sie so zu ihren Texten. Dabei scheint das Passungsverhältnis zwischen eher kurzen und monothematischen Sammelband- und Zeitschriftentexten und den formalen Strukturen und sozialen Situationen des Lesens größer als zwischen Letzteren und den Monographien, die sich über mehrere Kapitel und hunderte von Seiten hinziehen und dabei verschiedene Themen behandeln.

Die wichtigste Botschaft dieses Unterkapitels zielt jedoch auf einen Aspekt ab, den ich in lockerer Anlehnung und einer Bedeutungsverschiebung von Sacks und Koautor/-innen entlehne: den des „Rezipientendesigns". Die Konversationsanalyse versteht darunter „eine Orientierung und Sensitivität" von Produzenten für die Rezeptionssituation (Sacks u. a. 1974: 727). In der hier untersuchten literarischen Kommunikation findet sich dies in den in Kapitel 3 thematisierten Gestaltungen und Formulierungen von Texten für das Lesen von den verschiedenen Partizipanden der Produktion und Publikation. Mit den hier thematisierten Rezeptionsgestaltungen richte ich den Blick auf eine zweite Form des Rezipientendesigns: auf eine Gestaltung der Literatur nicht für, sondern durch Lesende und deren Orientierung und Sensitivität für ihre Strukturen und Situationen. Damit geraten nicht die implizierten, sondern die expliziten, d. h. die aktiven und konkreten Lesenden von Wissenschaftsliteratur in den analytischen Fokus. Um das, was diese Lesenden mit der Literatur in der Rezeption tun, geht es nun in Kapitel 4.2.

4.2 Leseformulierungen

Wie weiter oben geschrieben werden Lesende in der Rezeption zu wichtigen funktionalen Knotenpunkten der literarischen Kommunikation: zu Relais der Übertragung zuvor produzierter und publizierter Texte. Auf diese Weise werden die Körper der Lesenden zu materiellen Trägern ebenjener literarischen Kommunikation: die Augen-, Hand-, und Denkbewegungen und auch der Gebrauch von Markern und Stiften, mit denen Reaktionen auf die Texte graphemisch formuliert werden. Um diese Reformulierungen des Gelesenen geht es in diesem Kapitel. Ich hatte ebenfalls schon geschrieben, dass Augen, Hände und Denken ebenso wie das graphemische Formulieren im Lesen eng aufeinander bezogen sind und sich wechselseitig orientieren. Ich möchte diese Aspekte des Lesens im Folgenden entsprechend zusammen denken. Dabei unterscheide ich für analytische Zwecke zwischen zwei Weisen des Formulierens, die im konkreten Lesevollzug ihrerseits eng aufeinander bezogen sind: das Markieren und das Annotieren. Das Erstere hat mit dem sinnlichen Wahrnehmen, das Letztere mit dem sinnhaften Verhandeln und Verstehen von Texten zu tun. Auch diese Unterscheidung ist nur bedingt trennscharf; sie hilft jedoch, unterschiedliche Partizipationshaltungen des Lesens zu identifizieren.

4.2.1 Markierungen

Wie in Kapitel 2.2.4 beschrieben, markieren Lesende die Literatur, die sie für Forschung, Lehre und Studium bearbeiten, meist mit unterschiedlichen Stiften und in unterschiedlichen Farben. Sie reagieren so darauf, dass es sich bei ihren Texten um mehr oder minder eintönig gestaltete Objekte der visuellen Wahrnehmung handelt, deren Hauptkanäle aus Reihenfolgen von Schriftzeichen bestehen, die als schwarze Grapheme auf weißen Flächen gedruckt oder digital abgebildet werden. Markierungen sind Grapheme des Lesens, mit denen spezifische Textstellen visuell fixiert oder hervorgehoben werden. Bernd spricht von einer „optischen Gliederung", die die gelesene Literatur durch solche Markierungen bekommt: „Vorher sehe ich ihn nicht. Vorher ist er durchsichtig irgendwie. So hat er eine Form, so ist er greifbar, hat eine Struktur, fällt sofort ins Auge."

Das Markieren und dessen graphemische Spuren helfen Bernd und den anderen in diesem Sinn, sich in den gelesenen Texten zu orientieren. Die damit verbundenen Lesehaltungen bezeichne ich in Anlehnung an Morris als „Perzeption" und als „Manipulation". Bei der Perzeption ist das Leseverhalten darauf orientiert, eine Beziehung zum Text als Wahrnehmungsobjekt herzustellen, d. h. ihn sinnlich mit Augen und Händen zu erfassen. Dazu manipulieren Lesende die Grapheme des Textes durch eigene Grapheme. In und mit der Perzeption und Manipulation machen sich Lesende Texte zu eigen, indem sie sie graphemisch bearbeiten, bestimmen und bezeichnen (vgl. Morris 1964: 21 f.).

Wie in Kapitel 2.2.4 beschrieben, markieren die Forschenden, Lehrenden und Studierenden am Arbeitsbereich „Interplanetare Alltagskulturen" auf ganz unterschiedliche Weise: Marion z. B. nutzt meist einen Stift oder einen Marker, den sie gerade zur Hand hat, führt diesen am Text entlang und unterstreicht und kreist hier und da einzelne Formulierungen ein oder macht Striche und Ausrufe- und Fragezeichen an den Seitenrand. Ähnlich ist es bei Arno und Lisa, die vereinzelt Worte und Sätze markieren und Striche und Ausrufe- und Fragezeichen an den Rand schreiben. Tina nutzt einen Stift und einen Marker und kreist einzelne Formulierungen ein, markiert sie und schreibt Zahlen, Smileys und Ausrufe- und Fragezeichen, aber auch

Klammern und Pfeile an den Rand, mit denen sie unterschiedliche Textstellen auf einer Seite oder über mehrere Seiten hinweg verbindet. Karl arbeitet mit zwei verschieden farbigen Markern und Stiften und kreist ein, unterstreicht, markiert und zeichnet Klammern um mehrere Zeilen und Pfeile von einzelnen Textstellen an den Rand des Textes. Petra nutzt für das Markieren am Bildschirm wie auf Papier mehrere Farben und Schreibgeräte und markiert dabei, macht Kästchen und Kreise um Textstellen, Klammern an den Rand, zieht Linien zwischen unterschiedlichen Textstellen und zeichnet gerade oder wellenförmige Linien an den Rand. Bernd nutzt ebenfalls unterschiedliche Farben und Stifte und ein Lineal und markiert, unterstreicht, kreist ein, schreibt Zahlen, Pfeile und Linien und Ausrufe- und Fragezeichen oder Blitze an den Rand. Arno, Lisa und Marion markieren nur vereinzelt Textstellen, Karl und Tina schon etwas mehr. Die Texte von Bernd und Petra werden sehr intensiv und nahezu flächendeckend mit Markern und Stiften manipuliert.

Wenn solche Markierungen dem Text für Bernd „eine Form" und „eine Struktur" geben, dieser so „ins Auge" fällt, dann ist dies hier der entscheidende Punkt: Markierungen helfen Lesenden dabei, ihre Texte sinnlich – und davon ausgehend – sinnhaft zu erfassen. Die Grapheme des Lesens werden so zu Relais der Informationsübertragung, die manche Grapheme der Texte anderen gegenüber visuell hervorheben. Markierungen filtern die literarische Kommunikation, indem sie spezifische Schriftzeichen betonen. Diese Betonung bezeichne ich mit Goffman als „Animation" von Texten (Goffman 1981: 144): als ein graphemisches Vergegenwärtigen von Graphemen in der Lesesituation. Dabei wirken die Grapheme des Textes und die Grapheme des Lesens wechselseitig aufeinander ein. Dass und wie dies geschieht, möchte ich an einigen Markierungen illustrieren, mit denen Bernd die ersten Sätze der Einleitungssequenz des von ihm gelesenen Textes manipuliert.

Leseformulierungen 1

Die ersten Worte – „In diesem Kapitel" *– markiert Bernd nicht. Danach unterstreicht er dann mit Lineal und einem roten Stift:* „versuche ich die Verflechtungen von technologisch produzierten Abbildungen mit den Vorstellungen von Schwangeren nachzuzeichnen. Ich behaupte, dass beides – technische Abbildungen und soziale Vorstellungen – kontext-spezifisch ist." *Anschließend markiert er die soeben unterstrichenen Formulierungen gelb:* „versuche ich die Verflechtungen von technologisch produzierten Abbildungen mit den Vorstellungen von Schwangeren nachzuzeichnen. Ich behaupte, dass beides – technische Abbildungen und soziale Vorstellungen – kontextspezifisch ist." *Die folgenden Formulierungen markiert er nicht:* „Darüber hinaus behaupte ich, dass". *Dann unterstreicht er mit Lineal und rotem Stift:* „Abbildungen und Vorstellungen einander wechselseitig formen." *Diese Stelle markiert er dann zudem gelb:* „Abbildungen und Vorstellungen einander wechselseitig formen." *Die Worte* „Um dies zu zeigen," *markiert er nicht, die folgenden Formulierungen dann aber erneut gelb:* „bin ich dem Ultraschall an Orte gefolgt, an denen er noch nicht Standard". *Den Schluss des Satzes markiert er nicht:* „und Teil des Alltags ist." *Den folgenden Satz markiert er erneut gelb:* „Ich bin dem Ultraschall in die Lebenswelten von Menschen auf dem Mond gefolgt."

– Grapheme des Textes und des Lesens

Bernd bearbeitet den Schriftträger seines Textes hier auf unterschiedliche Weisen und mit unterschiedlichen Stiften und Farben. So schaut er erst auf den Text, beginnt dann einige Formulierungen zu unterstreichen, markiert diese dann zudem, unterstreicht wieder einige Formulierungen, die er dann wiederum zusätzlich markiert, lässt einige weitere Formulierungen unbearbeitet und markiert dann noch einige Formulierungen. Die Grapheme des Lesens markieren dabei vor allem die in Kapitel 3.2 thematisierten wesentlichen Formulierungen wissenschaftlicher Literatur; hier: die Autorisierungen und Relevanzformulierungen in der Einleitungssequenz des Textes. Vor allem die Perspektiven und Perspektivträger – das Textsubjekt und dessen Wissensbehauptungen – werden hier gegenüber anderen Textstellen betont, indem sie zunächst linear mit Lineal und Stift und dann noch einmal, d. h. rekursiv mit einem Marker bearbeitet werden. Die Textmanipulation kreiert so Redundanzen: einzelne Stellen werden wiederholt gelesen.

Wenn ich die Formulierungen wissenschaftlicher Literatur zu Beginn von Kapitel 3.2 mit Iser als Orientierungszentren habe, so bilden die Markierungen in Bernds Text Orientierungszentren des Lesens (vgl. Iser 1984: 61 f.). Seine Orientierungszentren sind dabei vielschichtiger als manch andere, d. h. die unterschiedlichen Bearbeitungsschritte und graphemischen Zeichenschichten sind redundanter und markanter, jedoch unterscheidet sich seine Manipulationsarbeit nicht grundsätzlich von der anderer Lesender. Mit den Graphemen des Markierens wird eine weitere Zeichenschicht kreiert, die die Grapheme der publizierten Texte überschreibt – Letztere bleiben in Gestalt und Form erhalten, sie werden aber durch die Grapheme des Lesens unterschiedlich betont.

Entlang dieser Grapheme entwickeln sich Orientierungszentren und Lesepfade, die an der Logik der In-situ-Organisation der Rezeption ausgerichtet sind und werden. So nutzen Lesende wie Bernd, Karl und Petra unterschiedlich farbige Markierungen für aus ihrer Perspektive unterschiedlich bemerkenswerte Textstellen. Bei Bernd z. B. entsteht im Zuge des Lesens ein Verweisungszusammenhang aus mal unterstrichenen und mal gelb, mal grün und mal rot markierten Textstellen. Unterschiedlich farbig markierte Stellen werden voneinander und von gar nicht markierten Stellen unterschieden – „rot" steht bei Bernd für „ganz wichtig" – und in gleicher Farbe markierte Stellen werden als gleich wichtig miteinander verbunden. So bearbeitet Bernd nach den Autorisierungen und Relevanzformulierungen der Einleitung auch die Kontext- und Analyseformulierungen der folgenden Textsequenzen mit unterschiedlichen Farben und Stiften und kreiert ein Netzwerk von Orientierungszentren, die Formulierungen innerhalb einer Sequenz farblich voneinander unterscheiden und über die Sequenzen hinweg miteinander verbinden. Die An- und Unterstreichungen und Linien und Pfeile, die von anderen Lesenden in deren Texten gezogen werden, kreieren ähnliche Netzwerke von Orientierungszentren – gewissermaßen graphemische Texturen, die über die publizierten Texte ausgebreitet werden.

Diese und andere Markierungen sind jedoch nicht nur Betonungen von Textstellen, sondern zugleich auch Aufzeichnungen von Lesereaktionen. So sind An- und Unterstreichungen, Einkreisungen und farbliche Markierungen, Ausrufe- und Frage-

zeichen, Blitze und Smileys und allerlei andere Grapheme auch Spuren von Kategorisierungen von Formulierungen als gut oder schlecht, interessant oder uninteressant,
relevant oder irrelevant, verständlich oder unverständlich, wichtig oder witzig etc. Mit
Rheinberger lassen sich Markierungen entsprechend als „Spurenlegespiele" wissenschaftlichen Lesens beschreiben (Rheinberger 1992: 23 f.): als Grapheme, die nicht nur
Textstellen, sondern auch Lesereaktionen zueinander in Beziehung setzen. Solche
Spurenlegespiele übersetzen die In-Text-Organisation der Literatur in die In-situ-Organisation des Lesens, indem die publizierten Texte durch Texturen des Lesens
überschrieben werden. Dies geschieht z. B. mit den Leseformulierungen im von Tina
gelesenen Zeitschriftentext.

Leseformulierungen 2

Tina markiert einige Formulierungen mit dem gelben Marker: „In anderen Worten, wenn Nacktheit
nicht länger in konkreten Zusammenhängen und durch konkrete Blicke klar bestimmt und ab-
gegrenzt werden kann, riskiert sie, das Verhalten des Subjekts zu destabilisieren, indem sie eine
beängstigende Begegnung mit unstabilen Zeichen ermöglicht." *Anschließend liest sie den letzten
Satz des Kapitels, die Überschrift und die ersten Sätze des folgenden Kapitels und markiert dann:*
„Im Fall der Eltern/Kind-Beziehung sehen wir erneut eine bestimmte kulturelle Sorge, dass diese
Beziehung nicht immer und nicht zwangsläufig nicht-sexuell in dem Sinn des Sexuellen ist, wie
ihn die gegenwärtige Kultur vorgibt." *Danach legt sie den Marker zur Seite, nimmt den Bleistift und
zieht eine Linie von der davor zuletzt markierten Stelle und beendet die Linie mit einem Pfeil. Sie
kreist* „unstabilen Zeichen" *ein, zieht einen Pfeil an den Rand und beginnt, etwas zu annotieren. Erst
an die erste und dann die zweite Textstelle.*

– Spurenlegespiel

Hier markiert Tina etwas, liest dann weiter und markiert eine andere Stelle, nur um
wieder auf die zuvor markierte Stelle zurückzukommen. Die späteren Markierungen
werden durch die früheren orientiert und auf diese zurückbezogen. So wird die gegenwärtige mit einer vergangenen Textmanipulation in Beziehung gesetzt. Dies geschieht graphemisch durch Markierungen, Linien und Pfeile. Diese Grapheme sind
ihrerseits aber auch Aufzeichnungen von Gedankenbewegungen durch den Text:
Beim Lesen der gegenwärtigen Stelle erinnert sich Tina an die vergangene und vergegenwärtigt sich diese erneut.

Was sich in den Köpfen von Lesenden neuronal abspielt und wie Texte dort ap-
präsentiert bzw. repräsentiert werden, ist eine interessante Frage, die ich aus meiner
soziologischen Perspektive jedoch nicht beantworten kann.[3] Ich denke jedoch, dass
dies für mein analytisches Vorhaben nicht nötig ist: Mit Markierungen und anderen
Grapheme zeigen Lesende sich selbst und anderen, dass und wie sie auf Texte reagieren. So stellt Tina die Verbindung zwischen den Textstellen und ihren Lesereaktionen gerade auch graphemisch her. Texte werden wesentlich in Gedanken erfasst;
das wissenschaftliche Lesen ist aber u. a. deshalb ein interessantes Analyseobjekt, als

---

3 Vgl. zum Stand der neurowissenschaftlichen Leseforschung u. a. Schrott u. Jacobs 2011; Wolf 2007.

sich die Texterfassung hier nicht zuletzt auch in Graphemen vollzieht. In Tinas Fall geschieht dies durch Spuren, die sie mit Markierungen, Linien und Pfeilen aufzeichnet. Zudem nummeriert sie die Gegenstandsbeschreibungen des gelesenen Textes durch und schreibt sich Zahlen an den Rand. Ähnlich macht dies Bernd mit den einzelnen Narrativen, die in seinem Text analytisch zunächst beschrieben und dann diskutiert werden. Damit stellt er Verbindungen zwischen unterschiedlichen Sequenzen und Stellen des Textes her, die es ihm ermöglichen, dessen Organisation zu erfassen. Arno verbindet „manchmal nur die Hauptsätze, wenn da fünf Nebensätze reingeschachtet sind." Dann zieht er einen „Textmarkerstreifen, der den Kernsatz verbindet." Auch er nutzt also Markierungen, um sich Textzusammenhänge zu erschließen.

Wie die Leseformulierungen von Bernd und Tina illustrieren, vollzieht sich diese Texterfassung dabei nicht einfach linear entlang der Sequenzorganisation der publizierten und in Rezeptionsform gebrachten Literatur; vielmehr bewegt sie sich zwischen einzelnen Sequenzen und Stellen hin und her und vor und zurück. So betont Tina z. B. die zuvor gelesene Textstelle erneut, nachdem sie eine folgende Textstelle gelesen hat. Ähnliche Bewegungen lassen sich in Marions Leseformulierungen finden.

Leseformulierungen 3

Marion liest auf Seite 126: „Die Folgen von Papiermaterialien und Schreibtechnologien für das Monopol, das die Kirche ausübte, zeigte sich in der". *Dann nimmt sie einen gelben Marker und markiert* „zunehmenden Bedeutung der Alltagssprache". *Dann liest sie eine Weile, ohne zu markieren. Irgendwann blättert sie um, liest, und markiert dann eine Formulierung im ersten Absatz auf Seite 127:* „Das kyrillische und glagolitische Alphabet, die entwickelt wurden, um die heiligen Schriften und Liturgien allgemein zugänglich zu machen." *Sie liest eine Weile. Setzt sich dann ein wenig auf, blättert zurück auf Seite 126 und markiert Formulierungen im letzten Absatz:* „Das Lesen der Bibel wurde wichtiger und die Kirche wurde eine große Grundschule." *Dann schaut sie eine Weile auf den Text, blättert wieder vor und liest an der zuvor bearbeiteten Stelle weiter.*

– gegenwärtiges und vorheriges Lesen

Wie bei Tina, so informiert auch bei Marion das gegenwärtige und vorheriges Lesen. Eine Stelle, die sie zuvor nicht graphemisch betont hat, erscheint ihr nun retrospektiv bemerkenswert, sodass sie diese nun markiert. Dass Lesende Textstellen zunächst nicht als bemerkenswert erachten, ist nicht ungewöhnlich. So sagt Petra, dass Wissenschaftspublikationen „kompliziert sind oder kompliziert aufgebaut sind" und man nicht immer „so genau weiß, was meint er da jetzt oder auf was bezieht er sich, gegen wen argumentiert er da jetzt." Das „muss man irgendwie aushalten können." Sie und die anderen Forschenden, Lehrenden und Studierenden lesen entsprechend oft prospektiv, d. h. sie lesen über nicht unmittelbar erfassbare Textstellen hinaus und setzen darauf, dass sich deren Bedeutung beim Lesen folgender Textstellen retrospektiv ergibt. Viele Fragezeichen, die Lesende an ihre Texte annotieren, erübrigen sich entsprechend oder werden einige Zeilen oder Seiten später mit Ausrufe- und anderen Zeichen beantwortet. Diese „retrospektiv-prospektive Überprüfung" von Bedeutungen

ist es, die Garfinkel zufolge die „dokumentarische Methode der Interpretation" ausmacht: ein Verhalten, das nach Mustern in der Objekterfassung sucht und einzelne
Bestandteile oder Wahrnehmungen als Hinweise auf das Muster behandelt und das
Muster wiederum aus den einzelnen Bestandteilen und Wahrnehmungen zusammensetzt. Beides – die einzelnen Bestandteile und das alles umfassende Ganze
– konstituieren sich gegenseitig (Garfinkel 1967: 78, 93).

Diese retrospektiv-prospektive Bewegung des Lesens und die Animation von
Formulierungen kreiert also Orientierungszentren, die zunächst eine sinnliche
Wahrnehmung und – davon ausgehend – aber vor allem ein sinnhaftes Verhandeln
und Verstehen von Wissenschaftsliteratur ermöglichen. Letzteres – das Verhandeln
und Verstehen – bildet sich graphemisch insbesondere in Annotationen ab, die ich im
folgenden Unterkapitel als Relais der Informationsbe- und -verarbeitung thematisiere.

4.2.2 Annotationen

Einige der zuletzt thematisierten Markierungen greifen u. a. auch auf Ausrufe-, Frage-
und andere Schriftzeichen zurück. Solche schriftlichen Grapheme bezeichne ich im
Folgenden als „Annotationen": als geschriebene Formulierungen von Lesereaktionen
an den Seitenrändern von Publikationen. Diese werden – aufgrund ihrer Randstellung
– mitunter auch als „Marginalien" bezeichnet (vgl. Manguel 2004: x). In der im vorherigen Unterkapitel angeführten Terminologie bei Morris nehmen Lesende mit ihren
Annotationen eine Haltung der „Konsumption" ein, in der sie Texte auf sich wirken
lassen, sie beurteilen und ihnen eine spezifische Bedeutung geben (vgl. Morris 1964:
22).

Manche Annotationen bestehen dabei aus einem oder einigen wenigen Zeichen: z. B. aus den erwähnten Ausrufe- und Fragezeichen, aus Punkten und Strichen,
aus Blitzen und anderen Symbolen oder aus Mischformen wie „?!" oder „...?". Oft
finden sich auch Annotationen wie z. B. „OK", „okay?", „ja klar!", „nein!", „Was soll
das?", „oh je" oder „sic". Solche Annotationen sind graphemische Spuren oftmals
spontaner situativer Lesereaktionen. Daneben finden sich aber mindestens noch zwei
weitere Formen von Annotationen: Paraphrasen und Diskussionen. Bei Paraphrasen
handelt es sich um Formulierungen, mit denen Gelesenes herausgeschrieben, und bei
Diskussionen um Formulierungen, mit denen Gelesenes gedanklich und graphemisch
verhandelt wird. Einige Paraphrasierungen des Gelesenen finden sich z. B. in den
Leseformulierungen, die Bernd an eine Gegenstandsdiskussionen des von ihm gelesenen Textes annotiert.

Leseformulierungen 4

Bernd liest: „Ursula Kohls Geschichte illustriert, dass." *Dann unterstreicht und markiert er gelb:*
„die Körper von Frauen auf dem Mond geteilte Orte von menschlichen und nicht-menschlichen
Entitäten sind." *Nach der Betonung liest er weiter:* „Ursula Kohl beschreibt ganz explizit." *Er legt
den gelben Marker zur Seite, greift zum roten Marker und unterstreicht bzw. markiert dann:* „wie

Menschen zu diesen Entitäten kommen – durch das Essen von Mondstaub, einer allgegenwärtigen Praxis von schwangeren Frauen." *Den Schluss des Satzes und die Literaturangaben markiert er nicht:* „auf dem Erdtrabanten (Hainer 2000)." *Danach unterstreicht und markiert er rot:* „Ihre Geschichte erwähnt auch einige implizite Gründe für diesen geteilten Körper: die Respektlosigkeit gegenüber den Anweisungen der Eltern und die Sorglosigkeit ihrer Verwandten." *Anschließend unterstreicht er den folgenden Satz:* „Anstatt jedoch getrennt voneinander zu bestehen – der eine Grund eher ‚biologisch' und der andere eher ‚kulturell' – sind diese Gründe eng aufeinander bezogen." *Er legt Lineal und Stift zur Seite, greift zu einem blauen Stift und annotiert neben die zuerst markierte Stelle:* „Körper als Ort für verschiedene ‚Entitäten'". *Und darunter:* „Gründe sind‚biologische' + ‚kulturelle'". *Danach kreist er eine Formulierung zu Beginn der Gegenstandsdiskussion rot ein:* „die Körper von Frauen auf dem Mond geteilte Orte von menschlichen und nicht-menschlichen Entitäten sind." *Daneben annotiert er ein rotes Ausrufezeichen.*

– Paraphrasen

Hier paraphrasiert Bernd einige Textstellen, die er zuvor mit verschiedenen Stiften, Markern und einem Lineal bearbeitet hat. Dabei schreibt er die Formulierungen des Textes mal im Originalton und mal in Übersetzung heraus. Die Originaltöne sind zum Teil in Anführungszeichen gesetzt: „Entitäten", „biologische" und „kulturelle"; die Worte „Körper" und „Ort" ebenso wie „Gründe" sind nicht in Anführungszeichen gesetzt. Bernds Annotationen folgen auf seine Betonungen von Textstellen. Die Spurenlegespiele der Markierungen und die Paraphrasierungen der Annotationen stimulieren einander jedoch wechselseitig: Bernd annotiert den Text nachdem er ihn markiert hat; und nach den Annotationen markiert er eine der zuvor betonten Textstellen erneut. Perzeption, Manipulation und Konsumption sind also eng aufeinander bezogene Leseorientierungen. Die Beurteilung und Bedeutungsgebung geschieht dann mittels der Redundanzen, die die Markierungen und Annotationen durch die rekursiven Lesebewegungen erzeugen: Die zuvor animierte und betonte Textstelle wird erneut animiert und betont und in deren Relevanz durch einen roten Kreis und ein rotes Ausrufezeichen nochmals hervorgehoben.

Diese Paraphrasen im Originalton und in der Übersetzung sind graphemische Reduktionen des gelesenen Textes: Glossen, die die Formulierungen des Textes in kürzere Reformulierungen des Lesens transkribieren. Solche graphemischen Reduktionen finden sich in den meisten gelesenen Texten. Es handelt sich bei diesen Annotationen um Relais der Informationsübertragung, die sowohl aus dem Text heraus als auch in ihn hinein verweisen: sie übertragen die im Lesen als wesentlich erachteten Grapheme im Originalton oder in der Übersetzung an den Textrand; und die Marginalie indiziert in einer Kurzformel, was im gelesenen Text ausführlicher formuliert ist. Beide – der publizierte und der paraphrasierte Text – sind in ihrer Bedeutung aneinandergebunden.

Die Wechselwirkungen zwischen den Animationen des Textes im Markieren und den Reaktionen des Lesens im Annotieren ebenso wie zwischen Publikation und Paraphrase verweisen auf den hier entscheidenden Punkt. Sowohl die spontanen graphemischen Lesereaktionen als auch die Paraphrasen und Diskussionen des Gelesenen sind, so habe ich an anderer Stelle gemeinsam mit Engert in Anlehnung an

Goffman geschrieben, graphemische Züge in einem Sprachspiel, die auf vorherige Züge reagieren – auf die Schriftzüge des Textes (Engert u. Krey 2013: 379; vgl. Goffman 1981: 24). Die Spurenlegespiele des Markierens und die Grapheme des Annotierens reagieren auf ihre Texte und deren Formulierungen als Perspektivträger und als kommunikative Gegenüber. Dies zeigt sich z. B. bei Jule, die bei ihren Markierungen und Annotationen recht systematisch vorgeht, indem sie für beides unterschiedlich farbige Stifte nutzt: hellbau für „wichtig" und dunkelblau für „Definition". Daneben nutzt sie noch einen roten Stift für „Kritik".

Leseformulierungen 5

Jule unterstreicht hellblau: „Das Gespräch ist ein Beispiel dafür, wie im Alltag eine sozial organisierte Person entsteht." *Den folgenden Satz unterstreicht sie nicht. Den folgenden dann aber dunkelblau:* „Das Gespräch ist eine soziale Situation des Alltags, die Reaktion des Hörenden auf den Sprechenden eine soziale Struktur." *Neben die unterstrichene Stelle schreibt sie:* „Gespräch ist soziale Situation." *Dann liest sie:* „Kinder müssen erst zu Personen werden." *Dann unterstreicht sie rot:* „Sie haben noch keine feste Persönlichkeit." *Das Folgende unterstreicht sie nicht:* „Sie werden erst im Spracherwerb zu sozialen Wesen." *Anschließend notiert Jule rechts an den Rand:* „Das ist aber sehr gestellt. Ich glaube das geschieht auch anders. Beim Spielen. Abschauen und Nachmachen und so."

– Paraphrasieren und Diskutieren

Hier nimmt Jule zwei unterschiedliche Lesehaltungen ein: Sie vollzieht die Formulierungen des Textes nach und macht sich ihn paraphrasierend zu eigen, indem sie ihn mehr oder minder im Originalton übernimmt. Und sie hinterfragt das Gelesene, indem sie es erst rot hervorhebt und dann mit ihren Annotationen kritisiert. Dabei zeigt sich eine Systematik, die so oder so ähnlich auch bei anderen Lesenden zu finden ist: In aller Regel wird erst markiert und dann annotiert. Annotiert wird meist nur, was zuvor markiert wurde; jedoch wird längst nicht alles, was markiert wurde, dann auch annotiert. Vielmehr ist das Markieren und Annotieren eine mehrfache graphemische Reduktion des Textes: Selbst Lesende wie Bernd, die sehr viel markieren und annotieren, markieren und annotieren lediglich einen – mal größeren und mal kleineren – Teil des Textes und betonen ihn insofern nur auszugsweise; und in den paraphrasierenden Annotationen werden Texte dann noch einmal auf Kurzformeln oder Stichworte reduziert. Besonders interessant ist Jules Annotation aber durch den Gebrauch der Wörter „Ich glaube". Damit formuliert sie eine eigene Perspektive und nimmt dem Text und dessen Perspektivträgern gegenüber eine Haltung ein, die Manguel als „Konversation" bezeichnet. Diese Konversation wird „lautlos durch die Worte einer Seite befördert [...]. Gewöhnlich wird die Reaktion des Lesers nicht aufgezeichnet, aber oft empfindet ein Leser das Bedürfnis, einen Stift zu nehmen und in den Marginalien eines Textes zu antworten" (Manguel 2004: x).

Dieser „lautlose Dialog" entspricht Meads Konzept der „inneren Konversation": einer sinnhaften Bestimmung von Objekten in Gedanken, die über sozial vorhandene Symbole wie z. B. Schriftzeichen vermittelt wird. In und mit dieser inneren Konversation werden Wahrnehmungs- zu Wissensobjekten, d. h. zu Objekten einer „reflexiven Haltung", in der das Verstehen zum Bezugspunkt des Verhaltens wird (Mead 1938: 6 f., 16 f.). Beim Lesen ist diese „innere Konversation" insofern dialogförmig, als das Markieren Formulierungen des Textes für die und in der Rezeptionssituation animiert und vergegenwärtigt und das Annotieren eigener Formulierungen auf den Text als ein kommunikatives Gegenüber reagiert und an dessen Perspektiven sinnhaft anschließt. Es handelt sich hierbei aber nur bedingt um eine „innere" Konversation, da die Formulierungen des Textes und des Lesens nicht nur in Gedanken, sondern auch graphemisch auf den jeweiligen Schriftträgern der Kopien und Scans der Literatur kommuniziert werden. Wie dies geschieht, lässt sich an einigen von Karls Leseformulierungen nachvollziehen.

Leseformulierungen 6

Karl markiert einige Formulierungen gelb: „Eine wesentliche Frage, die ich stellen möchte, ist, wie wir Blaumannianische und andere interaktionistische Annahmen überdenken können, um mit Situation umzugehen, die genuin interplanetar sind und nicht angemessen durch existierende sonnensystemische und planetarische Paradigmen erfasst werden." *Dann blickt er auf den Text:* „Ich beginne diese Fragen mithilfe." *Dann markiert er gelb:* „zweier Konzepte." *Anschließend markiert er diese Formulierung erneut orange:* „zweier Konzepte." *Er liest:* „zu beantworten: dem der." *Dann markiert er orange* „projizierten Situation." *Er liest:* „und dem der." *Das folgende Wort markiert er wiederum orange:* „Zeitdilatation." *Danach legt er den Marker zur Seite, greift zum Stift und annotiert:* „→ 2 zentrale Begriffe:" *Und darunter:* „projizierte Sit." *Und darunter:* „Zeitdilatation." *Dann etwas weiter darunter:* „→ gute Idee?" *Und darunter:* „→spez. Sit. oder." *Und darunter:* „nicht jede?" *Und schließlich zwischen* „Zeitdilatation" *und* → gute Idee?" *erst:* „→ spez. emp. Blick", *und dann:* „„interplanetare Situation'". *Die letzte Annotation ist in Anführungszeichen gesetzt.*

– innere/äußere Konversation

Hier engagiert sich Karl in einer dialogförmigen Reflexion der zuvor linear und rekursiv betonten Formulierungen des Textes. Er tut dies, indem er das Gelesene zunächst paraphrasiert und dann einige Fragen formuliert. Den Fragen sind – wie auch den Paraphrasen zuvor – Pfeile vorangestellt, die vom Gelesenen auf das Annotierte verweisen: „→ gute Idee?", „→ spez. Sit. oder nicht jede?". Die Abkürzungen reagieren einerseits auf die Begrenzungen der Kopie als Schriftträger; sie sind aber anderseits – bei Karl wie bei den anderen Forschenden, Lehrenden und Studierenden – Grapheme, die sich im Laufe der Lesebiographie eingelebt haben. Jule nutzt ab und an z. B. auch spanische Schriftzeichen, die sie sich bei einem Studienaufenthalt in Madrid angeeignet hat. Vor allem aber nimmt Karl hier unterschiedliche funktionale Knotenpunkte der literarischen Kommunikation ein und bezieht diese wechselseitig – d. h. dialogförmig – aufeinander: Er animiert die Textperspektiven als kommunikative Gegenüber und reagiert auf deren Formulierungen aus der Perspektive des Rezipienten. Auf diese Weise begibt er sich in eine Konversation mit den Gestaltungen und Formulierungen der Kopie des Textes und den eigenen Gedanken und Graphemen als Relais der Schriftkommunikation.

Karls Leseformulierungen sind zunächst auf ein Identifizieren von und mit den Perspektiven des Textes orientiert. Die linear-rekursiven Betonungen und Paraphrasen des Gelesenen dienen ihm als Dokumente ebendieser Perspektiven, die an der angeführten Stelle erstmals und dann im weiteren Verlauf verschiedentlich im Text formuliert und von Karl markiert und annotiert werden. Die Orientierung, die sich in Karls Leseformulierungen findet, habe ich in Kapitel 2.1.2 mit Mead als „Rollenübernahme" bezeichnet: als eine Übernahme der Perspektiven anderer in das eigene Verhalten. In und mit dieser Rollenübernahme findet zugleich eine Selbstbestimmung statt: eine Positionierung des Selbst in Bezug auf die von anderen übernommenen Perspektiven (Mead 1925: 268). Die Fragen, die Karl formuliert, entsprechen dem, was die Konversationsanalyse „Prüfprozeduren" nennt. Dabei handelt es sich um ein Suchen nach Hinweisen dafür, ob und wie die eigene Leseart „korrekte Versionen" der Formulierungen des Textes bildet (McHoul 1982: 24, 29 f.). An anderen Stellen des Textes formuliert Karl ähnliche Fragen wie „alle Situationen projektiert?", „interplanetar = projiziert?", „Punkt gegen Blaumann?". Tina formuliert ähnliche Fragen an den Text, z. B. „unbekleidet gleich nackt?". Nicht alle Frageannotationen sind Prüfprozeduren. Manche Fragen sind zudem eher unmittelbare Lesereaktionen oder rhetorisch, so etwa „Aha?" oder „Nee, oder?".

Entscheidend ist, dass Karls Annotationen seine Lesarten zunächst linear und rekursiv dokumentieren, dann diskutieren und allmählich korrekte Versionen des Textes aus Perspektive des Lesens formulieren. Diskutierende Annotationen bilden so Schaltstellen bzw. Schnittpunkte der Perspektiven der Texte beim Lesen. Dies wirft die Frage auf, welche Perspektiven beim Lesen eingenommen werden. Die Publikationsformate von Wissenschaftsliteratur, so hatte ich in Kapitel 3.1.1 geschrieben, sind durch unterschiedliche Perspektivträger gekennzeichnet: u. a. durch Autor/-innen, durch Forschungsobjekte und die Methoden und Theorien einer Disziplin. Diese unterschiedlichen Perspektivträger können beim Lesen alle zum Gegenüber werden, d. h. zu Perspektivträgern, die und mit denen sich Lesende identifizieren. So diskutiert Karl sowohl unterschiedliche Konzepte als auch zitierte literarische Referenten im gelesenen Text – „Punkt gegen Blaumann?" Tina hinterfragt eine Analyseformulierung: „unbekleidet gleich nackt?" Und Jule bringt alternative Forschungsgegenstände ins Spiel: „Ich glaube das geschieht auch anders. Beim Spielen. Abschauen und Nachmachen und so." Bernd markiert und annotiert immer wieder auch die „Narrative", die in seinem Text als figurative Gegenstandsbeschreibungen formuliert werden. So identifiziert er sich mitunter auch mit den Forschungsobjekten als Perspektivträgern. Vor allem paraphrasiert und diskutiert er aber auch die Autorisierungen und Relevanzformulierungen des Textes.

Leseformulierungen 7

Bernd unterstreicht und markiert: „Ich möchte zu Studien beitragen, die untersuchen, wie Körper in Praxis gemacht werden (vgl. Dur und Recht 2009), anstatt sie als immer gleich vorzustellen. Ich möchte sie als durch Politik, Geschichte, Institutionen und Kultur vermittelt untersuchen." *Daneben annotiert er:* „‚Den Körper' gibt es nicht. Wie Körper sind, ist kontingent, kult-spezifisch."

Zwischen Marginalie und Text annotiert er ein Ausrufezeichen. Anschließend unterstreicht und markiert er: „Ich frage, wie Technologien und Schwangere einander begegnen. Wie werden sie auf dem Mond gemacht?" *Daneben annotiert er:* „stark voraussetzungsreich. Er geht von Technologien und Schwangeren aus".

– Autor-Leser-Konversation

Hier etabliert sich eine literarische Beziehung, die von den meisten Studien zur Wissenschaftsliteratur als die prototypische kommunikative Konstellation dargestellt und beforscht wird: die Beziehung zwischen Autor/-innen und Leser/-innen (vgl. u. a. Anderson 1978: 120 – 124; Myers 1985: 596, 610). Mir ist jedoch wichtig zu betonen, dass dies nur eine, wenn auch eine wichtige Beziehung unter verschiedenen ist, die aber immer graphemisch vermittelt wird. Im angeführten Beispiel annotiert Bernd zunächst Formulierungen, die durch Pronomen der ersten Person Singular auf ein Autorsubjekt verweisen; anschließend übersetzt er den Originalton des Geschriebenen aber unmittelbar in eigene Worte. „Den Körper" setzt er in Anführungszeichen; die folgende Annotation ist dann eine Reformulierung des Gelesenen: „Wie Körper sind, ist kontingent, kult-spezifisch." Auf diese Weise reperspektiviert er den Autor als Perspektivträger, indem er das Vokabular, in dem der Text formuliert ist, in das Vokabular seiner Leseformulierungen übersetzt. Bernd übernimmt so zwar die „Rolle" bzw. die Perspektiven des Autors als kommunikativem Gegenüber; Bernd nimmt aber selbst diese Rolle ein, indem er diese Perspektiven selbst formuliert – „Er geht von Technologien und Schwangeren aus." Zu den so reformulierten Perspektiven geht er auf eine kritische Distanz: „stark voraussetzungsreich." Eine ähnliche Leseformulierung findet sich in Tinas Annotationen des Gelesenen.

Leseformulierungen 8

Tina unterstreicht: „Die Instabilität der Kontexte sorgt für ein Abgleiten der nicht-sexuellen Nacktheit in erotisierte Sexualität und für ein entsprechendes Sehen von Nacktheit durch andere, ob diese anderen nun gegenwärtig sind oder Repräsentationen wie Filme oder Fotographien betrachten." *Danach annotiert sie:* „Er tut ja gerade so, als laufe das alles selbstverständlich ab. Alles gleitet ab. Alles geschieht natürlich. ,Instabilität der Kontexte'. ,Nacktheit in erotisierter Sexualität'."

– plurale Perspektiven

Wie Bernd, so reformuliert und reperspektiviert auch Tina die Perspektiven des Textes. Dabei nutzt sie ein Personalpronomen an einer Stelle, an der sich im Text keines findet. Sie identifiziert die Formulierungen mit einem Textsubjekt: „Er tut ja gerade so, als laufe das alles selbstverständlich ab. Alles gleitet ab. Alles geschieht natürlich." Unmittelbar darauf wechselt sie aber in eine andere Lesehaltung: in die Paraphrase. Wie Bernd, Jule, Karl und die anderen Forschenden, Lehrenden und Studierenden wechselt Tina dabei immer wieder zwischen Evaluationen und Diskussionen des Gelesenen auf der einen Seite und Paraphrasen der Textperspektiven auf der anderen. Beides bedingt sich dabei wechselseitig. So schreibt sie, nachdem sie die angeführte

Textstelle markiert und annotiert hat, an die zuvor gelesene Stelle: „1.", etwas darunter „2." und dann an die zuletzt bearbeitete „3.". Dann annotiert sie hinter „1.": „Aus- und Einblenden", hinter „2.": „sexualisierte Matrix" und hinter „3": „Instabilität der Kontexte". Ihr gegenwärtiges Lesen hat also ihr Verstehen zuvor gelesener Textstellen informiert. Die korrekte Version des Textes ent- und besteht in dieser linearzirkulären dokumentarischen Lesemethode.

Wichtig an Tinas Leseformulierungen ist darüber hinaus, dass sie trotz der negativen Evaluation des Gelesenen weiterhin die Perspektiven des Textes und der Träger ebenjener Perspektiven übernimmt, paraphrasiert und diskutiert. Dies deutet darauf hin, dass in diesem Spurenlegespiel des Lesens nicht nur die Beziehung zwischen Text und Tina bestimmt und beschrieben wird. Vielmehr ist ihr Lesen und ist das Lesen der anderen Forschenden, Lehren und Studierenden in die in Kapitel 2.1 thematisierten formalen Strukturen wissenschaftlicher Arbeit eingelassen. Sie und die anderen lesen aus bestimmten Gründen und Motiven und zu bestimmten Zwecken. Und über diese formalen Strukturen ragen weitere Perspektiven in die literarische Konversation hinein. Diese Perspektiven bewegen Lesende dazu, die Textarbeit unabhängig ihrer Evaluation des Gelesenen fortzusetzen.

Karl und Tina markieren und annotieren ihre Texte z. B. vor allem für die eigene Forschung: Tina für ihre Doktorarbeit und Karl für ein Projekt und einen Vortrag – und daneben aber auch für ein Seminar, in dem er den Text mit Studierenden diskutiert. Einige von Tinas Annotationen sind unmittelbar auf die Verwertung des Textes für ihre Doktorarbeit ausgerichtet: „Decker 2003", „unstabiler Sinn – 63", „→ das Flüchtige wird durch das Dokumentieren sexuell aufgeladen – 66", „→ queer studies, das sexuelle Subjekt als Illusion – 62 f.", „→ Medienanalyse / Queer Theory", „ziemlich Theorie-aufgeblasen". Diese Formulierungen hat sie nach dem Lesen auf die erste Seite des Textes annotiert, d. h. es handelt sich hierbei um Paraphrasen und Lesarten, die sie im Lesevollzug entwickelt hat. Dazu kommen Literaturangaben und Seitenzahlen ebenso wie eigene Kontextualisierungen – „→ Medienanalyse / Queer Theory" und eine Evaluation des Textes als „ziemlich Theorie-aufgeblasen". Wie in Kapitel 2.1.2 geschrieben, nutzt Karl seinen Text u. a., um über sein eigenes Projekt nachzudenken. Entsprechend annotiert er an eine Stelle: „Wo ist der Körper in der Projektion?" und „Wie kann man da Ethnographie" machen?", „Körperwissen", „wie greift didaktisches Grundmoment dann". Lisa, die für ihre Magisterarbeit liest, schreibt „Kopper, Lanz, Hutch" an einer Stelle an den Rand. Dabei handelt es sich um Autor/-innen von Texten, die sie zuvor gelesen hat und an die sie sich beim gegenwärtigen Lesen erinnert. Auch Karl und Tina schreiben sich manchmal Autor/-innennamen an die Textränder. Karl liest vor allem aber auch für ein Seminar und markiert und annotiert entsprechend Stellen, die für ihn eine „Diskussionsrelevanz" für das Seminar haben. Auch Bernd liest für seine eigene Forschung und für die Lehre. Für Letztere schreibt er, wie auch Tina, nachträglich einige Formulierungen auf die erste Seite seines ausgedruckten Textes: „Die ‚Message' der Sonographie ist Ergebnis lokaler, kultureller Produktion", „Verbindung von Bild und Vorstellung", „Sichtbarmachung", „Sonographie verdrängt nicht Traditionen auf dem Mond, sondern interagiert damit",

„verschiedene Entitäten in den Körpern zu finden". Jule markiert und annotiert „wichtige" Stellen und „Definitionen" und „Kritik" für ein Seminar, das sie besucht, um sich auf die Diskussion des Textes dort vorzubereiten.

Hier übernehmen die Lesenden nicht nur die Perspektiven der Texte und definieren und positionieren sich dazu selbst. Diese Rollenübernahme wird durch eine parallel laufende weitere Rollenübernahme orientiert: durch die Reperspektivierung des Lesens und des Gelesenen durch die Forschungs-, Lehr- und Studienarbeit. Jule, Karl und Bernd orientieren sich – ebenso wie Arno und Marion – an ihrer eigenen Rolle und an anderen Rollen in der Seminarsituation; und Karl und Bernd orientieren ihr Lesen zudem an zukünftigen Perspektiven und Situationen des Schreibens. Wie Lisa und Tina lesen sie ihre Texte also nicht zuletzt auch aus der Perspektive von Schreibenden. Diese, so Garfinkel, „operationalen Zukünfte" sind vielleicht vage, sie sind aber wichtige Bezugspunkte der gegenwertigen Praxis (Garfinkel 1967: 97). Die Forschenden, Lehrenden und Studierenden nehmen also Perspektivwechsel vor, indem sie immer wieder von unterschiedlichen funktionalen Knotenpunkten der literarischen Wissenschaftskommunikation her lesen.

In gewisser Weise reproduzieren die hier thematisieren Markierungen und Annotationen die Orientierungszentren der Texte: Markierungen betonen und dokumentieren gelesene Formulierungen und machen sie so relevant – es handelt sich also gewissermaßen um Relevanzformulierungen und um Leseinstruktionen. Annotationen paraphrasieren gelesene Formulierungen, identifizieren und diskutieren Perspektiven und Perspektivträger und reperspektivieren das Gelesene im Lesen und auf operationale Zukünfte des Lesens – es handelt sich also gewissermaßen um Autorisierungen, mal deskriptive und mal diskutierende Analyseformulierungen und um Kontextformulierungen. Vor allem aber schaffen Markierungen und Annotationen eigene Orientierungszentren, die die Orientierungszentren der Texte auf den Schriftträgern des Lesens graphemisch überschreiben. Weiter oben hatte ich geschrieben, dass die Rezeption von Texten in Form von Kopien und Scans und die Spurenlegespiele des Markierens und Annotierens die In-Text-Organisation der Literatur in die Insitu-Organisation des Lesens übersetzen. Durch die Reperspektivierung des Gelesenen auf zukünftige Textarbeiten wird beides wiederum auf und durch formale Strukturen und soziale Situationen der Praxis orientiert – hier: der Forschungs-, Lehr- und Studienpraxis am Arbeitsbereich „Interplanetare Alltagskulturen" am exo-soziologischen Institut der Universität von Utopia Planitia.

Charakteristisch für all diese Strukturen und Situationen ist, dass das Lesen und die Literatur dort in andere, eigenlogische kommunikative Sozialzusammenhänge und deren Partizipationsrahmenwerke eingespannt werden: im Sprechen mit Kolleg/-innen und Studierenden oder im Schreiben über Gelesenes in eigenen Texten. Um diesen kommunikativen Austausch über Literatur mit anderen geht es im folgenden Kapitel.

5 Geteilte Literatur

Wissenschaftsliteratur wird in aller Regel gelesen, um darüber mit anderen in Kolloquien, auf Tagungen oder in Seminaren zu sprechen oder um sie für die eigene Forschung zu nutzen. Letzteres beinhaltet meist, dass die gelesene Literatur auf die eine oder andere Weise im Schreiben von Anträgen, Arbeitspapieren, Aufsätzen, Büchern, Doktorarbeiten, Qualifikationsschriften etc. referiert und zitiert wird. Auch dieses Schreiben ist auf andere orientiert: auf ein mehr und weniger scharf umrissenes Publikum; mitunter auch auf das Selbst als Rezipient/-in des eigenen Textes. In diesem Sprechen und Schreiben wird anderen mitgeteilt, was wie gelesen wurde. Auf diese Weise werden Literatur und Lesarten der Literatur mitgeteilt und geteilt, d. h. zu Objekten von Sozialbeziehungen in der wissenschaftlichen Arbeit und in einzelnen Disziplinen gemacht.

Um diese Praxis geht es im folgenden Kapitel: um mit anderen geteilte und anderen mitgeteilte Lesarten und um wissenschaftliche Texte als gemeinschaftliche Objekte. Ich unterscheide dabei Besprechungen und Beschreibungen von Literatur: einen verbalen kommunikativen Austausch mit anderen in sozialen Situationen auf der einen Seite und einen textuellen kommunikativen Austausch mit anderen im Schreiben auf der anderen.

5.1 Besprechungen

Bei Besprechungen unterscheide ich zwischen informellen und formellen sozialen Situationen. Zu den informellen Situationen gehören Gespräche in Bibliotheken, Büros, Wohngemeinschaften, auf Fluren etc., in denen Lesende sich mit ihnen bekannten anderen über Literatur unterhalten; zu den formellen gehören Diskussionen von Literatur in Kolloquien, Seminaren, Tagungen und anderen Sozialzusammenhängen, die durch ein öffentliches oder halböffentliches Partizipationsrahmenwerk charakterisiert sind. Im Folgenden konzentriere ich mich auf Bürogespräche und Seminardiskussionen als paradigmatische Fälle informeller und formeller Situationen.

5.1.1 Bürogespräche

Wie in Kapitel 2.2.2 beschrieben, bilden die Büros, in denen die Forschenden, Lehrenden und Studierenden lesen, mal mehr und mal weniger in sich geschlossene Arbeitsumgebungen: vertraute Reservate und Territorien, in denen Beziehungen der Koexistenz und Kopräsenz entstanden sind. Diese Beziehungen ermöglichen und begrenzen das Lesen, und auch das Sprechen über Gelesenes, auf je spezifische Weise.

https://doi.org/10.1515/9783110580242-006

In Bürogesprächen werden Lesarten und wird Literatur vor allem in Form von spontanen Lesereaktionen und von Gesprächen bzw. Gesprächsangeboten (mit-)geteilt.

Unter spontanen Lesereaktionen verstehe ich das, was Goffman als „Reaktionsäußerungen" bezeichnet: unmittelbare gestische, mimische und meist auch verbale Äußerungen von Reaktionen auf Gelesenes (Goffman 1981: 99). Marion, die sich ein Büro mit Bertha teilt, schüttelt beim Lesen manchmal den Kopf, zieht die Augenbrauen hoch, gestikuliert mit den Händen, atmet tief ein oder aus, schnauft, seufzt oder sagt leise: „Boah!", „Hä?", „Mmh", „Oh Gott!", „Okay?" oder „Versteh ich nicht". Manchmal spricht sie auch leise Formulierungen des gelesenen Textes nach. Ähnlich ist es bei Karl und Tina, die mitunter auch kurz lächeln oder auflachen oder mit der Zunge schnalzen. Mit solchen Äußerungen reagieren sie auf Texte und deren Perspektivträger als kommunikative Gegenüber, sie tun dies aber in einer sozialen Situation, d. h. in Anwesenheit anderer. Goffman zufolge sind diese Lesereaktionen jedoch nicht situational, sondern lediglich situativ: sie ergeben sich nicht aus der Dynamik der sozialen Situation, sondern aus den Vollzügen der literarisch vermittelten Kommunikation. Lesende sind in ihre Texte vertieft und diese Vertiefung macht sich situativ bemerkbar (Goffman 1981: 84 – 86).

Marion und Bertha sitzen einander gegenüber, so dass Bertha auch Marions nonverbale Reaktionsäußerungen mitbekommt. Ähnlich ist es bei Bernd und Petra. Wie Bernd sagt, entwickeln die Bürokolleg/-innen „eine große Toleranzbreite" während der gemeinsamen Anwesenheit, die es ermöglicht, viele Reaktionsäußerungen zu überhören. Zugleich eröffnen manche Reaktionsäußerungen aber auch Gespräche über das Gelesene; dies, weil sie entweder als Gesprächsangebote oder -aufforderungen geäußert oder aber als solche verstanden werden. Solche Gespräche entstehen und entwickeln sich z. B. immer wieder während Marions Lesearbeit in Berthas Anwesenheit.[1]

> *Bürobesprechung 1*
>
> *Marion liest, seufzt irgendwann kurz und sagt leise:* „Essay. Boah." *Dabei schüttelt sie den Kopf und schaut weiter auf den Text. Bertha schaut von ihrer Arbeit am Computer auf, sieht Marion an und sagt:* „Ist nicht so gehaltvoll?" *Marion schaut weiter auf den Text und antwortet:* „Ich verstehe irgendwie nichts. Ich streif bloß so drüber." *Bertha schaut weiter Marion an und sagt:* „Liest du für dein Raumding?" *Marion sagt leise:* „Ja." *Sie schaut weiter auf den Text. Bertha schaut sie noch kurz an, schaut dann wieder auf ihren Bildschirm.*
>
> *– Reaktionsäußerung als Gesprächseröffnung*

Marion und Bertha sitzen zu diesem Zeitpunkt schon eine Weile gemeinsam im Büro und arbeiten still vor sich hin. Marions Äußerung versteht Bertha als Angebot oder als Aufforderung zum Sprechen. Sie versteht Marions Äußerung als ersten Zug in einem

---

1 Alle Datenmaterialien wurden anonymisiert und in die fiktive Szenerie einer „Exo-Soziologie" übersetzt, die verschiedene Planeten, Monde und menschliche und nichtmenschliche Lebensformen umfasst. Vgl. zur Anonymisierung Kapitel 1.4.

sprachlichen Austausch. Berthas anschließender Zug macht Marions vorhergehenden Zug zu einer Gesprächseröffnung, auf die sie mit einem eigenen Redebeitrag reagieren kann. Sie nimmt sich also das Mandat zu Sprechen (Sacks 1974: 231; Sacks u. a. 1974: 703 f.). Durch Marions Äußerung und Berthas Folgezug wird Marions Lesen von etwas Situativem zu etwas Situationalem, von einer literarischen Kommunikation in Berthas Anwesenheit in der Bürosituation zum Objekt der Interaktion zwischen Marion und Bertha. Die Literatur ist dabei auch Thema – „Essay. Boha.“; „Ist nicht so gehaltvoll?“ –; vor allem geht es hier aber darum, wie und wozu Marion liest. Deren fortlaufende Immersion in den Text versteht Bertha dann als Signal zur Beendigung des Gesprächs.

Einige Zeit später setzt Marion dann dieses Gespräch fort.

Bürobesprechung 2

Sie schaut auf den Text, schnauft und sagt dann: „Boah. Was ein Text.“ *Bertha schaut sie an und lacht. Marion schaut auf den Text und sagt:* „Ich mein, das Konzept des Weltraums. Also, er fängt irgendwie an: 4.500 vor Christus in Ägypten haben Leute sich mit Raumfragen beschäftigt. Und ab und zu kommt kryptisch und enigmatisch das Konzept des Weltraums in irgendwelchen Sätzen.“ *Marion schaut Bertha an und lacht. Bertha lacht und sagt:* „Aber wie und wieso weißt du nicht.“ *Darauf antwortet Marion:* „Naja, also es geht um Lehm und irgendwie war Lehm wichtig im Nildelta und Lehm als Medium für Schrift natürlich.“ *Darauf Bertha:* „Natürlich!“ *Beide lachen und Marion fährt fort:* „Ich hab jetzt 15 Seiten gelesen und der Typ kommt jetzt bei der Ilias und der Odyssee an. Und ich mein, klar, brauch mer gar net drüber rede, wie? Desch weiß doch jedes Kind. Und dann kommen so Sätze in Anführungszeichen und man weiß nicht wieso. Und ich glaube, der Typ ist eine große Nummer in der Raumforschung, klar. Und ich habe den Text halt ausgesucht, weil der ‚Das Konzept des Raums‘ hieß.“ *Darauf antwortet Bertha:* „Aber du verstehst nicht wirklich, wie.“ *Marion schaut auf den Text und liest vor:* „Der Verlauf des Nils im Norden und die wiederkehrenden Überschwemmungen waren Ursachen für den Bau von künstlichen Deichen und Kanälen. Die Bodenbeschaffenheit der Region war zudem eine wichtige Grundlage der Nutzbarmachung von Lehm.“ *Marion schaut auf und sagt:* „Hallo?“ *Darauf Bertha:* „Und jetzt änderst du deine Meinung über den Text?“

– informelle Literaturbesprechung

In dieser Gesprächssequenz wird die Literatur selbst zum Gegenstand der Interaktion zwischen Marion und Bertha. Indem Marion die Formulierungen der Textperspektiven im Originalton und in Paraphrase zitiert, übersetzt sie dabei die Grapheme des Gelesenen in die Phoneme des Gesprochenen und die literarische Kommunikation, an der sie vom Knotenpunkt der Rezeption her partizipiert, in die Sozialbeziehungen mit Bertha als Kollegin im Büro und am Arbeitsbereich „Interplanetare Alltagskulturen“.

Mit dieser Übersetzung der Grapheme der literarischen Kommunikation in die Phoneme der verbalen Interaktion sind verschiedene Reperspektivierungen verbunden. Zunächst wird der formale Sprachgebrauch des schriftbasierten Diskurses in den öffentlichen Publikationsforen und -formen einer Wissenschaftskultur auf diese Weise in den informellen Sprachgebrauch des alltäglichen Austauschs unter Kolleg/-innen in Büro- und anderen Umgebungen übertragen (Gilbert u. Mulkay 1980: 285 – 287; 1984: 39 f.). Solche Umgebungen bilden, so hatte ich in Kapitel 2.2.2 in Anlehnung an Goffman geschrieben, „Informations-“ und „Konversationsreservate“ (Goffman

1971: 38 f., 40 f.). Dort leben die Forschenden, Lehrenden und Studierenden offen die eigenen Arbeitsgewohnheiten aus und reden über die Literatur und eigene Lesarten. Dies hat zur Konsequenz, dass – für die Analyse, aber auch für die analysierte Praxis selbst – Aspekte der Textarbeit expliziert werden, die sonst eher außen vor bleiben. So thematisieren Marion und Bertha offen Marions Nichtwissen und ihre Verstehensprobleme – „Und ab und zu kommt kryptisch und enigmatisch das Konzept des Weltraums in irgendwelchen Sätzen", „Aber wie und wieso weißt du nicht" – und ebenso mögliche Fehlleistungen bei ihrer Literaturrecherche und -auswahl: „Und ich habe den Text halt ausgesucht, weil der ‚Das Konzept des Raums' hieß", „Aber du verstehst nicht wirklich, wie".

Die Literaturbesprechung zwischen Marion und Bertha weist Strukturähnlichkeiten mit dem auf, was Bergmann als „Klatschkommunikation" bezeichnet: als eine kommunikative Rekonstruktion der Äußerungen oder Verhaltensweisen von Abwesenden durch zwei oder mehrere Anwesende. Erstere sind die „Klatschobjekte" und Letztere die „Klatschproduzenten" und „Klatschrezipienten"; alle drei Rollen oder Positionen bilden zusammen eine, so Bergmann, „Klatschtriade". Den Klatsch zeichnet aus, dass die „Ereignisrekonstruktion" mit einer „Typisierung" und „Moralisierung" des Klatschobjekts durch Produzierende und Rezipierende einhergeht (Bergmann 1987: 66 f., 167). Marion typisiert, indem sie beim Sprechen über das Gelesene einen Wechsel linguistischer Codes vollzieht.[2] Sie reagiert auf Formulierungen des Textes in einem regionalen Dialekt – „klar, brauch mer gar net drüber rede, wie? Desch weiß doch jedes Kind" – und übersetzt die Textperspektiven so in einen Alltagssprachgebrauch und figuriert den Perspektivträger nicht als Wissenschafts-, sondern als Alltagsperson. Der Text wird so von einem Objekt des argumentativ begründeten und nachvollziehbaren Räsonierens im Wissenschaftsdiskurs zu einem Objekt unbegründeter und nicht-nachvollziehbarer Vorannahmen und Voraussetzungen im Alltagsdiskurs. Bei alledem machen sich Marion und Bertha über den Text und dessen Perspektivträger lustig und unterminieren das Prestige des „Typs", der als Autor des gelesenen Textes fungiert. Die Moralisierung ist, dass auch „eine große Nummer in der Raumforschung" nicht „kryptisch und enigmatisch" Konzepte und literarische Referenten wie die „Ilias" und die „Odyssee" auftauchen lassen darf, sondern die Bedeutungszusammenhänge, in denen sie im Text stehen, benennen muss. Macht ein Autor das nicht, ist dessen Status als „große Nummer" fragwürdig.

Derartige Typisierungen und Moralisierungen finden immer wieder im informellen Sprechen über Wissenschaftsliteratur statt. So bezeichnet Jule Texte, die sie für ein Seminar lesen muss, als „MOZ-Gedächtniskolumnen". Dabei handelt es sich um Texte einer ihrer Professorinnen, die u. a. Kolumnen in der „Marsianischen Morgenzeitung" veröffentlicht und diese Kolumnen auch als Literatur ihrer Seminare auswählt. Jule typisiert diese Texte als unwissenschaftlich und moralisiert die Literaturauswahl ihrer Professorin als nicht adäquat für ein universitäres Seminar.

---

2 Zu linguistischen Code-Wechseln vgl. Blom u. Gumperz 1972; Goffman 1981: 127 f.

In einem anderen Fall sagt Bernd über den von ihm gelesenen Text: „Das sind mindestens 25 Stellen, an denen er sagt, was er in dem Text machen will, und dann macht er es nicht. Der eiert nur herum." Bernd artikuliert so seinen Unmut, dass in dem von ihm gelesenen Text immer wieder die Relevanz der Perspektiven ebenjenes Textes formuliert wird, diese Perspektiven dann im weiteren Textverlauf aber nicht analytisch-argumentativ nachvollziehbar genutzt werden. Damit artikuliert er Moralvorstellungen, die auch in dem Gespräch zwischen Marion und Bertha angedeutet werden, und die ich in Anlehnung an Sacks als „Ökonomie-" und als „Konsistenzregeln" literarischer Wissenschaftskommunikation bezeichnen möchte (vgl. Sacks 1974: 219, 225 f.). Den Ökonomieregeln zufolge sollten einige wenige Formulierungen ausreichen, um Lesenden die Perspektiven von Texten nachvollziehbar und verständlich zu machen. Den Konsistenzregeln zufolge sollten die Formulierungen eines Textes ein sinnhaftes Ganzes ergeben. Bernds Text hält diese beiden Regeln seiner Lesart zufolge nicht ein: er formuliert immer wieder Perspektiven, „eiert" ansonsten aber „nur herum", d. h. die Perspektiven werden nicht kohärent und konsequent analytisch genutzt. Eine Maxime aus den US-amerikanischen Schreibschulen, mit der sich Bernds Reaktion auf den von ihm gelesenen Text paraphrasieren lässt, lautet: „Sag es nicht, zeig es" (McGurl 2009: 98 f.).

Mit solchen Typisierungen und Moralisierungen der Literatur geht eine Reperspektivierung einher, die darin begründet ist, dass Lesende sich von ihren Positionen und Rollen als Rezipierende distanzieren (vgl. Goffman 1974: 297). So wird in dem Gespräch zwischen Marion und Bertha aus Marions dyadischer Kommunikation mit dem Text als Gegenüber eine triadische Kommunikation mit Bertha als Gegenüber und dem Text als Thema. Sie verhält sich so nicht mehr in der literarischen Kommunikation, sondern in der Situation. Die Beziehung zwischen Text und Rezipientin wird in eine andere Sozialbeziehung, nämlich in die zwischen zwei Arbeits- und Bürokolleginnen eingespannt.

Das Gespräch zwischen Marion und Bertha ist dabei nicht nur Klatsch, sondern auch eine scholastische Kommunikation, in der die Bedeutung von Formulierungen verhandelt wird. So äußert Marion zunächst, dass das „Konzept des Weltraums" „kryptisch und enigmatisch [...] in irgendwelchen Sätzen" formuliert wird. Darauf entgegnet Bertha: „Aber wie und wieso weißt du nicht." Diese Antwort nimmt Marion dann zum Anlass, um Formulierungen und deren Bedeutung zu paraphrasieren. Diese Gesprächskonstellation ist ein, mit Amann und Knorr Cetina, „Vehikel des Denkens" (Amann u. Knorr Cetina 1989: 6 f.). Marion artikuliert ihr Unverständnis, Bertha reagiert mit einer Aufforderung, dieses Unverständnis zu explizieren, und Marion kommt dieser Aufforderung nach. Bertha fungiert als Gegenüber für die in Kapitel 4.2.2 thematisierte Suche nach einer „korrekten Version" des gelesenen Textes und den damit verbundenen Prüfprozeduren.

Im Meadschen Vokabular ist Bertha eine konkrete andere, an deren Haltungen und Perspektiven Marion ihr Lesarten orientiert, um zu generalisierbaren Haltungen und Perspektiven dem Text gegenüber zu gelangen (Mead 1925: 268 f., 272). Das Gespräch zwischen beiden ist ein Sprachspiel, das Marions Denken unterstützt. Das bedeutet, dass die Sozialbeziehung zwischen Marion und Bertha nicht an die Stelle der Beziehungen der literarischen Kommunikation tritt, sondern beide einander informieren: Der Text ist Thema des Gesprächs und das Gespräch Vehikel des Lesens. Eine ähnliche Wechselwirkung findet sich in Literaturbesprechungen zwischen Tina und Karl.

Bürobesprechung 3

Tina schaut auf ihren Text und ruft leise „Ha!". Karl schaut weiter auf den von ihm gelesenen Text. Tina schaut ebenfalls weiter auf ihren Text und sagt: „Würstchen. Nee, oder?" *Beide schauen weiter auf ihre Texte. Dann lacht Tina leise. Darauf schaut Karl dann auf und Tina an:* „Scheint ja lustig zu sein." *Tina schaut vom Text auf, schaut Karl und sagt:* „Das Argument ist, dass es so klassische Bereiche gibt, in denen Nacktheit entsexualisiert ist. Zum Beispiel, wenn Kinder nackt sind und die Eltern schauen ihnen beim Baden zu, dann ist das ganz klar nicht sexuell. Und die These ist, dass das in jüngster Zeit aufbricht. Zum Beispiel, dass immer öfter irgendwelche Fotolabore Anzeige erstatten gegen Eltern, die Fotos von badenden Kindern machen. In einem Fall war das, als ein Junge und ein Mädchen beim Baden Würstchen gegessen haben." *Karl schaut Tina an, antwortet nicht. Darauf ruft Tina aus:* „Ach so! Würstchen! So als Phallus oder Dildo oder so. Ist doch albern!" *Karl schmunzelt, wendet sich wieder seinem Text zu. Nach einem Moment sagt Tina:* „Und dann zitiert er da noch seine Doktorandin. Das geht gar nicht! Ist eine schreckliche Type. Mit der habe ich mal auf einer Tagung geredet." *Karl schaut auf und antwortet:* „Wieso, ist doch nett." *Darauf Tina:* „Mit dem Zitat?" *Karl schaut wieder auf seinen Text, nickt und sagt:* „Ja, schon". *Darauf macht Tina* „Mmh" *und liest weiter.*

– literarische und Bekanntschaftsbeziehungen

In gewisser Weise ist auch diese Literaturbesprechung im Büro ein Vehikel des Denkens. So versteht Tina beim Lesen zunächst nicht die Bedeutung des Würstchens in der Gegenstandsbeschreibung. Ihre Nacherzählung des Textes Karl gegenüber bringt sie dann auf den Gedanken, dass das „Würstchen" im Text als Fall einer Sexualisierung von Nacktheit angeführt wird: „Ach so! Würstchen! So als Phallus oder Dildo oder so." Zu dieser Analyseformulierung geht sie zugleich auf kritische Distanz: „Ist doch albern!" Tina engagiert sich hier in etwas, was sich mit Kleist als „allmähliche Verfertigung der Gedanken beim Reden" beschreiben lässt. So schreibt Kleist an seine Zeitgenossen: „Wenn Du etwas wissen willst und es durch Meditation nicht finden kannst, so rathe ich Dir, mein lieber, sinnreicher Freund, mit dem nächsten Bekannten, der Dir aufstößt, darüber zu sprechen. [Ich meine es nicht so], als ob Du ihn darum befragen solltest, nein! Vielmehr sollst Du es ihm selber allererst erzählen" (Kleist 1878: 3). Tina nutzt Karl als „nächsten Bekannten", dem sie ihre Lesereaktion erzählen und so über den Text räsonieren kann.

Das Partizipationsrahmenwerk lässt diese allmähliche Verfertigung der Gedanken beim Reden allerdings nur bedingt zu. Zum einen steht Karl Tina nur bedingt als Rezipient ihrer Leseäußerungen zur Verfügung. Er ist in seine eigene Textarbeit vertieft und reagiert zu Beginn gar nicht auf Tinas Redezüge. Erst nach Tinas drittem Anlauf schaut Karl von seinem Text auf und reagiert mit einer Frage, die Tina zum Erzählen einlädt. Tina hat sich so von Karl eine Redeerlaubnis eingeholt (vgl. Sacks 1974: 231). Wie in Kapitel 2.2.2 beschrieben, bilden die Büroarbeitsplätze nicht nur kollegiale Gesprächs- und Informationsreservate, sondern auch Territorien der individuellen Forschungs-, Lehr- und Studienarbeit. In die Territorien der Kolleg/-innen mit eigenen Arbeiten einzudringen, ist nur in begrenztem Umfang möglich. Sich zu sehr auszubreiten, wird mitunter als Grenzverletzung oder -überschreitung wahrgenommen. Entsprechend muss Tina ihren Redebedarf erst anmelden und sich dann von Karl das Rederecht zubilligen lassen. Die Sozialbeziehungen und Partizipationsrahmenwerke von universitären Bürosituation begrenzen also die Möglichkeiten, dort mit anderen Anwesenden über Gelesenes zu reden. Literaturbesprechungen haben hier oftmals einen eher beiläufigen Charakter.

Hinzu kommt, dass das Gegenüber in Bürosituationen die thematisierte Literatur nur bedingt oder gar nicht kennt. Wie Marion den Text erst durch Paraphrasen des Gelesenen für Bertha vergegenwärtigen muss, muss das auch Tina für Karl machen; und dies geht aus eben genannten Gründen eben nur bedingt. Entsprechend fungieren andere Anwesende in Bürosituationen oft eher als passive Rezipient/-innen, die für kurze Leseäußerungen, nicht aber für ausführliche Diskussionen der Literatur zur Verfügung stehen. Aufgrund solcher Belesenheitsunterschiede wird in Büros nur bedingt über Literatur diskutiert. Anders ist dies, wenn andere Anwesende die gelesene Literatur kennen; dann kann es situational auch zu ausgedehnten und kontroversen Literaturbesprechungen kommen. Am beforschten Arbeitsbereich gibt es einige Texte und Autor/-innen, die allgemein bekannt sind und über die immer wieder formell wie informell geredet wird. Dabei werden diese Texte und Autor/-innen dann zu Objekten von disziplinären und professionellen, mitunter aber auch zu Objekten von Klatsch- und anderen Alltagsbeziehungen.

Im Gespräch zwischen Tina und Karl vermischen sich diese Perspektiven auf Literatur. So denkt Tina beim Reden über den Text nach, sie bietet Karl dann aber auch an, über den Text zu klatschen, indem sie intime Informationen über einen literarischen Referenten des gelesenen Textes preisgibt: „Und dann zitiert er da noch seine Doktorandin. Das geht gar nicht! Ist eine schreckliche Type. Mit der habe ich mal auf einer Tagung geredet." „Das geht gar nicht!" bezieht sich dabei auf den Umstand, dass der Autor des Textes eine Doktorandin zitiert – ob dies nun „eine schreckliche Type" ist oder nicht. Zumindest weist Karls Reaktion darauf hin, dass er diesen Redezug so versteht, indem er das Zitat als nette Geste des Autors kategorisiert. Tina fragt darauf hin nach, ob sie Karl richtig verstanden hat, und nimmt dessen Bestätigung dann mehr oder minder hin.

Wie Marions moralisierende Typisierungen des Autors des von ihr gelesenen Textes – „Und ich glaube, der Typ ist eine große Nummer in der Raumforschung, klar" – weisen auch Tinas Redezüge über die Zitation der Doktorandin auf einen wesentlichen Aspekt des informellen Sprechens über Wissenschaftsliteratur hin. Lesende teilen hier anderen mit, was für Texte sie wie gelesen haben und wie sie diese Texte verstehen und beurteilen – epistemisch oder moralisch, zustimmend oder ablehnend etc. Sie reden mit anderen über Wissenschaftspublikationen als gemeinschaftlich geteilte Objekte einer Disziplin und nicht zuletzt als Produkte anderer Mitglieder ebenjener Disziplin bzw. anderer Partizipanden der literarischen Kommunikation. Der

Autor von Marions Text „ist eine große Nummer" und die Autorin, die im von Tina gelesenen Text zitiert wird, eine „Doktorandin" und „schreckliche Type". Einerseits vergemeinschaften solche Gespräche die Literatur; andererseits machen sie die Partizipanden der Textproduktion und -rezeption zu dem, was Bazerman als „literarische Gemeinschaft" bezeichnet: zu einer Gemeinschaft, die Erwartungen und Modi in Bezug auf die literarische Kommunikation und Publikation teilt (Bazerman 1988: 63, 79).

In Büro- und ähnlichen Gesprächen regulieren die formalen Strukturen und sozialen Situationen der alltäglichen wissenschaftlichen Arbeit, wie über Literatur geredet werden kann; in aller Regel hat das situative Arbeitsgeschehen und das, was die Anwesenden vor Ort tun, Vorrang; die Literaturbesprechungen müssen sich an die Grenzen halten, die diese Strukturen und Situationen ihnen auferlegen – sie stehen nicht im offiziellen Hauptfokus vor Ort, sondern finden meist auf Seitenkanälen statt. Anders ist dies im Fall von Seminar- und ähnlichen Gesprächen. Hier steht der Austausch über Lesarten von Literatur im Mittelpunkt des Geschehens. Man redet nicht über Literatur, während man eigentlich anderes tut, sondern trifft sich, um über Literatur zu reden.

5.1.2 Seminargespräche

Ich hatte in Kapitel 2.1.3 geschrieben, dass sich das Lehren und Studieren am Arbeitsbereich „Interplanetare Alltagskulturen" vor allem über das Lesen von und das Sprechen über Wissenschaftspublikationen in Seminaren vollzieht. Die Literatur wird dabei als schriftliche Repräsentation der Diskurse und Wissensstände einer Disziplin und zugleich als didaktisches Objekt des Lehrens und Studierens ebenjener Diskurse und Wissensstände verstanden und genutzt. In Seminargesprächen steht die Literatur also – anders als in Büro- und verwandten Situationen – im offiziellen Hauptfokus des Geschehens. Damit geht einher, dass die Anwesenden über die formalen Strukturen des universitären Lehrens und Studierens auf die eine oder andere Weise dazu verpflichtet sind, im Seminar etwas zur Literaturbesprechung beitragen zu können. Wie in Kapitel 2.1.3 thematisiert, zwingt diese curriculare Orientierung des universitären Lesens die Lehrenden und Studierenden also dazu, die Literatur bis zu Beginn des Seminars gelesen zu haben oder im Seminar so zu wirken, als hätten sie sich angemessen vorbereitet. Während die Literaturbesprechungen meist in Büros im Vollzug des Lesens stattfinden, ist Letzteres eine – unterstellte – operationale Vergangenheit der Seminarsituation.

Mit der Literaturbesprechung in Seminaren gehen unterschiedliche, aufeinander bezogene Reperspektivierungen einher: Die Lesenden nehmen hier die Haltung von Lehrenden und Studierenden ein, die die Literatur mit-, vor- und füreinander präsentieren und diskutieren. Diese Textpräsentationen und -diskussionen sind zwei unterschiedliche Formen des (Mit-)Teilens von Literatur, die organisatorisch mal auf unterschiedliche Perspektiven und Positionen im Partizipationsrahmenwerk und mal auf unterschiedliche Redebeiträge und Sequenzen im Seminarverlauf aufgegliedert sind.

Die Verpflichtung dazu, sich an der Besprechung des Gelesenen im Seminar zu beteiligen, beinhaltet, dass sich die Lehrenden und Studierenden die Kopien und Scans ihrer Literatur in aller Regel mit ins Seminar bringen. Die Literatur ist dort also auf unterschiedlichen Materialen und Medien präsent. Zum offiziellen Hauptfokus wird sie aber durch „Präsentationen" oder „Referate" zu Beginn der Sitzung, die einige Minuten, eine halbe oder ganze Stunde und manchmal auch länger dauern können. In aller Regel werden diese Präsentationen oder Referate von Studierenden gehalten, die sich für die jeweiligen Sitzungen bzw. Texte freiwillig gemeldet haben oder diesen zugeteilt wurden. Mit solchen Präsentationen entsteht ein, mit Goffman, „gemeinsamer Aufmerksamkeitsfokus" auf die Literatur in der Situation (Goffman 1981: 71). Wie sich solche Präsentationen – und daran anschließend auch die Diskussionen der präsentierten Literatur – vollziehen können, analysiere ich im Folgenden an Beispielen aus einer Seminarsitzung, in der Bertha als Lehrende gemeinsam mit Studierenden über einen Text zur „Xeno-Soziographie" spricht, bei der es sich um eine gegenwärtig prominente Methoden- und Theorieschule der Exo-Soziologie handelt. Nach einer kurzen Begrüßung durch Bertha, die die Sitzung eröffnet, beginnen Dora und Jule den Text zu präsentieren.

Seminarbesprechung 1

Dora beginnt zu reden: „Ja, hallo erstmal. Wir fangen dann mal an. Also, meine Erfahrung war, dass der Text relativ schwierig zu lesen war. Vom Verständnis und von der Sprache her, aber auch, wie das Ganze angeordnet war. Und wir haben uns gedacht, dass wir erstmal versuchen, pro Kapitel einen wichtigen Begriff aufzuschreiben und den dann als Aufhänger zu benutzen für die Diskussion. Dass wir die gesammelten Begriffe dann in Beziehung setzen. Und dass wir so vielleicht alle auch einen Gewinn daraus ziehen können." *Dann schaut Dora Jule an und fragt:* „Magst du schreiben?" *Und Jule antwortet:* „Ja."

– Textorganisation und Seminarorganisation

In Doras Redezug werden verschiedene Aspekte der Textpräsentation sichtbar. Zunächst einmal findet die Vergegenwärtigung von Literatur in Seminaren oft sowohl phonemisch als auch graphemisch statt. So möchten Dora und Jule „pro Kapitel einen wichtigen Begriff" zunächst benennen und dann aufschreiben. Jule hat sich, während Dora gesprochen hat, an die Tafel gestellt und ein Stück Kreide genommen. Die Tafel ist, so Röhl, „ein Medium des ‚öffentlichen' Denkens und Darbietens": ein physisches Ding im Seminarraum, mit dem sich Objekte graphemisch abbilden, betonen und thematisieren lassen (Röhl 2013: 100 f.). Auf diese Weise entstehen in der Literaturbesprechung im Seminar sowohl phonemische als auch graphemische Aufmerksamkeitszentren zwischen den Anwesenden und den unterschiedlichen mitgebrachten Schriftträgern. Andere häufig genutzte Medien in Seminaren sind Computer oder Notebooks, Beamer oder Flipcharts.

Wenn Dora und Jule die benannten und aufgeschriebenen Begriffe „dann als Aufhänger [...] benutzen für die Diskussion", zeigt sich hier ein zweiter wichtiger Aspekt: Beide sind darum bemüht, die In-Text-Organisation der Literatur in die In-situ-Organisation des Seminars zu übertragen bzw. durch das Benennen und Beschreiben von wichtigen Formulierungen des Textes die Besprechung ebenjenes Textes zu strukturieren. Dora und Jule orientieren sich in ihrer Präsentation an der Gliederung der Literatur: „[W]ir haben uns gedacht, dass wir erstmal versuchen, pro Kapitel einen wichtigen Begriff aufzuschreiben und den dann als Aufhänger zu benutzen für die Diskussion." Solche Nacherzählungen des Gelesenen entlang von Kapiteln, Absätzen und Formulierungen finden sich oft in Textpräsentationen. Auf diese Weise wird die Sequenzorganisation der Literatur mit der Sequenzorganisation von Seminargesprächen koordiniert. Dabei scheint zunächst die Sequenzorganisation der Literatur die des Seminars zu beeinflussen.

Ein dritter, wichtiger Aspekt ist die fortwährende Reperspektivierung der Textarbeit, die mit der Präsentation des Gelesenen beginnt und sich dann auch durch den weiteren Seminarverlauf zieht. Dora spricht zunächst in der ersten Person Plural aus der Perspektive der kollaborativen Präsentation mit Jule – „Wir fangen dann mal an" – und wechselt dann aber unmittelbar in ihre eigene Perspektive: „Also, meine Erfahrung war, dass der Text relativ schwierig zu lesen war. Vom Verständnis her, aber auch, wie das Ganze angeordnet war." Auch hier bringt Dora eine starke Orientierung an der In-Text-Organisation der Literatur zum Ausdruck: an den in Kapitel 3 thematisierten unterschiedlichen Ebenen der Gestaltungen – „wie das Ganze angeordnet war" – und der Formulierungen „der Text [war] relativ schwierig zu lesen". Vor allem aber wechselt sie zwischen der Perspektive der Präsentierenden und der Perspektive der Rezipientin des Textes. Anschließend wechselt sie wieder die Perspektive und nimmt zunächst die der Präsentation gemeinsam mit Dora – „Und wir haben uns gedacht, dass wir erstmal versuchen" – und dann der Seminargemeinschaft ein: „Dass wir die gesammelten Begriffe dann in Beziehung setzen. Und dass wir so vielleicht alle auch einen Gewinn daraus ziehen können."

An diesen Perspektivwechseln zeigt sich, dass die Textpräsentation im Seminar nicht nur die literarische Kommunikation in eine soziale Situation transformiert, sondern damit auch Partizipationsrahmenwerke neu organisiert. Alle Anwesenden haben in der literarischen Kommunikation den gleichen funktionalen Knotenpunkt eingenommen: den der Rezeption. In der Seminarsituation werden sie nun auf unterschiedliche funktionale Knotenpunkte verteilt: Die einen präsentieren die Literatur vor den anderen und diese anderen werden die Rezipienten der Präsentation, die den Redezügen von Dora und Jule zuhören und dabei mitunter auch in ihre eigenen Kopien und Scans schauen. Die Haltung von Dora und Jule ist eine aktive und vorausgeplante; die Haltung der anderen ist eine passive, die auf die Präsentation reagiert und diese am eigenen Text nachvollzieht. In der Textpräsentation wird die Literatur durch das Zusammenspiel unterschiedlicher Perspektiven, Phoneme, Grapheme und Darbietungs- und Denkmedien geteilt.

Im Verlauf der Präsentation nehmen Dora und Jule dann immer wieder unterschiedliche Haltungen und Perspektiven ein, die sowohl in der Organisation des Textes als auch in der Organisation des Seminars begründet sind. Dies lässt sich u. a. an einer Sequenz illustrieren, in der Jule über die Literatur spricht und Dora an die Tafel schreibt.

Seminarbesprechung 2

Jule schaut auf den Text und sagt: „Also im nächsten Kapitel sagt er, dass ...", Jule liest jetzt vor: „Unsere terrestrische Lebenswelt gibt uns über deren Alltagssprache Themen und Denkweisen vor, die wir als Ressourcen unserer soziologischen Themen und Denkweisen nutzen." *Dann wendet sich Jule an Dora:* „Also, dann Alltagssprache erstmal?" *Dora schreibt daraufhin* „Alltagssprache" *an die Tafel. Dann schaut Jule wieder auf den Text und sagt* „Und einen zweiten Punkt, den man hier noch erwähnen kann, ist das mit den Kontexten. Er sagt, dass Kontexte unser Verstehen programmieren. Das ist auch ein wichtiger Begriff." *Dora schreibt* „Kontext" *an die Tafel. Jule schaut auf vom Text und abwechselnd zu Bertha, den anderen Studierenden und wieder auf den Text und sagt:* „Ja, was kann man dazu sagen? Also, ich sage jetzt einfach mal, wie ich das verstanden habe, und ihr könnt ja einfach erstmal zuhören und mitdenken und dann können wir das später noch diskutieren. Also, ich habe das so verstanden, dass wir alle Alltagsmenschen sind und dass uns Kontexte beeinflussen. Und uns Themen vorgegeben werden und die Art, wie wir denken. Auch wir Soziologen dann."

– Nachvollzug und Auslegung

Hier zeigt sich ein wichtiger Bezugspunkt der Textpräsentation: Die Identifikation von wichtigen Formulierungen als Perspektivträgern der Literatur, die als adäquate Perspektivträger des Seminargesprächs dienen können. Jule nimmt dabei unterschiedliche Haltungen ein: die des Nachvollzugs und die der Auslegung des Gelesenen. Beim Nachvollzug zitiert sie erst Formulierungen im Originalton – „Unsere terrestrische Lebenswelt gibt uns über deren Alltagssprache Themen und Denkweisen vor, die wir als Ressourcen unserer soziologischen Themen und Denkweisen nutzen" – und übersetzt dann andere Formulierungen in eigene Worte: „Er sagt, dass Kontexte unser Verstehen programmieren." Für diese Formulierungen identifiziert sie jeweils einzelne Grapheme, die den Text im Gespräch und an der Tafel repräsentieren: „Also, dann Alltagssprache erstmal?" und „Das ist auch ein wichtiger Begriff", woraufhin Dora – wie in der Vorbereitung der Präsentation mit Jule vorausgeplant – „Kontext" an die Tafel schreibt.

Das Nachvollziehen des Geschriebenen im Nachsprechen von Originaltönen und im Übersetzen in eigene Worte lässt sich immer wieder in Präsentationen finden und ist eine wichtige Haltung des (Mit-)Teilens von Literatur, die auf etwas basiert, was Tomasello als „Rollentausch-Imitation" bezeichnet (Tomasello 2010: 103). Jule formuliert den Text für die Anwesenden so, wie der Text beim ersten Lesen für sie als Gegenüber formuliert war, d. h. sie übernimmt dessen Perspektive und macht sie sich in der sozialen Situation mit Bertha und den anderen Studierenden zu eigen. Sie tritt den anderen gegenüber gewissermaßen in der Rolle des Textes auf. Sie verkörpert dessen Perspektiven bzw. ist dessen Perspektivträger im Seminar.

Interessant ist in diesem Zusammenhang, dass Jule vom Text immer wieder in der dritten Person Singular und im generischen Maskulinum spricht, er aber von einem männlichen und einer weiblichen Autor/-in geschrieben wurde. Damit ist Jule nicht allein; so autorisieren auch Dora, Bertha und die anderen im weiteren Seminarverlauf den Text im Singular und im generischen Maskulinum. Dies hat sicherlich auch damit zu tun, dass die historisch tradierte Geschlechterordnung wissenschaftlicher Disziplinen und Publikationsforen und -formen lange patriarchale Strukturen aufwies und bevorteilte. Es hat aber anderseits nicht zuletzt auch mit dem in Kapitel 4.2.2 beschriebenen Umstand zu tun, dass sich Lesende nicht nur mit Autor/-innen, sondern auch mit anderen Perspektivträgern der Literatur identifizieren: mit den Schriftträgern, mit dem Personal, mit den Paradigmen und mit allerlei sonstigen Perspektivträgern, die die ontologischen Bereiche von Gegenstandsbeschreibungen bevölkern.

Nachdem Dora „Kontext" an die Tafel geschrieben hat, wechselt Jule ihre Präsentationshaltung und engagiert sich in einer Auslegung des Textes und wechselt dabei die Perspektiven zwischen einem unbestimmten „Man" und dem eigenen „Ich": „Ja, was kann man dazu sagen? Also, ich sage jetzt einfach mal, wie ich das verstanden habe." Diese Reperspektivierung hat ihre systematischen Gründe in den formalen Strukturen des Seminars und dem sozialen Leben der Literatur als Repräsentation von Diskursen und Wissensständen von Disziplinen und als Objekt universitären Lehrens und Studierens. Mit Mead lässt sich dies als Unterscheidung zwischen dem Spielen und dem Spiel beschreiben. Das Spielen ist ein ausprobierendes Verhalten, das Verhaltensweisen anderer nachahmt. Das Spiel hingegen ist ein sozial organisiertes Geschehen, das den möglichen Verhaltensweisen klare Positionen vorgibt. Spielende erlernen ein Spiel, wenn sie von konkreten Verhaltensweisen abstrahieren und generalisieren und die dahinterliegende Organisation verstehen. Aus der Reaktion auf konkrete andere wird eine „organisierte Reaktion", die ein Spiel zu spielen in der Lage ist (Mead 1925: 268 f.). Wenn Jule in ihrem Redezug vom „Man" zum „Ich" wechselt, reagiert sie als Spielende und vermeidet es, ihre Lesart als organisierte, d. h. als sozial koordinierte und disziplinär adäquate Lesart der Literatur darzustellen, die die anderen Studierenden übernehmen sollten: „[I]hr könnt ja einfach erstmal zuhören und mitdenken und dann können wir das später noch diskutieren."

Jule legt den Text entsprechend aus ihrer Perspektive aus und erhält sich den Spielraum, ihre eigene Rezeptionshaltung einzunehmen: „Also, ich habe das so verstanden, dass wir alle Alltagsmenschen sind und dass uns Kontexte beeinflussen. Und uns Themen vorgegeben werden und die Art, wie wir denken. Auch wir Soziologen dann." Dieser Spielraum ermöglicht es ihr, die Formulierungen des präsentierten Textes zu animieren, d. h. zu deren Träger in der Situation zu werden, ohne sich jedoch mit den Perspektiven des Textes zu identifizieren oder eine generalisierte Lesart für das Seminar zu artikulieren. Die Äquidistanz, in der sich Jule zur Literatur und zu deren Perspektiven positioniert, ist ein wesentliches Charakteristikum von Textpräsentationen in Seminaren. Ein weiteres Beispiel dafür findet sich in Redezügen, in denen sich Dora zum Text positioniert.

Seminarbesprechung 3

Dora und Jule tauschen die Rollen. Dora präsentiert und Jule schreibt an die Tafel. Dora setzt sich an den Tisch, zieht den Text zu sich heran und sagt: „Ja, das nächste Kapitel war uns dann relativ unverständlich, auch in seiner Gesamtheit. Ich habe da eigentlich nur rausgezogen, dass Leute halt Bezeichnungen dafür haben, was geschieht. Und hier noch ein Zitat. Bla, bla, bla, ,die Ressourcen der Sprache halten Namen für Ereignisse und Personen und Möglichkeiten, über diese zu sprechen, bereit.' Und dann habe ich mir auch relativ häufig Fragezeichen an den Rand gemalt. So über zehn Zeilen. Weil das alles für mich keinen Sinn mehr ergeben hat. Ich fand das alles auch ganz schön abstrus."

– Rollendistanz

Dora variiert in diesen Redezügen ihre Haltung dem Text gegenüber, indem sie ihn mal im Originalton und mal in eigenen Worten präsentiert, dann ihre eigenen Leseerfahrungen und -formulierungen thematisiert und den Text schließlich kritisiert. Sie kommt so ihren Verpflichtungen im Partizipationsrahmenwerk des Seminars nach, artikuliert aber zugleich auch ihre Rollendistanz. Wie Goffman schreibt, wird diese Distanz oft nicht nur verbal, sondern auch gestisch und mimisch auf Seitenkanälen von Interaktionen in sozialen Situationen zum Ausdruck gebracht (Goffman 1971: 297). So betont Dora ihre Präsentation ebenfalls mit einigem Kopfschütteln und Schulterzucken. Neben der Animation des Textes ist diese, mit Strauss, „Artikulationsarbeit" ein wichtiger Bezugspunkt der Präsentation und daran anschließend auch der weiteren Literaturbesprechung im Seminar. Dora reformuliert sowohl den Text als auch ihre eigenen Lesereaktionen. Auf diese Weise „koordiniert" sie ihre eigene Textarbeit mit den Textarbeiten von den anderen Studierenden und Bertha , sodass eine „ausgehandelte Ordnung" bezogen auf die Literatur als Objekt der Besprechung im Seminar entsteht (vgl. Strauss 1988: 164 f.). Die Literatur wird so zum Objekt einer koordinierten universitären Lehr- und Studienarbeit, die die Perspektiven des Textes und die der Lesenden aufeinander zu beziehen beginnt.

In dem, was Jule zum Ende ihrer Präsentation in Auszug 2 sagt, äußert sich dabei ein zentraler Aspekt dieser Koordination: Das Referieren auf Bezugsgruppen, im konkreten Fall auf „Soziologen", in der ersten Person Plural. Shibutani zufolge strukturieren Bezugsgruppen und -personen das Wahrnehmungsfeld, indem deren Perspektiven imaginiert und zur Identifikation oder Kontrastierung mit eigenen Perspektiven genutzt werden. Die eigenen Perspektiven werden so sozial reguliert und geordnet (Shibutani 1955: 563, 565 f.). Ich hatte geschrieben, dass Wissenschaftsliteratur in Seminaren Disziplinen repräsentiert und zugleich als didaktisches Objekt der Ausbildung in ebenjenen Disziplinen fungiert. Entsprechend geht es bei der Besprechung von Literatur immer darum, inwieweit das Gelesene für die Studierenden, in Doras Worten, „Sinn ergibt". Dies umfasst einerseits das Verstehen von Texten als einem wesentlichen Bezugspunkt wissenschaftlichen Lesens und andererseits aber auch das Anerkennen und Übernehmen von Textperspektiven, mit denen die Studierenden sich identifizieren sollen und wollen. Um diese Artikulation von Perspektiven des Textes und von Perspektiven auf den Text als Bezugspunkt des Seminargeschehens geht es vor allem in der Diskussion des Gelesenen.

In der hier analysierten Literaturbesprechung schließt diese Diskussion unmittelbar an Doras letzte Äußerung an, nach der sie die gemeinsame Präsentation mit Jule beendet und den anderen Anwesenden das Rederecht erteilt.

Seminarbesprechung 4

Dora schaut in die Runde und dann zu Bertha und sagt: „Ja, soviel erstmal zum Text. Gibt es Fragen oder irgendwelche Anmerkungen?" *Danach sagt zunächst niemand etwas. Dora, Jule, Bertha und einige Studierende schauen in die Runde, andere Studierende schauen konzentriert auf ihre Texte. Nach einigen Augenblicken ergreift Bertha das Wort:* „Ja, vielen Dank schon mal. Dieses Paper ist ja das zentrale Paper, mit dem sich die Xeno-Soziographie gegen andere Ansätze bei Blaumann zum Beispiel positioniert. Und vielleicht schauen wir uns einige Begriffe nochmal an?" *Darauf reagiert Jule, indem sie sagt:* „Ja, zum Beispiel Alltagssprache, Kontext oder Namen für Ereignisse und Personen."

– Leseinstruktion

Doras Redezug markiert einen „Transitionspunkt" im Gespräch, mit dem die Weitergabe der Rederechte eingeleitet wird (vgl. Sacks u. a. 1974: 703). Dass dann zunächst niemand, schließlich aber Bertha das Wort ergreift, ist in ihrer Position als Lehrende begründet, die im Partizipationsrahmenwerk des Seminars mit dem Recht verbunden ist, selbst das Wort zu ergreifen bzw. sich selbst das Rederecht zu nehmen. Im Seminar endet damit die Präsentation und beginnt die Diskussion des Textes, mit der sich eine Veränderung des Partizipationsrahmenwerks vollzieht. Dora und Jule nehmen nun passivere Haltungen ein und Bertha wird zu einer aktiven Trägerin der Literaturbesprechung. Sie bedankt sich bei Dora und Jule und macht dann auch einen Diskussionsvorschlag – „[V]ielleicht schauen wir uns einige Begriffe nochmal an?" –, auf den Jule reagiert, indem sie die zuvor mit Dora an die Tafel geschriebenen wichtigen Begriffe wiederholt. Vor allem aber kategorisiert Bertha den zuvor präsentierten Text als „das zentrale Paper, mit dem sich die Xeno-Soziographie gegen andere Ansätze bei Blaumann zum Beispiel positioniert".

In dieser Folge von Redezügen und den unterschiedlichen Haltungen im Partizipationsrahmenwerk lässt sich zum einen eine spezifische Sequenzorganisation des Seminars und zum anderen eine Reperspektivierung der Literaturbesprechung ausmachen. Die Sequenzorganisation besteht in dem, was Tyagunova als „IRE-Struktur" von Unterrichtssituationen bezeichnet: als Abfolge von „Initiation, Reaktion und Evaluation". Lehrende stellen hier Fragen oder ergreifen auf andere Weise die Initiative, auf diese Fragen reagieren die Schüler/-innen oder Studierenden mit Antworten oder anderen Redezügen, an die wiederum Beurteilungen durch die Lehrenden anschließen (Tyagunova 2016: 148 f.). Berthas Reperspektivierung der Literaturbesprechung äußert sich darin, dass sie den Text kontextualisiert, d. h. als literarischen Träger – „Paper" – einer bestimmten Perspektive innerhalb der Exo-Soziologie darstellt, die sie mit anderen „Ansätzen" kontrastiert. Diese Reperspektivierung ist der wesentliche Bezugspunkt der Diskussion von Wissenschaftsliteratur in universitären Seminaren, bei dem es um die weiter oben thematisierte Generalisierung von Lesarten und Identifikation mit disziplinär-spezifischen Perspektiven geht. Koordiniert wird diese Reperspektivierung vor allem durch die IRE-Struktur der Sequenzorganisation. Dies zeigt sich z. B. an den folgenden Redezügen:

Seminarbesprechung 5

Bertha fragt in die Runde: „Ja, dann vielleicht noch mal ganz naiv, was heißt das denn, dass Kontexte unser Verstehen programmieren?" *Paul meldet sich, Bertha sagt:* „Ja?" *Darauf antwortet Paul:* „Dass wir eine bestimmte Identität haben?" *Bertha macht eine unentschiedene Kopfbewegung, schaut in die Runde und fragt:* „Ja, ist das so? Was sagen die anderen." *Darauf meldet sich Dora, Bertha nickt ihr zu und Dora sagt:* „Ich verstehe das so, dass das, was ich denke, immer davon abhängig ist, wer und wo ich bin?" *Darauf Bertha:* „Ja. Wer und wo ich bin. Und was heißt das?" *Sybille meldet sich. Bertha nickt. Sybille sagt:* „Also, dass ich einer bestimmten Gruppe angehöre und einer Gemeinschaft angehöre. Wenn ich z. B. bei Olympus Mons geboren wurde oder in Hellas Planitia, dann habe ich eine andere Weltsicht, als ein Amerikaner oder eine Deutsche auf der Erde oder jemand vom Mond. Ich glaube, dass ist so der wichtige Punkt." *Bertha schließt unmittelbar an Sybilles Redezug an:* „Ja, das ist ein ganz wichtiger Punkt." *Dann nickt Bertha Jonas zu, der sich auch gemeldet hatte und daraufhin sagt:* „Ja, und der sagt halt, dass die Gravitation auf dem Mars anders ist als auf der Erde oder dem Mond oder auf Phobos. Und dass das andere Körper jeweils sind, und wie wir uns verhalten und ein Stuhl vielleicht auch etwas anderes ist." *Bertha nickt und sagt:* „So, und das unterstreichen sie sich noch mal ganz dick."

– Figuration und praktische Objektivität

Hier dient die IRE-Struktur des Gesprächs dazu, die zuvor präsentierten Textperspektiven nachzuvollziehen, d. h. mit eigenen Worten zu reformulieren. Bertha stimuliert zu solchen Reformulierungen mit Fragen wie „Ja, dann vielleicht nochmal ganz naiv, was heißt das denn?" oder „Ja [...] Und was heißt das?". Darauf melden sich nach und nach Studierende und antworten, nachdem Bertha ihnen das Rederecht erteilt hat. Oft meldet sich auf Fragen von Lehrenden in Seminaren zunächst niemand. So muss auch Bertha in dieser Sitzung immer wieder mal Fragen wiederholen und umformulieren. In dem abgebildeten Gesprächsausschnitt jedoch melden sich Paul und Dora recht bald auf Berthas Frage. Beide formulieren ihre Antworten dabei ihrerseits als Fragen: „Dass wir eine bestimmte Identität haben?", „Ich verstehe das so, dass das, was ich denke, immer davon abhängig ist, wer und wo ich bin?". Damit signalisieren sie einerseits die eigene Unsicherheit bezogen auf ihre Lesarten und eröffnen andererseits Bertha die Möglichkeit, ihre Antworten positiv oder negativ zu evaluieren. Auf Pauls Reformulierung des Textes reagiert Bertha zögerlich, d. h. sie bewertet sie nicht negativ, initiiert aber eine Suche nach weiteren, anderen Antworten. Daraufhin meldet sich Dora, deren Antwort sie positiv evaluiert, kurz paraphrasiert und dann aber weiterfragt. So richtig befriedigende Antworten scheinen dann erst Sybille und Jonas zu formulieren. Beide entwerfen eine virtuelle Dimension des Textes, indem sie das Gelesene beispielhaft in Szene setzen: „Also, dass ich einer bestimmten Gruppe angehöre und einer Gemeinschaft angehöre. Wenn ich z. B. bei Olympus Mons geboren wurde oder in Hellas Planitia, dann habe ich eine andere Weltsicht, als ein Amerikaner oder eine Deutsche auf der Erde oder jemand vom

Mond"; „Ja, und der sagt halt, dass die Gravitation auf dem Mars anders ist als auf der Erde oder dem Mond oder auf Phobos. Und dass das andere Körper jeweils sind, und wie wir uns verhalten und ein Stuhl vielleicht auch etwas anderes ist".

Sybille und Jonas animieren den Text, indem sie das Gelesene figurieren, d. h. den Formulierungen eine spezifische Gestalt geben, in die sie selbst und die anderen sich in der Seminarsituation hineindenken können. Sie machen die beispielhafte Szenerie und deren Bestandteile zu Trägern der Textperspektiven, die sich dann anhand dieser Figurationen kollaborativ verhandeln lassen. Über solche Sprachbilder wird Liberman zufolge eine „praktische Objektivität" hergestellt: eine intersubjektive Übereinkunft, die dabei hilft, subjektive Sinneswahrnehmung mitzuteilen und zu stabilisieren (Liberman 2013: 216, 221). Dies ist eine erste Reperspektivierung über IRE-Strukturen, mit der das Spielen am Spiel mit dem Text orientiert und individuelle Lesarten und Leseerfahrungen generalisiert, kollektiviert und Wissenschaftspublikationen vergemeinschaftet werden. Die Haltungen der Literatur gegenüber werden an der organisierten Reaktion adjustiert, die sich – von Bertha initiiert und evaluiert – in der Seminarbesprechung einspielt.

Solche Figurationen und Übereinkünfte sind nicht immer stimmig und unumstritten. Ob und wie mögliche Inszenierungen des Gelesenen in der Besprechung in Passung zum Text zu bringen sind, ist aber ein wesentlicher Bezugspunkt der Artikulationsarbeit – die Suche nach einer gemeinsam geteilten Lesart ist oft die Suche nach mal mehr und mal weniger stimmigen Figurationen des Gelesenen. Entscheidend ist, dass die praktische Objektivität von Lesarten einen sinnhaften und einen gruppenbezogenen Aspekt umfasst und beides aufeinander verweist. Wie weiter oben mit Shibutani geschrieben, wird die Wahrnehmung eines Objekts in Referenz auf jeweilige Bezugsgruppen und -personen organisiert. Ein Umstand, der im folgenden Gesprächsauszug zum Ausdruck kommt.

Seminarbesprechung 6

Dora meldet sich. Bertha erteilt ihr das Wort: „Ja?" *Darauf antwortet Dora:* „Aber die kritisieren ja eigentlich nur die anderen. Aber was kann die Xeno-Soziographie denn sonst so? Oder kann die nur zeigen, dass die anderen Ansätze nicht funktionieren? Weil man dann ja eigentlich gar keine Sprache mehr benutzen kann." *An diesen Redezug schließt Bertha unmittelbar an:* „Ja, das ist eine gute Frage. Was macht die Xeno-Soziographie? Und was ist das jetzt mit dieser Kritik?" *Zunächst meldet sich niemand, dann reagiert aber Jonas:* „Ich glaub, das Ding ist, dass die sagen, unsere Alltagssprache bestimmt, was wir denken, und dass da die Kontexte enthalten sind und sich ausdrücken, in denen wir leben. Und wenn der Blaumann mit so starken Metaphern arbeitet, dann nutzt er eigentlich nur seine Sprache und fragt nicht, was seine Untersuchungsgegenstände machen und denken." *Bertha ergreift erneut das Wort und sagt:* „So, das ist jetzt ein ganz zentraler Punkt. Was macht Blaumann? Die nennen das ja Attrappen." *Jule meldet sich:* „Der nutzt künstliche Begriffe." *Bertha:* „Ja. Künstliche Begriffe. Das ist ja auch das was wir alle machen. Und was sie jeden Tag lernen. Was fällt ihnen denn da so alles ein?" *Sybille:* „Ja, die ganzen Methoden, Statistiken und Theorien. Die möglichst objektiv sein wollen. Oder die Vielfalt einschränken oder ausschalten wollen und möglichst abstrakt beschreiben." *Bertha:* „Ja, genau. Möglichst abstrakte Begriffe finden, alles typisieren und objektivieren. Und dabei betreibt man letztlich eine desengagierte Forschung, die Attrappen ihrer Gegenstände schafft." *Darauf meldet sich wieder Dora:* „Ja, aber warum sollte das denn falsch sein?" *Jule meldet sich und beginnt direkt zu sprechen:* „Weil du dann nicht beschreibst, was passiert, sondern alles ganz abstrakt beschreibst. Mit großen soziologischen Konzepten." *Sybille meldet sich und sagt, nachdem Bertha ihr zugenickt hat:* „Ja, aber du musst das ja nicht machen, wenn du nicht so arbeiten willst. Dann machst du ja trotzdem noch Exo-Soziologie." *Darauf Bertha:* „Ja, das stimmt natürlich." *Und Jonas:* „Aber wenn du forschst, dann ist das halt ein guter Weg."

– Gemeinschafts- und Gedankenbildung

In dieser etwas längeren Gesprächssequenz greifen mehrere Bezugspunkte und Dynamiken der Literaturbesprechung im Seminar ineinander. Zunächst einmal findet sich hier etwas, was Liberman als „Hoch-Debattieren" bezeichnet. Die diskutierten Perspektiven werden zunächst konkretisiert anhand von Beispielen und dann sukzessive abstrahiert. Die „vorhergehenden, einfacheren Argumente sind die Grundlagen, aus denen mehr durchdachte Argumente entwickelt werden" (Liberman 2013: 204). Mit Doras Redezug beginnt eine Art Grundsatzdiskussion der Perspektiven der Xeno-Soziographie, die im Text formuliert werden. Berthas Reaktionen laden dann dazu ein, zunächst einmal zu beschreiben, was diese Perspektiven sind: „Was macht die Xeno-Soziographie?" Darauf melden sich erst Jonas und dann – nach weiterer Evaluationen und Initiationen durch Bertha – Jule und Sybille. In den jeweiligen Reaktionen von Jonas, Bertha, Jule und Sybille werden zunächst die Textperspektiven reformuliert und durch Beispiele figuriert und dann die zugrunde liegenden Paradigmen und Haltungen angesprochen; die Textperspektiven werden so erst runter- und dann wieder hochdebattiert.

Die aneinander anschließenden Redezüge bilden von Collins sogenannte „Gedanken-Ketten": Aneinanderreihungen von Bedeutungsgebungen im Austausch mit anderen (Collins 2004: 199). Dora löst eine Reaktion bei Bertha aus, Berthas Reaktionen stimulieren erst Jonas, dann Jule und Sybille. Dora reagiert wieder auf die unterschiedlichen Redezüge der anderen und schließlich wieder Jule, Sybille, Bertha und Jonas auf den Redezug von Dora. Wenn Mead schreibt, dass Denken und Gedanken „innere Konversationen" mit vorgestellten konkreten und generealisierten anderen sind, so zeigt sich hier, wie das Denken als Sozialform bzw. als soziale Beziehung zwischen den Partizipierenden von Situationen und Kommunikationen funktioniert (vgl. Mead 1925: 727 f.; Collins 1989: 24): Die in der Situation animierten Perspektivträger des Textes stimulieren Reaktionen der Diskutierenden vor Ort, die sich zunächst auf diese Perspektivträger und dann auf die Reaktionen der anderen Anwesenden beziehen.

Dies geschieht – und das ist ein zentraler Punkt im konkreten Beispiel aber in Besprechungen von Wissenschaftsliteratur allgemein – in Bezugnahme auf Gemeinschaften und Personen, die für bestimmte Perspektiven in der Disziplin stehen. Mit Collins erscheint das Geschehen im Seminar als „tastende und ungewisse Rollenübernahme", in der Bertha und die Studierenden sich in Gedankenspielen engagieren, d. h. die Perspektiven des Textes nachvollziehen, ausprobieren und bewerten. Der Text wird dabei zu einem Objekt, das eine spezifische Gemeinschaft und „Mitgliedschaft in der Gruppe repräsentiert". Dieses Objekt lädt die Beziehungen im Seminar mit „Stimmungen" auf, d. h. „motiviert" Zustimmung und Ablehnung gegenüber einer Gemeinschaft und wird zu einem Objekt der Aushandlung „sozialer Solidarität" (Collins 1989: 18 f., 22 f.).

Die Seminardiskussion ist, mit Sennett, eine „Arbeit [an] der Sympathie" den Textperspektiven und der damit repräsentierten Wissenschaftsgemeinschaft gegenüber (Sennett 2009: 92 f., 179 f.). Dora bringt, wenn auch nicht ihre Antipathie, so doch ihre Skepsis dem Text gegenüber zum Ausdruck: „Aber die kritisieren ja eigentlich nur die anderen. Aber was kann die Xeno-Soziographie denn sonst so? Oder kann die nur zeigen, dass die anderen Ansätze nicht funktionieren? Weil man dann ja eigentlich gar keine Sprache mehr benutzen kann." Damit thematisiert sie nicht zuletzt, ob der Text ein adäquates didaktisches Objekt der Lehre und ihres Studierens ist. Sie solidarisiert sich dann später auch vorsichtig mit Perspektiven, die Jonas, Jule und Sybille – initiiert durch Bertha – als Kontrastperspektiven der Xeno-Soziographie einbringen: „Ja, aber warum sollte das denn falsch sein?" Sybille macht eine solidarische Geste in Richtung Dora, indem sie deren Haltung als legitim anerkennt, was Bertha positiv evaluiert.

Hier zeigt sich, dass mehrere Bezugsgruppen und -personen die Diskussion symbolisch und stimmungsmäßig aufladen: die Perspektivträger des Textes, Bertha als Lehrende, andere Perspektiven der Disziplin und die Studierendengemeinschaft. Jonas und Jule solidarisieren sich mit den Textperspektiven – etwas, was von anderen Studierenden manchmal als unsolidarisch gerahmt wird: als „Einschleimen" oder als „Nachplappern". Letzteres – die Nachahmung und das Nachvollziehen des Gelesenen – hat aber, wie in diesem Unterkapitel und in Kapitel 4.2.1 geschrieben, mitunter auch eine Animationsfunktion, die wichtig für das Textverstehen sein kann. Bertha wiederum solidarisiert sich stark mit den Perspektiven des Textes, den sie von Beginn der Diskussion an als eine Art Schlüsseltext für die Xeno-Soziographie darstellt, der auch sie sich zugehörig fühlt. Dies hat u. a. zur Folge, dass sie die Redezüge der ebenso solidarischen Studierenden positiv evaluiert und in einem Lehrerecho noch einmal wiederholt und so als wichtig betont. Ein Grund hierfür mag sein, dass, so König, Lehrende oft als Repräsentanten des Gelehrten wahrgenommen werden und somit mit der Zustimmung oder Ablehnung des Gelehrten durch die Studierenden auch deren Prestige auf dem Spiel steht (König 1995: 19).

Bertha bringt entsprechend in ihren Redezügen eine enge Bindung an den Text zum Ausdruck, wie sie Collins zufolge in der Fokussierung durch „Interaktionsrituale" begründet ist (Collins 1989: 17 f.). Die Literaturdiskussion im Seminar ist ein solches Ritual, in dem Bertha durch ihren Partizipationsstatus als Lehrende zu einem, mit Goffman, „Engagement", d. h. eine Bereitschaft und Offenheit zum Austausch mit anderen verpflichtet ist (Goffman 1964: 135; 1981: 130). Da ihr Status auch die Auswahl und Lehre der diskutierten Literatur umfasst, erstreckt sich ihre Bindung eben auch auf den Text. Die Studierenden sind hingegen von dieser Verpflichtung entbunden. Sie sind zwar auch dazu verpflichtet, mitzuspielen, haben aber Spielräume, „Distanzierungen" oder „Unbehagen" zu äußern. Diese Unstimmigkeiten sollten sich aber auf den Text und nicht auf die Situation als Interaktionsritual konzentrieren (Goffman 1956: 264; 1989: 114).

Die Wechselwirkungen zwischen der Gemeinschafts- und der Gedankenbildung bestehen hier also darin, tastend die Perspektiven des Textes einzunehmen, um ihn gedanklich zu verstehen und zugleich als Symbol für Perspektiven innerhalb der Disziplin zu verhandeln. Auf diese Weise wird die Literatur auf zweierlei Weise im Seminar geteilt: Zum einen wird das Lesen als eine spezifische wissenschaftliche Arbeit sozialisiert; und zum anderen wird die Übernahme der Perspektiven des Textes als Positionierung der Studierenden innerhalb der Disziplin gerahmt – die Literatur wird zu einem Symbol, das Bezugsgruppen und -personen innerhalb der Disziplin repräsentiert, zu denen die Studierenden als Novizen solidarische Sozialbeziehungen aufbauen sollen.

In Büro- und ähnlichen informellen Situationen wie in Seminaren und ähnlich formellen Situationen ist die Literaturbesprechung ein multiperspektivisches Geschehen, das verschiedene Lesarten und Perspektiven von und Solidarität mit Bezugsgruppen und -personen artikuliert und koordiniert. Die Literatur führt ihr soziales Leben hier also nicht im Singular als „die Literatur der Textarbeit", sondern im Plural als je spezifische Literatur je spezifischer Textarbeiten und in je spezifischen Sozialbeziehungen. Wie in Kapitel 1.2.2 geschrieben, betrachten viele Forscher/-innen diese Literatur als Endpunkt der wissenschaftlichen Arbeit und ihrer Schreiboperationen. Mir ist wichtig zu betonen, dass Literatur ebenso auch Ausgangspunkt und Zwischenstation – eine Schalt- und Schnittstelle – wissenschaftlicher Arbeitsprozesse und der Kollaboration zwischen jenen ist, die kommunikativ oder situativ an diesen Prozessen partizipieren.

Die Gedankenspiele in Seminaren bilden solche Schnittstellen bezogen auf das universitäre Lehren und Studieren. Wie Bürogespräche so übersetzen sie die Grapheme des Gelesenen vor allem in die Phoneme des verbalen Austauschs mit anderen. Oft schließen sich an das Lesen im wissenschaftlichen Alltag aber auch eigene Schreibarbeiten an, die auf die Formulierungen des Markierens und Annotierens während des Lesens zurückgreifen, dann aber auch auf andere, eigene Texte vorgreifen: auf das Schreiben von Aufsätzen und Büchern bzw. Buchkapiteln, Anträgen und Berichten, Arbeitspapieren und Exposés, Qualifikationsschriften etc. Dabei wird die gelesene Literatur graphemisch reformuliert und in andere Textformen und Textstrukturen gebracht und eingearbeitet. Um diese Beschreibungen des Gelesenen geht es im folgenden Unterkapitel.

5.2 Beschreibungen

Bei Beschreibungen handelt es sich um graphemische Formulierungen des Gelesenen in eigenen Texten. Damit geht eine analytisch interessante Veränderung im Partizipationsrahmenwerk der literarischen Kommunikation einher: Lesende nehmen hier eine Haltung des Schreibens ein – eine Haltung also, die als funktionaler Knotenpunkt des Produktionsformats von Texten bislang ein kommunikatives Gegenüber des Rezeptionsverhaltens war. In wissenschaftlichen Disziplinen wird vor allem in Form von Exzerpten und von Zitaten über gelesene Literatur geschrieben. Mit beiden Formen werden das Lesen und die Literatur zu Objekten spezifischer Sozialbeziehungen wissenschaftlicher Arbeit und Disziplinen: im Fall von Exzerpten zu Objekten des universitären Forschens, Lehrens und Studierens allein oder gemeinsam mit konkreten anderen und im Fall von Zitaten zu Objekten der wissenschaftsöffentlichen literarischen Kommunikation.

5.2.1 Exzerpte

Exzerpte sind mal kürzere und mal längere Herausschriften, Zusammenfassungen, Kommentierungen und/oder Beurteilungen des Gelesenen. Die so formulierten Texte sind in die formalen Strukturen der universitären Forschungs-, Lehr- und Studienarbeit eingelassen und entsprechend entweder curricular oder projektorientiert. Die Lesenden exzerpieren ihre Literatur dabei auf verschiedenen materiellen und medialen Trägern, die mal mehr und mal weniger gut an beide Orientierungen angepasst sind.

Am Arbeitsbereich „Interplanetare Alltagskulturen" gehört es zu den Teilnahmebedingungen mancher Seminare, dass die Studierende Exzerpte der Literatur schreiben, die dort besprochen wird. Diese Exzerpte sind „Studienleistungen", d. h. Schreibarbeiten, zu denen die Studierenden curricular verpflichtet sind. Jule bezeichnet die Literatur solcher Seminare als „Exzerpttexte". Die Exzerpte, die Jule und die anderen als Studienleistungen schreiben, weisen gewisse Standardformatierungen auf: Sie werden in aller Regel an einem Computer oder Laptop und mit einem Textverarbeitungsprogramm geschrieben, sind eine Seite oder eineinhalb bis zwei Seiten lang und werden ausgedruckt in die Sitzung mitgebracht oder zuvor elektronisch an die Lehrenden gesandt. Die Textgestaltung weist in aller Regel eine Kopfzeile auf, die Angaben zum Semester, ein Datum, den Seminartitel, den Namen sowie die Matrikelnummer des oder der Studierenden, den Namen des oder der Lehrenden umfasst und zudem eine Überschrift, die aus Informationen zum Produktionsformat der exzerpierten Literatur besteht. Jule nennt hier meist den oder die Autor/-innennamen, die Jahreszahl der Publikation, den Titel des Textes und mitunter noch die Seitenzahlen bei Textauszügen; ein Beispiel dafür ist „Petra Talheim und Leo Bergmann (1969): Die praktische Konstitution des Alltags, S. 1–3, 56–72, 98–138".

Der Fließtext von Jules Exzerpt ist dann in zwei Sequenzen gegliedert, die spezifische Leseformulierungen beherbergen.

Exzerpt 1

In der ersten Sequenz finden sich Formulierungen wie: „In dem Text gehen Talheim und Bergmann der Frage nach, wie die Gesellschaft eine alltägliche Realität erschafft. Der Alltag ist ‚eine gesellschaftliche Hervorbringung' (S. 1). Sie beschreiben erst, wie die Gesellschaft Menschen durch

‚Verhaltensvorgaben' sozialisiert. ‚Diese Vorgaben bilden den gegebenen Alltag' (S. 57). Dabei gibt es Kontrollmechanismen, falls die Sozialisation selbst nicht ausreicht. Der Mensch ‚macht sich diese Vorgaben zu eigen' (S. 63). [...] Im nächsten Kapitel geht es dann um Abweichungen und um die Bedrohung des Alltags durch alternative Vorgaben (S. 101). Talheim und Bergmann zeigen, wie Menschen durch gesellschaftliche Einrichtungen beschützt oder bestraft werden (S. 113)." *In der zweiten, wesentlich kürzeren Sequenz schreibt Jule dann:* „Meiner Meinung nach gibt der Text die Grundbetrachtungsweise der Welt durch die Soziologie wieder. Sie zeigen, wie Handeln durch Vorgaben ermöglicht und gesteuert wird. Die Autoren machen den Zwang deutlich, den die Gesellschaft ausübt. Ich glaube aber, dass sich jeder Mensch ein eigenes Bild von der Realität macht und Freiheiten hat, das zu tun, was er möchte. Nur so werden ja auch Veränderungen möglich. Wie das mit den Verhaltensvorgaben funktioniert, habe ich nicht genau verstanden."

– Deskription und Diskussion

Solche Sequenzen und Formulierungen finden sich in den meisten studentischen Exzerpten. In der ersten Sequenz werden die gelesenen Texte beschrieben. Solche Deskriptionen fassen die Texte zusammen und übernehmen Formulierungen des Gelesenen mal im Originalton und mal in Übersetzung. Hinter diesen Formulierungen finden sich meist in Klammern gesetzte Seitenzahlen, die auf die gelesenen Textstellen verweisen. Diese Zusammenfassungen und Übernahmen orientieren sich meist an der Gliederung der Literatur, d. h. es wird abschnitt- bzw. kapitelweise exzerpiert, sodass sich die In-Text-Organisation der Exzerpte meist an der In-Text-Organisation der Literatur anlehnt. Auf diese erste folgt oft noch eine zweite Sequenz, in der die Studierenden Fragen, Kritiken und Probleme bezogen auf den Text formulieren. Jule z. B. kategorisiert den Text als literarische Repräsentation der Perspektive, die die Soziologie für sie ausmacht, und fasst ihn dann nochmal kurz zusammen. Sie identifiziert sich mit dem Text, formuliert aber auch eine eigene Perspektive, die sie dem gelesenen Text gegenüberstellt.

Diese Textgestaltungen und auch die unterschiedlichen Leseformulierungen werden in aller Regel in der ersten Seminarsitzung thematisiert. Die Lehrenden instruieren die Studierenden darin, wie sie ihre Exzerpte gestalten und formulieren können und sollen. Diese Exzerpte sind in diesem Sinn instruierte Literaturbeschreibungen, die die Studierenden auf zweierlei Weise in eine Disziplin als Schriftkultur sozialisieren. Erstens werden sie in Schreibspielen instruiert, in denen sie tastend die Perspektiven der gelesenen Texte als Literatur ebenjener Disziplin übernehmen und sich zu eigen machen. Und zweitens handelt es sich eben um Schreibspiele: Die Studierenden üben im Exzerpieren, sich in der Schriftkommunikation einer Disziplin zu engagieren – in jener Kommunikation, über die sich Wissenschaftsöffentlichkeit wesentlich herstellt. Diese Übungen werden dann in Hausarbeiten, Qualifikationsschriften und anderen Textgattungen fortgeführt.

Studentische Exzerpte sind entsprechend Grenzobjekte unterschiedlicher Bezugsgruppen und -personen. Die Studierenden reformulieren die Perspektiven der gelesenen Texte und nehmen mitunter auch eigene Haltungen diesen Perspektiven gegenüber ein. Diese Rollenübernahme geschieht dann wiederum vor Dritten: vor den Lehrenden als jenen, die die Exzerptarbeit initiieren und die Texte der Studierende dann rezipieren und evaluieren. Beide Reperspektivierungen zeigen sich nicht zuletzt in dem letzten Satz des Exzerpts, in dem Jule ihr Nichtverstehen artikuliert. Damit bezieht sie sich auf den Text, aber auch auf Arno – den Lehrenden des Seminars – als kommunikatives Gegenüber. Jules Textarbeit wird hier auf ihre Ausbildungsbeziehung zu Arno orientiert.

Über das Schreiben von Exzerpten wird das Lesen der Studierenden in die formalen Strukturen und die Sozialbeziehungen universitärer Arbeit eingespannt. Zudem sind die gelesenen Texte und die Rezipienten der Exzerpte Repräsentanten der Disziplin und kommunikative Gegenüber in der eingeübten wissenschaftlichen Schriftkommunikation. Mit Woolgar und Latour lassen sich diese Exzerpte als die Endpunkte einer „Kette von Schreiboperationen" bezeichnen (Latour u. Woolgar 1986: 71). Die Studierenden beginnen dieses Schreiben mit den Graphemen des Markierens und Annotierens auf den materiellen Trägern der gelesenen Texte und setzen diese Arbeit in den Materialien und Medien des Exzerpierens fort – dies ist zumindest die Fiktion des gemeinsam geteilten Arbeitsalltags des Lehrens und Studierens; in der gelebten Praxis stehen dann, wie in den Kapiteln 2.1.1 und 2.2.3 beschrieben, mitunter andere inner- und außeruniversitäre Aktivitäten solchen teils zeitaufwendigen Schreiboperationen und -ketten im Wege.

Die Lehrenden schreiben sich oft ebenfalls Exzerpte für die Lehre, die dann aber mitunter weniger standardisiert gestaltet und formuliert werden. Vor allem aber schreiben sich Bernd, Karl, Petra und deren Kolleg/-innen am Arbeitsbereich „Interplanetare Alltagskulturen" aber Exzerpte für ihre eigenen Projekte. Die Schreibmaterialien und -medien, die sie dafür nutzen, sind äußerst vielfältig. Manchmal wird genutzt, was gerade zur Hand ist, und manchmal wird aber auch geordnet und organisiert exzerpiert. Marion und Karl nutzen manchmal Klebezettel oder anderes Papier, das gerade auf dem Schreibtisch liegt; andere schreiben in Notizhefte oder in ein Textdokument, das gerade am Bildschirm eines Computers oder Laptops geöffnet ist und an dem sie aktuell arbeiten. Bernd und Petra nutzen mit Kittler in Kapitel 2.1.3 so bezeichnete elaborierte „Aufschreibesysteme" der „Entnahme, Speicherung und Verarbeitung" wissenschaftlicher Literatur (Kittler 1987: 429). Ob und wie er exzerpiert ist für Arno, eine „Kosten-Nutzen-Abwägung". Für die Lehre exzerpiert er, wenn die Zeit es zulässt und er sich anderweitig als zu wenig auf die Seminardiskussion vorbereitet empfindet. Für seine Doktorarbeit exzerpiert er, wenn er denkt, „dass ist dann einer der Haupttexte, dann exzerpiere ich den".

Bernd exzerpiert seine Literatur für seine Doktorarbeit mit einem Textverarbeitungsprogramm. Die Exzerpte, die er schreibt, sind ähnlich aufgebaut und formuliert, wie das von Jule: Sie umfassen eine Kopfzeile mit Hinweisen zum Publikationsformat und dann Sequenzen, in denen das Gelesene im Originalton und in Übersetzung reformuliert wird, und Sequenzen, in denen sich Bernd zum gelesenen Text positioniert. Letztere sind kursiv oder fett gesetzt oder eingeklammert. Daneben finden sich auch Literaturhinweise zu anderen gelesenen Texten oder zu Texten, die im gelesenen Text zitiert werden und die Bernd recherchieren und sichten möchte. Er druckt all seine Exzerpte aus und heftet sie in Aktenordnern ab. Die Aktenordner sind verschlagwortet und verweisen entweder auf Themen seiner Doktorarbeit oder auf die Namen wichtiger Autor/-innen.

Ähnlich elaboriert ist das Exzerptsystem, das Petra sich aufgebaut hat. Sie liest viel digital, d. h. am Bildschirm, und öffnet zudem immer ein Fenster zu ihrem „Notaro". Dabei handelt es sich um ein Notizprogramm, in dem sie „Abstracts" der gelesenen Texte schreiben und archivieren kann. Petra markiert und annotiert während des Lesens; sie exzerpiert aber auch während des Lesens in ihr „Notaro": „Also ich mache das so, dass ich beim Lesen etwas herausschreibe und mir überlege, in welche Richtung geht das jetzt." Das Programm ermöglicht es ihr, gelesene Textstellen mit exzerpierten Formulierungen zu verlinken, sodass Literatur und Exzerpt wechselseitig aufeinander verweisen. Zudem hat sie so eine Übersicht über die gelesene Literatur und über ihre Exzerpte und kann so über Namen von Autor/-innen und Schlagworte Verbindungen zwischen unterschiedlichen gelesenen Texten und geschriebenen Exzerpten herstellen.

Wenn Petra sagt, dass sie sich beim Herausschreiben überlegt, „in welche Richtung geht das jetzt", dann ist damit gemeint, dass das Exzerpieren hier – wie Jule und die anderen Studierenden – zunächst Gedanken über das Gelesene abbildet. Wie das Annotieren ist das Exzerpieren in diesem Sinn eine graphemische Dokumentation der inneren Konversation mit dem Text auf den Schriftträgern der Leseformulierungen; hier in Petras Notationsprogramm. Dies verweist – ebenso wie die Verschlagwortung und das Formulieren von Rechercheaufträgen – darauf, dass Exzerpte mitunter Glieder in umfassenderen Schreibketten sind, mit denen an Projekten gearbeitet wird. Dies lässt sich u. a. an einigen Formulierungen in einem Exzerpt von Karl illustrieren.

Exzerpt 2

In der Deskriptionssequenz schreibt Karl Formulierungen wie: „Der Aufsatz ist wohl im Rahmen einer Vortragsreihe entstanden. K setzt sich mit Blaumanns Konzept der Situation auseinander und stellt dem ein Konzept ‚elektronisch projizierter Situationen' entgegen. Die sind durch Medien und Technologien gekennzeichnet. Gleichzeitig argumentiert er, man müsse ‚interplanetare Ethnographien' machen, die die Zusammenhänge zwischen verschiedenen planetaren Situationen mikroskopisch untersuchen. ‚Eine wesentliche Frage, die ich stellen möchte, ist, wie wir Blaumannianische und andere interaktionistische Annahmen überdenken können, um mit Situationen umzugehen, die genuin interplanetar sind und nicht angemessen durch existierende sonnensystemische und planetarische Paradigmen erfasst werden. Ich beginne diese Fragen mithilfe zweier Konzepte zu beantworten: dem der projizierten Situation und dem der Zeitdilatation.' (70)." *In der Diskussionssequenz finden sich dann u. a. folgende Formulierungen:* „Im Grunde entwickelt K das Konzept der Situation über die Situation hinaus und schlägt eine Verknüpfung von Mikrozusammenhängen durch Medien und Technologien vor. All das beschränkt sich nicht auf einen Ort. Wie ließe sich das Argument ausdehnen? Und was ist mit Situationen ohne Medien und Technologien? Wieso bezieht sich K nicht auf Hotter? Verstehe nicht ganz, warum er Blaumann den Punkt mit der Interaktion schenkt und dann an der Situation schraubt."

– Projektierungen

Wie Jule, so reformuliert auch Karl den gelesenen Text zunächst im Originalton und in Übersetzungen in eigenen Worten. Dem vorgelagert ist jedoch eine Information zur

Entstehungsgeschichte des Textes, die Karl wichtig zu sein scheint. Sie kontextualisiert den Text in spezifischen formalen Strukturen und entsprechenden Sozialzusammenhängen wissenschaftlicher Arbeit: einer Vortragsreihe. Solche Kontextualisierungen der Literatur im umfassenden Wissenschaftsbetrieb finden sich in studentischen Exzerpten eher nicht. Interessant im Vergleich zu Jules Exzerpt ist dann vor allem die Diskussion des Gelesenen. Hier wie dort findet sich zunächst noch einmal eine Kurzzusammenfassung des gelesenen Textes und so auch des Exzerpts. Über solche redundante Formulierungen wird eine spezifische Lesart des Textes graphemisch betont und verfestigt. Ein Unterschied zwischen den Exzerpten von Jule und Karl wird dann in den folgenden Formulierungen deutlich. Jule formuliert eigene Perspektiven und Probleme mit dem Text, die ihr Lesen und dessen Literatur auf die Seminarsituation beziehen. Es sind Studienleistungen in der Rollenübernahme und im Einüben wissenschaftlichen Schriftgebrauchs. Karl formuliert hingegen Fragen, die sich in erster Linie auf den ontologischen Bereich der Analyseformulierungen des Textes beziehen – „Wie ließe sich das Argument ausdehnen? Und was ist mit Situationen ohne Medien und Technologien?" – und dann aber auch auf die Kontextformulierungen und auf die Kontrastierungen der Textperspektiven mit „Blaumann": „Wieso bezieht sich K nicht auf Hotter? Verstehe nicht ganz, warum er Blaumann den Punkt mit der Interaktion schenkt und dann an der Situation schraubt."

Diese Fragen und das Unverständnis sind nicht auf einen Dritten orientiert, der zum Bezugspunkt der Textarbeit wird und diese reperspektiviert. Wie Petra so engagiert sich auch Karl hier in einer inneren Konversation mit den Graphemen der Leseformulierungen als den Schriftträgern seiner Gedanken – einer inneren Konversation mit dem Text und dann aber vor allem auch mit sich selbst als Gegenüber. Karls Schreibspiel ist vor allem auch ein Gedankenspiel, das auf sein Projekt orientiert ist. Karl sagt dazu, dass das Exzerpieren für seine Projektarbeiten darauf abzielt, festzuhalten, „was die Idee des Textes" ist, „und dann bekommt das ganze einen Kommentar und eine Einordnung. Weil ich das Exzerpt eher mit Distanz schreibe. Dass ich anfange, Ideen zu spinnen." Er benennt hier drei aufeinander bezogene Funktionen des Exzerpierens für sein Projekt: eine „Kommentar"-Funktion, eine „Einordnung" und „Ideen zu spinnen". Letzteres ist für ihn der zentrale Bezugspunkt des projektorientierten Exzerpierens: Beim Reformulieren des Gelesenen eigene Gedanken zu entwickeln. Die Textarbeit wird so dadurch reperspektiviert, dass das Lesen und die Literatur in Schreibketten eingespannt werden, die mit dem Markieren und Annotieren beginnen und dem Exzerpieren fortgesetzt werden.

Solche durch Exzerpte getragene Gedankenspiele lassen sich zu unterschiedlichen Projektzwecken und -zeiten nutzen: zum Formulieren von ersten Projektideen, von Anträgen und Exposés, zum analytischen Aufschlüsseln von Datenmaterial und nicht zuletzt zum Schreiben von Publikationstyposkripten. Bernd baut seine Exzerpte zu „Schreibrouten" für seine Doktorarbeit zusammen: „Wenn ich jetzt ein Kapitel zum Forschungsstand schreiben will, dann kann ich mir so eine Schreibroute darlegen." Eine Schreibroute besteht aus Exzerpten zu unterschiedlichen gelesenen Texten. Sie entsteht, indem Bernd sich Exzerpte aus seinen Aktenordnern zusammensucht. Diese

Exzerpte sind, wie er sagt, „relativ textnah", d. h. an der Gliederung der gelesenen Literatur orientiert. Für seine Schreibrouten schneidet er – mal aus den ausgedruckten Papierträgern, mal aus den digitalen Versionen am Computer – Formulierungen aus und bringt diese in eine „praktische Sortierung", d. h. eine am Argumentationsbogen seines Forschungsstands ausgerichtete Reihenfolge. So werden die Formulierungen seiner Exzerpte aus der In-Text-Organisation des Gelesenen herausgelöst und in die In-Text-Organisation seines eigenen Schreibprojekts – des Forschungsstands seiner Doktorarbeit – eingearbeitet.

Wenn ich in Kapitel 2.1.1 geschrieben habe, dass solche Projekte Orientierungen wissenschaftlichen Lesens sind und Literatur zu einem orientierten Objekt z. B. des Schreibens einer Doktorarbeit machen, so dreht sich hier dieses Verhältnis: Das Exzerpt und die exzerpierte Literatur orientieren das Schreiben der Doktorarbeit. In Bernds Fall handelt es sich hier um eine Strukturierung des Schreibens durch das Lesen. Ich hatte in Kapitel 4.1.2 in Anlehnung an die Konversationsanalyse von einem Rezipientendesign von Texten durch das Lesen geschrieben: von einer Umgestaltung von Wissenschaftspublikationen durch das Kopieren und Scannen durch deren Rezipient/-innen. Hier lässt sich wiederum ein Rezipientendesign von Texten ausmachen: ein Design der Textstrukturen eigener Schreibprojekte durch vorherige Lesearbeit und Leseformulierungen: Bernd gestaltet seinen Forschungsstand entlang von Ausschnitten aus seinen Exzerpten. Bernds Schreibrouten sind besonders planvolle und geordnete Fälle eines allgemeineren Phänomens der wechselseitigen Reperspektivierung des Lesens durch das Schreiben und des Schreibens durch das Lesen: Die Formulierungen von Bernds Exzerpten werden in die Perspektiven seines Forschungsstands eingearbeitet und dieser Forschungsstand erhält seinerseits eine „komplett neue Gliederung" durch die ausgelegten Schreibrouten.

Aufschreibesysteme wie die von Bernd und Petra helfen dabei, so Petra, die gelesene Literatur „verfügbar zu machen und irgendwie auch festzuhalten. Den Inhalt als das, was man brauchen kann." Es handelt sich bei Exzerpten in diesem Sinn um Autobiographien des Lesens: um Formulierungen von Lesarten und Lesereaktionen. Während curricular orientierte Exzerpte diese Autobiographien an den formalen Strukturen und Sozialbeziehungen universitären Lehrens und Studierens orientieren und die Partizipation an der Schriftkommunikation einer Disziplin allenfalls einüben, so zielt das projektorientierte Exzerpieren früher oder später auf das Schreiben eigener Texte – von nicht- oder halböffentlichen Gattungen wie Anträgen, Arbeitspapieren, Exposés und Qualifikationsschriften bis hin zu den unterschiedlichen Gattungen der Publikation. Bernds Schreibrouten und vergleichbare Arbeitsweisen sind auf das orientiert, was Grésillon als „allmähliche Verfertigung von Texten beim Schreiben" bezeichnet (Grésillon 2012: 168 f., 178 f.): Auf den mal geplanten, mal ungeplanten Prozess des Schreibens, der in spezifische Raum- und Zeitordnungen eingelassen ist, sich verschiedenster Materialien und Medien bedient und eine ebenso gedankliche wie körperliche Arbeit ist.

Wenn Exzerpte in der Projektarbeit Glieder inmitten von Schreibketten und -operationen sind, dann sind Zitate deren Enden. Um Zitate und die damit verbundenen Reperspektivierungen der Literaturarbeit geht es im letzten Unterkapitel.

5.2.2 Zitate

Unter „Zitaten" verstehen Wissenschaftler/-innen vor allem Verweise auf Literatur in publizierten oder unpublizierten Texten. Zwar wird Literatur auch mündlich zitiert – in formellen wie in informellen Gesprächen –, die in Wissenschaften eingelebte Form des Zitats ist aber die geschriebene. Diesem Wortgebrauch schließe ich mich für die folgenden Ausführungen an. Wie Hoffman schreibt, ist die Annahme, dass „zitierte Literatur gelesene Literatur ist", oftmals irrig: „Manchmal wird Literatur gelesen, aber nicht zitiert [...]. Gelegentlich werden aus der Literatur ausgiebig ohne jeden Hinweis Stellen übernommen, in einigen Fällen spricht man dann von Plagiat. Häufiger wird Literatur hingegen zitiert, aber nicht gelesen; Legion die Titel, die den Verfassern eben noch so gerade vom Hörensagen bekannt sind." (Hoffman 2013: 105)

In den von mir beforschten Arbeitszusammenhängen wird mitunter auch Literatur zitiert, die zuvor nicht gelesen oder allenfalls überflogen wurde. Dieses Verhalten der Literatur gegenüber ist weit verbreitet und wird weitestgehend toleriert. Plagiate werden dem entgegengesetzt als Verstöße gegen das Ethos und die moralische Ordnung wissenschaftlicher Arbeit verstanden und verhandelt. Was genau ein Plagiat ist und wie auf Plagiatsfälle reagiert werden sollte, dass ist – wie auch Hoffmans Formulierungen nahelegen – nicht immer klar und mitunter umstritten. Theisohn weist darauf hin, dass in Plagiatsdebatten nicht zuletzt Vorstellungen von „Eigentum und Diebstahl [...] sehr präsente und wirkungsvolle Denkmodelle sind" (Theisohn 2012: 10). Beim Plagiieren werden, so die Vorstellung, Formulierungen und mitunter auch Gestaltungen von bereits publizierter Literatur in eigene Texte übernommen, ohne dies durch Zitate kenntlich zu machen. Auf diese Weise machen Schreibende sich selbst und ihre Texte zu Trägern von Perspektiven, die von anderen funktionalen Knotenpunkten des Wissenschaftsdiskurses aus kreiert und formuliert wurden: von anderen Autor/-innen bereits publizierter Texte.

Plagiat und Plagiieren können hier nicht weiter thematisiert werden. Ich möchte allerdings auf zwei Punkte hinweisen, die helfen, Zitate von Literatur analytisch in den Blick zu nehmen. Zum einen ist das Plagiat in eine Beziehungsstruktur eingelassen, die auch für Zitate charakteristisch ist. So schreibt Theisohn, dass zu einem Plagiat „immer drei Beteiligte [gehören]: ein Plagiierter, ein Plagiator und die Öffentlichkeit." Ein Plagiat ist eine Beziehung zwischen zwei Texten im „Verhältnis zu einer urteilenden dritten Instanz", die eine Formulierung oder umfassendere Textsequenzen wissenschaftsöffentlich als Plagiat kategorisiert und evaluiert (Theisohn 2009: 3). Und zum anderen werden Texte mit spezifischen funktionalen Knotenpunkten ihrer Produktion und Publikation identifiziert: mit den Autor/-innen als den „Schöpfer/-innen" oder „Ursprüngen" des Geschriebenen. In Kapitel 3.2.3 hatte ich dies mit Foucault als die „psychologisierende Projektion" der literarischen Kommunikation bezeichnet (Foucault 1974: 20). Der Plagiatsvorwurf zielt in dieser psychologisierenden Projektion auf das, so Theisohn, „Ausgeben einer fremden Schöpfung für eine eigene" ab (Theisohn 2009: 22).

Diese Beziehungsstruktur und die Vorstellungen, die sich in Plagiatsdebatten finden, orientieren auch das Zitieren von gelesener – bzw. nicht gelesener oder überflogener – Literatur. (1) Zitate haben zwei Bezugsobjekte und -kollektive: Einerseits die gelesene Literatur und deren Autor/-innen und anderen Partizipanden des Produktions- und Publikationsformats. Andererseits den eigenen geschriebenen bzw. zu schreibenden Text und jene, die an dessen Produktion, Publikation und Rezeption partizipieren – Kolleg/-innen, die mitschreiben oder den Text lesen, diskutieren und kritisieren; Gutachter/-innen und Herausgeber/-innen; und schließlich die Wissenschaftsöffentlichkeit, die sich aus jenen zusammensetzt, die den Text potenziell oder tatsächlich lesen. (2) Im Zitat wird die Rollenübernahme, die – wie in diesem und im letzten Kapitel thematisiert – eine wesentliche Verhaltensorientierung des Lesens ist, expliziert. Die damit verbundene Vorstellung ist, dass die Textarbeit des Schreibens immer nicht zuletzt durch das Lesen stimuliert und orientiert wird, d. h. Schreibende – im und für den Prozess der Produktion und Publikation ihrer eigenen Texte – andere, bereits geschriebene und publizierte Texte lesen und sich zu diesen Texten in den eigenen Texten verhalten. Die Übernahme der Perspektiven der Literatur ist nicht nur eine Orientierung des Lesens, sondern auch eine moralische Verpflichtung des Schreibens in der Wissenschaft.

Diese Beziehungen und Vorstellungen reperspektivieren die Textarbeit; Lesende nehmen Haltungen des Schreibens ein, die anderen gegenüber auf Literatur referieren. Das Zitieren ist, so hatte ich geschrieben, oftmals das Ende einer Schreibkette, die mit dem Markieren und Annotieren beginnt, sich manchmal über Exzerpte fortsetzt und schließlich in den Formulierungen einer Hausarbeit, einer Qualifikationsschrift oder von Publikations- und anderen Textarbeitsprojekten endet. So legt sich Petra in ihrem Notationsprogramm am Computer – dem „Notaro" – Unterordner mit Texten und Textstellen an, die als mögliche Zitate „taugen". Wo und wie ein Text dann zitiert wird, ist im Prozess des Lesens und des Markierens, Annotierens und Exzerpierens nicht immer klar. Karl sagt dazu, dass er den von ihm gelesenen Text „an verschiedenen Stellen weiterverwendet" hat. Das Zitieren ist in diesem Sinn eine vage operationale Zukunft des Lesens. Mit ihrem Ordnersystem hält sich Petra offen, wo und wie sie ihre Texte weiternutzen kann.

Wie im vorherigen Unterkapitel geschrieben, bastelt sich Bernd aus seinen Exzerpten Schreibrouten u. a. für ein Kapitel seiner Dissertation zum Forschungsstand, d. h. er gestaltet seinen Text entlang der gelesenen Literatur und seiner Leseformulierungen. Diese Schreibrouten und die Exzerpte, aus denen sie sich zusammensetzen, sind für ihn „Krücken für die eigenen Formulierungen". Solche Krücken haben für ihn zwei Funktionen: Zum einen sind manche Texte seiner Meinung nach „einfach furchtbar formuliert". Und zum anderen kann „man das nicht einfach abschreiben", d. h. die Formulierungen der gelesenen Literatur müssen reformuliert werden. Dabei geht es darum, die zitierten Formulierungen aus der In-Text-Organisation des Gelesenen in die In-Text-Organisation der Gestaltungen und Formulierungen des eigenen Textes einzuarbeiten.

Zitat 1

In dem Kapitel seiner Doktorarbeit, das mit „Zum Stand der Forschung" überschrieben ist, formuliert Bernd: „An dieser Stelle sollen Ergebnisse einiger Studien vorgestellt werden, die sich den lebensweltlichen Vorstellungen von Reproduktion und der Einführung von terrestrischen Reproduktionstechnologien auf anderen Planeten und Monden gewidmet haben.

Jirgl hat Formen medizinischer Behandlungen und Reproduktionstechnologien auf dem Mars und im Asteroidengürtel untersucht (Jirgl 2011). [...] Auf dem Mond sind solche Untersuchungen eng verwoben mit der lokalen Kultur, d. h. Reproduktionstechnologien und lunare Traditionen wirken aufeinander ein (Meyer 2013). In Körpern beheimaten sich menschliche und nichtmenschliche ‚Entitäten'. Untersuchungen machen diese ‚Entitäten' sichtbar, sie können aber auch durch Abbildungsverfahren überdeckt oder zum Verschwinden gebracht werden (Meyer 2013: 124 f.). Mondwesen können ungeborenes Leben in den Körpern von Schwangeren verstecken. Was medizinisch als Fehlgeburt gilt, ist in der Kultur des Mondes ein normaler Vorgang: Ungeborene ‚verändern immer wieder ihre Erscheinungsformen' (Meyer 2013: 126). [...]

So unterschiedlich die Ergebnisse der vorgestellten Studien auch sind, lässt sich ein gemeinsamer Kern identifizieren: Es geht vor allem um die Abbildungen und Bildgebungsverfahren und deren lebensweltliche Bedeutungen. Die konkrete Vollzugswirklichkeit medizinischer Arbeit bleibt in aller Regel ausgeblendet. Genau dies ist Gegenstand dieser Forschungsarbeit, die sich vor allem auf die Beiträge von Blaumann und der Xeno-Soziographie stützt (vgl. Blaumann 1980; Barrenspaß 2008, Huhnschläger 2011, Liebović 1996)."

– In-Text-Organisation der gelesenen und der zu schreibenden Literatur

Diese Zitate sind Endpunkte von Schreibketten, mittels derer Bernd Formulierungen aus der gelesenen Literatur heraus- und in den zu schreibenden Text hineingearbeitet hat. Dabei lassen sich unterschiedliche Zitationsformen ausmachen. Formen, die Lynch als „Minimalzitation" bezeichnet, bei denen die Namen der Autor/-innen und die Jahreszahlen der Publikation der zitierten Literatur in Klammern benannt und in eigene Formulierungen eingebunden werden (Lynch: 1998: 24): „(Jirgl 2011)" und „(Meyer 2013)". Formen, bei denen mehrere solcher Minimalzitationen aneinandergereiht werden, wie „(vgl. Blaumann 1980; Barrenspaß 2008, Huhnschläger 2011, Liebović 1996)". Und schließlich Formen, die durch die Angabe von Seitenzahlen auf konkrete Formulierungen im gelesenen Text verweisen: „(Meyer 2013: 124 f.)" und „(Meyer 2013: 126)".

In diesen unterschiedlichen Formen werden die zitierten Texte zu dem, was Latour und Fabbri als „Referenten" bezeichnen: Als Objekte, von denen „ein Diskurs" handelt (Latour u. Fabbri 2000: 121). In Bernds Fall sind dies literarische Referenten, mit denen er einen „Stand der Forschung" zum Thema seiner Doktorarbeit thematisiert. Beim Zitieren werden, so hatte ich in Kapitel 3.2.3 geschrieben, Texte kontextualisiert, d. h. zu anderen Texten in Beziehung gesetzt und zu Repräsentanten spezifischer Perspektiven innerhalb des Diskurses einer Disziplin gemacht. Diskurse sind

Produkte solcher Kontextformulierungen des Zitierens (vgl. Krey 2011: 95 f., 106). Als literarische Referenten ändern gelesene Texte in diesem Sinn ihre Existenzform; sie sind nicht nur Publikationen innerhalb einer Disziplin, sondern literarische Repräsentationen eines Diskurses.

In Bernds Zitat geschieht dies u. a., indem er den Text von „(Meyer 2013)" zunächst paraphrasiert. Diese Paraphrase entspricht dem, was ich in Kapitel 3.2.3 mit Kuhn als „Paradigmenartikulation" bezeichnet habe: dem Beschreiben und Bestimmen von Positionen und Perspektiven einer Disziplin anhand des Referierens auf und von Texten als deren Repräsentationen (vgl. Kuhn 2012: 23 – 33). Die Perspektiven des zitierten Textes werden dann anhand konkreter Textstellen im Originalton und in Übersetzung illustriert. Dabei handelt es sich um eine Dokumentation des Gelesenen vor den potenziellen Lesenden des eigenen Textes, d. h. das Markieren, Annotieren und Exzerpieren für sich wird reperspektiviert auf eine Beschreibung der Literatur für andere und vor anderen. Die Analyseformulierungen im gelesenen Text werden in diesen Zitaten in eine andere Existenzform gebracht und zu Kontextformulierungen in Bernds Doktorarbeit gemacht. Bernd ändert die Haltung seiner Textarbeit vom Lesenden zum Schreibenden von Formulierungen; von Formulierungen, mittels derer er einen literarischen Korpus „Zum Stand der Forschung" versammelt und eine gemeinsam geteilte Perspektive und eine Leerstelle in der Literatur identifiziert: „So unterschiedlich die Ergebnisse der vorgestellten Studien auch sind, lässt sich ein gemeinsamer Kern identifizieren: Es geht vor allem um die Abbildungen und Bildgebungsverfahren und deren lebensweltliche Bedeutungen. Die konkrete Vollzugswirklichkeit medizinischer Arbeit bleibt in aller Regel ausgeblendet." Wie in Kapitel 3.2.2 thematisiert, zielen solche Paradigmenartikulationen und Leerstellenidentifikationen vor allem darauf ab, die eigene „Forschungsarbeit" relevant zu machen und sich selbst im Diskurs zu positionieren: „Genau dies ist Gegenstand dieser Forschungsarbeit, die sich vor allem auf die Beiträge von Blaumann und der Xeno-Soziographie stützt (vgl. Blaumann 1980; Barrenspaß 2008, Huhnschläger 2011, Liebović 1996)."

Solche Zitate werden im Laufe von Schreibprozessen immer wieder umgestaltet und umformuliert – eine Praxis, die hier nicht weiter untersucht werden kann.[3] Sie verweist auf zwei Aspekte, die für meine Überlegungen hier wichtig sind: Zitate sind sowohl epistemisch als auch strategisch orientiert; in der epistemischen Orientierung sind Zitate Vehikel des Denkens in der eigenen Forschungsarbeit und in der strategischen Vehikel des (Mit-)Teilens von Literatur und der Selbstpositionierung durch die Bezugnahme auf Literatur als Objekt einer Wissenschaftsgemeinschaft (Engert u. Krey 2013: 380 f.).

Wie in Kapitel 2.1.2 geschrieben, sucht Lisa beim Lesen „ein paar griffige Formulierungen […] für Sachen, die ich einfach nicht so griffig formulieren kann, oder Gedankengänge, die ich vielleicht auch noch dazu nehmen sollte". Sie hat einige Zeit

---

3 Vgl. zum Schreiben in der Forschung Hoffmann 2018.

am Schreiben eines Exposés zu ihrer Magisterarbeit „herumgekrebst", und die Zitate der gelesenen Texte sollen ihr beim Schreiben helfen. Im Exposé liest sich dies z. B. wie folgt:

Zitat 2

Lisa hat beim Lesen das Textverarbeitungsprogramm geöffnet und schreibt zu einem Zeitpunkt in das Dokument, an dem sie für ihr Exposé arbeitet: „Es geht nicht darum, gegen psychologische Ansätze zu argumentieren, sondern darum, ‚Leistungen des psychologischen Vokabulars' zu übernehmen, das ein ‚exo-soziologisches Reden über psychische Erkrankungen' ermöglicht (Dörfler 2010: 37, 41). Ich möchte in meiner Arbeit den Fokus auf das subjektive Erleben von psychischen Problemen im Raumflug legen.

– Zitate als Stichwortgeber und Unterstützer

Im Produktionsformat dieses Zitats greifen die beiden eben genannten Orientierungen ineinander: die epistemische Arbeit an eigenen Gedankengängen und Formulierungen auf der einen Seite und die strategische Positionierung des Projekts zur Literatur der Disziplin auf der anderen. Die epistemische Orientierung kommt darin zum Ausdruck, dass Lisa zunächst die Perspektive des zitierten Textes im Originalton und in Übersetzung graphemisch animiert und sich diese Perspektive dann in der Formulierung des eigenen Textes zu eigen macht. Über ihr Exposé wird die zitierte Literatur in die Schreibkette ihrer Magisterarbeit eingegliedert, die beim Lesen beginnt, sich über die Formulierungen des Exposés und dessen Diskussion mit ihrem Betreuer und anderen Studierenden in einem Kolloquium fortsetzt und bis zum finalen Typoskript zieht, dass sie schließlich als Qualifikationsschrift am Institut für Exo-Soziologie der Ups einreicht.

Das Zitieren ist in dieser Orientierung Objekt einer allmählichen Verfertigung der Gedanken und des Textes beim Schreiben und beim Sprechen über das Geschriebene. Lisas Textarbeit wird dabei reperspektiviert, indem sie zwischen Lese- und Schreibhaltungen hin und her wechselt und ihr Verhalten an unterschiedlichen Bezugsgruppen, -personen und -objekten adjustiert: dem gelesenen Text, dem Exposé, ihrem Betreuer, dem Prüfungsamt und der Prüfungsordnung des Instituts, den anderen Studierenden etc. Zitate reperspektivieren in diesem Sinn das Lesen auf das Schreiben; in der epistemischen Orientierung sind sie Vehikel für Gedankenspiele der eigenen Projektarbeit.

Wie eingangs dieses Unterkapitels geschrieben, sind Zitate aber vor allem auch Objekte einer wissenschaftsöffentlichen Kommunikation – und damit Objekte der strategischen Positionierung des eigenen Textes zur Literatur einer Disziplin. In Lisas Exposé artikuliert sich diese strategische Orientierung in einer rhetorischen Figur, die Latour zufolge in wissenschaftlichen Diskursen und Disziplinen weit verbreitet und gut etabliert ist: in der „Argumentation durch Autorität" bzw. „Beweisführung durch Autorität". Die Idee dabei ist, dass literarische Referenten als argumentative Alliierte genutzt werden, die den eigenen Text in einen Kontext zu in einer Disziplin vorhandenen und rezipierten Publikationen stellen, die die eigenen Formulierungen mit ihrem „Prestige" oder „Status" als wissenschaftsöffentlich anerkannte Literatur stützen (Latour 1987: 31 f.). Lisa nutzt in ihrem Exposé „Dörfler" und deren Formulierungen als solche Alliierte. Das Zitat ist nicht nur ein Stichwortgeber für „Gedankengänge" und „griffige Formulierungen", sondern auch ein literarischer Unterstützer für den Text, falls er von anderen infrage gestellt wird.

In dieser Orientierung sind Zitate also auch Objekte der Sozialbeziehungen einer Disziplin. Ich hatte im vorherigen Unterkapitel geschrieben, dass Literaturbesprechungen im Seminar und in anderen Situationen durch Literatur „aufgeladen" werden mit „sozialer Solidarität" – eben dadurch, dass die besprochene Literatur als Symbol einer Gemeinschaft und der Mitgliedschaft zu ebenjener Gemeinschaft verhandelt wird (Collins 1989: 18 f., 22 f.). Schreib- und andere Projektarbeiten wie Lisas Text werden auf eine ähnliche Weise durch das Zitieren von Literatur symbolisch aufgeladen.

Ein Aspekt dieser symbolischen Aufladung betrifft die Verpflichtung, Literatur angemessen und anerkennend zu rezipieren und zu zitieren. In Kapitel 2.1.2 habe ich in diesem Zusammenhang auf Beckers Maxime „Sei sorgfältig mit der Literatur oder sie kriegen dich" hingewiesen, mit der er thematisiert, dass das Zitieren von Literatur immer auch ein Spiel um Belesenheitsansprüche und -erwartungen ist: „,Sie' umfasste nicht nur Lehrer, sondern auch Kollegen, die mitunter eine Gelegenheit begrüßen würden, auf deine Kosten zeigen zu können, wie gut sie die Literatur kannten" (Becker 2007: 136). Diese Ansprüche und Erwartungen stehen auch für Petra auf dem Spiel: „Wenn ich dann einen Forschungsstand schreiben soll und den Autor da erwähnen soll, dann will ich den natürlich nicht irgendwie falsch zitieren. Dann schaue ich da schon genau rein, damit ich nicht irgendwie den Text komplett falsch verstehe oder ganz falsch einordne." Hier kommen die Reperspektivierungen des Lesens im Zitieren zum Ausdruck: Zwischen dem gelesenen Text und dessen Perspektiven und Produktionsformat auf der einen Seite und dem zu schreibenden Text und dem Zitieren des Gelesenen vor einem Publikum. Im Zitieren wird eine wissenschaftliche Disziplin zu einer Gemeinschaft von Lesenden und die Literatur zu einem gemeinsam geteilten und vor anderen mitgeteilten Bezugsobjekt. Die Textarbeit reperspektiviert sich hier durch eine Orientierung an der Rezeption der Zitate.

Weiter oben hatte ich anhand von Bernds Zitat das Kontrastieren von Textperspektiven und das Identifizieren von Leerstellen in der Forschung thematisiert. Solche Kontraststrukturen und Leerstellen-Identifikationen finden sich, wie in Kapitel 3.2.3 ausgeführt, auch im von Bernd gelesenen Text. Dies ist insofern analytisch interessant, als Bernd also im Schreiben das reproduziert, was er zuvor im Lesen rezipiert. Er macht sich so zum Relais bzw. Träger von Gestaltungen und Formulierungen, die als Bestandteile der Gattungen literarischer Kommunikation in einer Disziplin tradiert werden. Wie eingangs von Kapitel 3 mit Bergmann geschrieben, sind diese Gattungen entsprechend „real wirksame Orientierungs- und Produktionsmuster" (Bergmann 1987: 35 f., 38) – hier: literarische Orientierungs- und Produktionsmuster in der wissenschaftlichen Textarbeit.

In Kapitel 2.1.3 ging es u. a. darum, wie Forschende, Lehrende und Studierende ihre Literatur bei der Recherche, Auswahl und Archivierung behandeln und dabei als Objekte spezifischer Schulen und Traditionen einer Fachkultur kategorisieren und typisieren. Im Zitieren lassen sich solche Kategorisierungen und Typisierungen ebenfalls beobachten.

Zitat 3

Im Forschungsstand ihrer Magisterarbeit schreibt Lisa: „In der klassischen soziologischen Forschung werden die neueren exo-soziologischen Beiträge als phänomenologische und qualitative Ansätze abgetan, die keine ‚harten' empirischen Tatsachen beisteuern können (vgl. Henker 2001; Lindenberg 2006). Oft wird argumentiert, es bedürfe einer ‚fundierten Kenntnis der Exo-Psychologie und der Xeno-Biologie' (Fabian 2009: 134). Im Gegensatz dazu nehme ich eine Position ein, die der von Dörfler folgt und ‚die Leistung des psychiatrischen Vokabulars übernimmt' (Dörfler 2010: 37). Der Fokus liegt dabei auf dem subjektiven Erleben von psychischen Problemen im Raumflug."

– *Selbstpositionierung im Zitat*

Wie Bernd, so kontrastiert auch Lisa unterschiedliche Perspektiven und formuliert einen „Gegensatz" zwischen diesen Perspektiven. Zu einigen dieser Perspektiven geht sie auf Distanz und nimmt „[i]m Gegensatz dazu [...] eine Position ein, die der von Dörfler folgt", d. h. sie distanziert sich zu Perspektiven „[i]n der klassischen soziologischen Forschung" und identifiziert sich mit den „neueren exo-soziologischen Beiträgen". Ihre Magisterarbeit wird so zum Träger von mit anderen geteilten Perspektiven. Die zitierte Literatur und das Zitieren sind in diesem Sinn Relais von Sozial- und Solidarbeziehungen einer wissenschaftlichen Disziplin. Die Identifikation mit den zitierten Textperspektiven ist auch eine Identifikation und Positionierung im wissenschaftlichen Diskurs.

Beim Zitieren geht es manchmal darum, den eigenen Text mit dem Prestige und Status eines gelesenen Textes aufzuladen. Manchmal geht es aber auch um Sympathie und Antipathie. So sagt Karl über den von ihm gelesenen Text: „Ich finde den auch cool, den Text. Also klar, der hat auch seine Schwächen, aber ich glaube, gerade deshalb finde ich den dann irgendwie ganz gut. Ich mag so Texte, wo ich so das Gefühl habe, die bringen mich ins Denken, während Texte, die so komplett abgeschlossen sind, die langweilen mich meistens." Diesen Text hat er in seiner Projektarbeit „an verschiedenen Stellen weiterverwendet. Der ist so ein bisschen ein Dauerbegleiter geworden."

Lesende bauen in diesem Sinn auch Solidarbeziehungen zu ihren Texten auf – zu solchen, die sie mögen, und zu solchen, die sie für wichtig halten. Über solche Dauerbegleiter bauen sich Lesende Diskursblasen, innerhalb derer sie sich zu dem immer weiter anwachsenden Berg an Wissenschaftspublikationen adaptiv verhalten können. Karl referiert auf seinen Dauerbegleiter dabei oft in Minimalzitationen.

Zitat 4

In einer Publikation findet sich Karls Dauerbegleiter in folgendem Satz: „Die ‚elektronisch projizierte Situation' (Kern-Zanetti 2009) der medial vermittelten Kommunikation wird durch Körper und Dinge gestützt."

– Minimalzitat

Hier reduziert Karl seinen Dauerbegleiter auf drei Wörter im Originalton und auf einen Paratext, der den Autorennamen und das Publikationsjahr umfasst. Diese Minimalzitation ist eine wesentliche Existenzform zitierter Literatur. Ausführlichere Referate des Gelesenen finden sich zwar immer wieder mal; diese sind aber meist entweder auf bestimmte Gattungen wie Rezensionen und Theorieliteratur konzentriert oder konzentrieren sich auf für einen Text besonders wichtige literarische Referenten. Darüber hinaus werden solche Referate auf die Seitenkanäle von Texten verlegt: Zum Beispiel auf mal kürzere und mal längere Fußnoten, in denen Autor/-innen gelesene Literatur diskutieren.

Über Zitate ließe sich noch einiges mehr schreiben; ich belasse es jedoch bei den bisherigen Ausführungen.[4] Wichtig ist mir hier, dass die Analyse von Zitaten und des Zitierens für eine Studie über das Lesen im Forschen, Lehren und Studieren insofern interessant ist, als sich darin Vorstellungen über Disziplinen als literarische Gemeinschaften und über Literatur als gemeinschaftlich geteiltes Objekt erkunden lassen. Die wissenschaftliche Arbeit ist – und wird mehr und mehr – zu einer Textarbeit des Schreibens. Publikationen sind schon seit Längerem wichtig und werden zunehmend zu den zentralen Indikatoren von Forschungserfolgen, sie gehören in wissenschaftlichen Disziplinen zu erfolgreichen Biographien. Und zugleich tradiert sich nach wie vor eine Verpflichtung der Textarbeit, sich zu bereits publizierten Texten zu positionieren. Wissenschaftliche Disziplinen mögen heute vor allem Schreibkulturen sein; sie identifizieren sich aber wesentlich über das Lesen und über die mit anderen geteilte Literatur.

---

4 Vgl. dazu Weingart 2001, Taubert u. Weingart 2016.

Schluss

Diese Studie handelte vom Lesen im universitären Forschen, Lehren und Studieren. Dieser Forschungsgegenstand hat das Themenspektrum auf den Nahbereich der Lebensformen und -welten wissenschaftlicher Arbeit und Literatur begrenzt. Im Folgenden formuliere ich einige abschließende Bemerkungen, die den analytischen Fokus dieser Studie ein wenig weiten. Dabei geht es mir vor allem um Lesen und Literatur als Gegenstände soziologischer Forschung und als kulturhistorisch spezifische Verhaltensweisen und Objekte.

Die Theorieperspektive dieser Studie ordnet sich der soziologischen Praxeologie zu (vgl. Garfinkel 1974: 18; Schatzki u. a. 2001). Als „Praxis" habe ich dabei in Anlehnung an Meads Sozialbehaviorismus ein Verhalten begriffen, das sich sinnlich und sinnhaft – im Vokabular der Praxeologie: körperlich und kommunikativ bzw. diskursiv – in einer sozialen und materialen Umwelt bewegt und verortet und durch diese Umweltbezüge orientiert und strukturiert wird (vgl. Mead 1925: 268 f., 273 f.). Lesen und Literatur sind für diese Theorieperspektive insofern interessante Gegenstände, als dass sich hier unterschiedliche Verhaltensbezüge finden und sich das beforschte Verhalten als Praxis auf instruktive Weise analytisch dekomponieren lässt.

In Kapitel 2 habe ich Literatur mit Garfinkel als „orientiertes Objekt" eines konkreten körperlichen Tuns untersucht (Garfinkel 2002: 179 f.). Das Lesen habe ich als „Arbeit", d. h. als eine professionelle Praxis beschrieben, die in die formalen Strukturen und die sozialen Situationen der Organisation universitären Forschens, Lehrens und Studierens eingelassen ist und orientiert, welche Literatur wo, wie und wieso gelesen wird. Es ging hier u. a. um die Arbeitsabläufe, Motive und Zwecke, Recherche- und Archivierungsweisen, sozialen und räumlichen Umgebungen und körperlichen und zeitlichen Abläufe des Lesens. Ich habe dies mit McHoul als „In-situ-Organisation" des Lesens beschrieben und in Kapitel 3 mit der „In-Text-Organisation" der Literatur verglichen (McHoul 1982: 6 f.). Dabei habe ich eine Ebene der materialen und medialen Organisation der Textgestaltung von der Ebene des konkreten Sprachgebrauchs in Formulierungen unterschieden. Beide Ebenen bilden, so habe ich mit Iser geschrieben, „Orientierungszentren", die es Lesenden ermöglichen, einem Text sinnlich und sinnhaft zu folgen (Iser 1984: 61 f.). In Kapitel 4 habe ich argumentiert, dass diese „In-Text-Organisation" in ihren publizierten Formen von Lesenden in Rezeptionsformen gebracht werden, u. a. dadurch, dass sie die Literatur für das Lesen in Kopien und Scans umgestalten und die Formulierungen der Texte durch Markierungen und Annotationen mit eigenen graphemischen Zeichenschichten überschreiben bzw. reformulieren. Die Texturen der Literatur werden so praktisch in die formalen Strukturen und sozialen Situationen des Lesens eingepasst. In Kapitel 5 ging es mir schließlich um die Reorientierung und Reperspektivierung des kommunikativen Verhaltens Texten gegenüber durch das kommunikative Verhalten Dritten gegenüber: anwesenden Anderen in der Lesesituation im Büro oder in der Diskussion des Gele-

https://doi.org/10.1515/9783110580242-007

senen in einem Seminar und schließlich abwesenden Anderen in der literarisch vermittelten Kommunikation beim Schreiben eigener Texte für spezifische Rezipierende.

Für die soziologische Praxeologie sind m. E. vor allem drei analytische Aspekte an Lesen und Literatur als Forschungsgegenständen interessant: (1) das in Kapitel 2 und 5 thematisierte praktische Können und die Didaktik und Disziplinierung spezifischer Gemeinschaften, Organisationsformen und Situationen, die Leseweisen tradiert und Lesende in einem spezifischen Verhalten Objekten gegenüber sozialisiert, kontrolliert und diszipliniert; (2) die in Kapitel 3 und 4 thematisierte Textualität von Literatur als physisches Bezugsobjekt körperlichen Verhaltens, das Letzteres sinnlich-sinnhaft orientiert; und schließlich (3) das in Kapitel 4 und 5 thematisierte Denken als ein ebenso körperliches wie durch Schreib- und Lesetechnologien materiell gestütztes Vollzugsgeschehen, das eine innere Konversation mit dem Selbst und eine äußere Konversation mit Textperspektiven ebenso wie mit anwesenden und abwesenden Anderen sein kann. Bei alledem geht es um die Sozialisation der Lesepraxis in Strukturen und Situationen, die Reaktion der Lesepraxis auf Wahrnehmungs- und Verhaltensobjekte und die Partizipation der Lesepraxis an Kollektiven und Kollaborationen durch gemeinsam geteilte Bezugsobjekte.

Die Literatursoziologie hatte ihre Hoch-Zeit in den 1960er- und 1970er-Jahren und ist spätestens seit den 1990er-Jahren mehr oder minder eingeschlafen. Das mag u. a. darin begründet sein, dass es hier meist darum ging, einen Gegenstand, der zuvor nicht oder nur kaum erschlossen war, aus bestimmten Theorie- und Methodenperspektiven zu erschließen. Nachdem erkundet war, wie sich Schriftsteller/-innen rekrutieren, welche Literatur in welchen Schichten gelesen wird und welche Diskurse sich in welchen Texten abbilden, schien dieser Gegenstandsbereich weitgehend abgearbeitet (vgl. Bourdieu 2014; Goldman 1974; Silberman 1981). Einige wenige Ausnahmen finden sich zwar, so z. B. die Studie von Childress eingangs von Kapitel 3 (Childress 2017). Auch hier handelt es sich aber eher um eine Anwendung von Theorie – im konkreten Fall: der Feldtheorie von Bourdieu und anderen – auf den Gegenstand der Literatur. Ich möchte jedoch vorschlagen, Literatursoziologie als, mit Kalthoff und Koautor/-innen, „theoretische Empirie" zu betreiben (Kalthoff u. a. 2008): Als eine theoretisch interessierte und detaillierte empirische Analyse des Lesens und der Literatur, die dabei hilft, die Forschungskonzepte und -methoden der Soziologie weiterzuentwickeln.

Dies ist m. E. ein erster guter Grund für eine Wiederbelebung der Literatursoziologie. Ein zweiter ist, dass es sich bei Lesen und Literatur um kulturhistorisch spezifische Phänomene handelt, die sich derzeit auf analytisch interessante Weise wandeln – in den Wissenschaften im Besonderen und überall sonst im Allgemeinen. Die von mir beforschten Leseweisen und Texte sind Erscheinungsformen, deren Ursprünge, wie Illich zeigt, wesentlich in der Alphabetisierung, der Literalisierung breiterer Bevölkerungsschichten und in den Technologien der Typographie zu suchen sind (Illich 2014: 8–11). Mit der Digitalisierung des Lesens und Schreibens scheint, so Lobin in Anlehnung an McLuhan, der „typographische Mensch" der „Gutenberg-Galaxie" neuen Lebensformen der „Turing-Galaxie" zu weichen (vgl. Lobin 2014: 58 f.,

86; vgl. McLuhan 1962). Den Aufbruch in diese Galaxie markierten Alan Turings Beiträge zur Entwicklung der Computertechnologien und der Informatik ab den 1930er-Jahren. Ende der 1960er-Jahre experimentierte dann Douglas C. Engelbart mit computerbasierten Textbearbeitungstechnologien, mit denen die „Automatisierung des Lesens und Schreibens" begann. Für Lobin waren diese Beiträge für die Entwicklung von Schreib- und Lesetechnologien ebenso wichtig wie Gutenbergs Buchdruck mit beweglichen Lettern (Lobin 2014: 19, 84).

Die Forschenden, Lehrenden und Studierenden in meiner Studie lesen noch meist gedruckte Kopien von Literatur auf Papier und mit Stiften in der Hand. Jedoch lesen sie auch mehr und mehr digitale Texte an den Bildschirmen ihrer Computer und an anderen Lesegeräten. Letzteres – das digitalisierte Lesen – nimmt auch in wissenschaftlichen Disziplinen zu. Dass sich damit aber Leseweisen grundlegend verändern würden, konnte ich nicht beobachten. Dies mag u. a. daran liegen, dass digitale Technologien Leseweisen stützen, die in den von mir beforschten Arbeitszusammenhängen schon seit Längerem etabliert sind. Oder anders formuliert: Digitale Lesegeräte werden dann genutzt, wenn sie das ermöglichen, was auch mit Stift und Papier getan werden kann – das Gelesene mit eigenen Leseformulierungen für praktische Zwecke zu bearbeiten.

Wie Felsch schreibt, kultivierte sich das Lesen als „Partisanenexistenz" u. a. durch neue Taschenbuchformate auch an Universitäten: ein „respektloses" Lesen, das durch bzw. auf den Gebrauchswert der Literatur orientiert war. Diesem Lesen geht es nicht darum, was in einem Text steht, sondern wozu dieser Text genutzt werden kann (Felsch 2015: 133). So schreiben Deleuze und Guattari – zwei Stichwortgeber dieses Lesens –, auf die Felsch verweist: „Findet die Stellen in einem Buch, mit denen ihr etwas anfangen könnt. Wir lesen und schreiben nicht mehr in der herkömmlichen Weise. [...] In einem Buch gibt's nichts zu verstehen, aber viel, dessen man sich bedienen kann." Beide schreiben immer wieder vom Buch als einer „Maschine" bzw. als etwas, mit dem man „Maschine machen" kann (Deleuze u. Guattari 1972: 40). Die Kritiker der Digitalisierung des Lesens und der Literatur innerhalb und außerhalb der Wissenschaften weisen auf viele wichtige Punkte hin – u. a. auf die Konzentration von Marktmacht und Markenbildungen, auf die Ökonomisierung des (wissenschaftlichen) Publikationsbetriebs etc. Oft weisen sie aber auch darauf hin, dass andere – Kolleg/-innen und Studierende – nicht mehr richtig lesen, sondern allenfalls digital „screenen" (vgl. Bohn 2010: 369). Diese Sorge übersieht, dass auch typographische Menschen immer schon maschinell gearbeitet und Partisanenexistenzen als in Büchern wildernde Lesende im Forschen, Lehren und Studieren geführt haben. Das Maschinenlesen ist in diesem Sinn älter als das, was als Digitalisierung diskutiert wird.

Damit behaupte ich nicht, dass die Digitalisierung des Lesens und der Literatur analytisch uninteressant sind; ich denke ganz im Gegenteil, dass es wichtig ist, diesen Wandel von Leseweisen und -technologien soziologisch zu verstehen. Dazu müssen wir ihn jedoch zunächst detailliert beforschen, d. h. theoretische Empirie betreiben, damit wir das, was gegenwärtig geschieht, analytisch nachvollziehen und begreifen können. Diese Studie hier hat kulturhistorisch spezifische Phänomene untersucht und ist schon jetzt etwas antiquiert bzw. wird es in nicht allzu langer Zeit sein. Daher ist es m. E. wichtig, Forschung nicht an trendigen Gegenständen festzumachen, sondern an relevanten Fragestellungen. Wie man Texte liest und anderweitig mit ihnen umgeht, ist eine sehr alte und überdauernde Kulturtechnik, die lokale wie globale Charakteristika aufweist. Gegenwärtig wird noch auf Papier gelesen, aber auch mehr und mehr digital, zukünftig vielleicht mit im Raum freischwebenden Körpern und Graphemen auf der Erde und anderen Planeten. Entscheidend ist es, Gegenwärtiges und Vergangenes analytisch instruktiv zu beforschen und auf diese Weise Zukünftiges zu antizipieren, zu entwickeln, zu lernen und zu lehren.

Literaturverzeichnis

Abbott, A. (2008): Publication and the Future of Knowledge. Plenary Lecture to the Association of American University Presses, Montreal

Abbott, A. (2009): The Future of Knowing. Talk to Alumni and Friends, University of Chicago Alumni Weekend, Chicago

Alasuutari, P. (1995): Researching Culture. Qualitative Method and Cultural Studies, London: SAGE

Althusser, L. (1974): Philosophie und spontane Philosophie der Wissenschaftler, Berlin: Argument-Verlag

Amann, K. & S. Hirschauer (1997): Die Befremdung der eigenen Kultur. Ein Programm; in: S. Hirschauer & K. Amann (Hg.): Die Befremdung der eigenen Kultur: Zur ethnographischen Herausforderung der eigenen Kultur, Frankfurt a. M.: Suhrkamp, S. 7–52

Amann, K. & K. Knorr-Cetina (1989): Thinking Through Talk: An Ethnographic Study of a Molecular Biology Laboratory; in: Knowledge and Society 8, S. 3–26

Anderson, D.C. (1978): Some Organizational Features in the Local Production of a Plausible Text; in: Philosophy of the Social Sciences 8 (2), S. 113–135

Anderson, R.J. & W.W. Sharrock (1982): Some Procedures Sociologists Use for Organisation Phenomena; in: Social Analysis 11, S. 79–93

Appadurai, A. (Hg.) (1986): The social life of things. Commodities in cultural perspective, Cambridge: University Press

Assmann, A, & J. Assmann (1998): Schrift und Gedächtnis; in: A. Assmann, J. Assmann & C. Hardmeier (Hg.) (1998): Schrift und Gedächtnis. Archäologie der literarischen Kommunikation I, München: Wilhelm Fink Verlag, S. 265–284

Assmann, A., J. Assmann & C. Hardmeier (Hg.) (1998): Schrift und Gedächtnis. Archäologie der literarischen Kommunikation I, München: Wilhelm Fink Verlag

Assmann, J. (1998): Schrift, Tod und Identität. Das Grab als Vorschule der Literatur im alten Ägypten; in: A. Assmann, J. Assmann & C. Hardmeier (Hg.) (1998): Schrift und Gedächtnis. Archäologie der literarischen Kommunikation I, München: Wilhelm Fink Verlag, S. 64–93

Assmann, J. (2013): Das kulturelle Gedächtnis. Schrift, Erinnerung und politische Identität in frühen Hochkulturen, München: C.H.Beck

Ayaß, R, W.L. Schneider, T. Hinz, K.-O. Maiwald, J. Rössel, H. Vollmer & T. Wobbe (2014): Editorial; in: Zeitschrift für Soziologie 43 (1), S. 2–4

Baccus, M.D. (1986): Sociological indication and the visibility criterion of real world social theorizing; in: H. Garfinkel (Hg.): Ethnomethodological Studies of Work, London: Routledge & Kegan Paul, S. 1–19

Bazerman, C. (1988): Shaping Written Knowledge. The Genre and Activity of the Experimental Article in Science, Madison: University of Wisconsin Press

Becker, H.S. (2007): Writing for Social Scientists. How to Start and Finish Your Thesis, Book, or Article, Chicago: University of Chicago Press

Becker, H.S., B. Geer & E.C. Hughes (1995): Making the Grade. The Academic Side of College Life, New Brunswick und London: Transaction Publishers

Behrmann, G.C. (1999): Die Theorie, das Institut, die Zeitschrift und das Buch: Zur Publikations- und Wirkungsgeschichte der Kritischen Theorie 1945 bis 1965; in: C. Albrecht, G.C. Behrmann, M. Bock, H. Homann & F.H. Tenbruck (Hg.): Die intellektuelle Gründung der Bundesrepublik. Eine Wirkungsgeschichte der Frankfurter Schule, Frankfurt a. M. und New York: Campus, S. 247–311

Bergmann, J.R. (1974): Der Beitrag Harold Garfinkels zur Begründung des ethnomethodologischen Forschungsansatzes; unveröffentlichtes Manuskript

https://doi.org/10.1515/9783110580242-008

Bergmann, J.R. (1985): Flüchtigkeit und methodische Fixierung sozialer Wirklichkeit. Aufzeichnungen als Daten der interpretativen Soziologie; in: W. Bonß & H. Hartmann (Hg.): Entzauberte Wissenschaft: Zur Relativität und Geltung soziologischer Forschung, Göttingen: Schwarz, S. 299–320

Bergmann, J.R. (1987): Klatsch. Zur Sozialform der diskreten Indiskretion, Berlin: Walter de Gruyter

Blom, J.-P. & J.J. Gumperz (1972): Social Meaning in Linguistic Structures: Code Switching in Northern Norway; in: J.J. Gumperz & D. Hymes (Hg.): Directions in Sociolinguistics. The Ethnography of Communication, Oxford: Blackwell, S. 407–434

Bloor, D. (1981): The Strength of the Strong Programme; in: Philosophy of the Social Sciences 11, S. 199–213

Bloor, D. (1991): Knowledge and Social Imagery, Chicago und London: University of Chicago Press

Bohn, C. (2010): Die Universität als Ort der Lektüre. Printkultur trifft Screenkultur; in: Soziale Systeme 16 (2), S. 368–379

Boulter, J.D. (1996): Ekphrasis, Virtual Reality, and the Future of Writing; in: G. Nunberg (Hg.): The Future of the Book, Berkeley und Los Angeles: University of California Press, S. 253–272

Bourdieu, P. (1999): Die Regeln der Kunst. Genese und Struktur des literarischen Feldes, Frankfurt a. M.: Suhrkamp

Bourdieu, P. (2000): Die zwei Gesichter der Arbeit. Interdependenzen von Zeit- und Wirtschaftsstrukturen am Beispiel einer Ethnologie der algerischen Übergangsgesellschaft, Konstanz: UVK

Bourdieu, P. (2009): Entwurf einer Theorie der Praxis auf der ethnologischen Grundlage der kabylischen Gesellschaft, Frankfurt a. M.: Suhrkamp

Bourdieu, P. (2017): Sprache. Schriften zur Kultursoziologie I, Berlin: Suhrkamp

Breidenstein, G., S. Hirschauer, H. Kalthoff & B. Nieswand (2013): Ethnografie. Die Praxis der Feldforschung, Konstanz: UVK

Brinkmann, S., M.H. Jacobsen & S. Kristiansen (2014): Historical Overview of Qualitative Research in the Social Sciences; in: P. Leavy (Hg.): The Oxford Handbook of Qualitative Research, Oxford: University Press, S. 17–42

Burke, K. (1941): Four Master Tropes; in: The Kenyon Review 3 (4), S. 421–438

Burke, K. (1962): A Grammar of Motives and A Rhetoric of Motives, Cleveland und New York: Meridian Books

Callon, M. (2006): Einige Elemente einer Soziologie der Übersetzung: Die Domestikation der Kammmuscheln und der Fischer der St. Brieuc-Bucht; in: A. Belliger & D. Krieger (Hg.): ANThology. Ein einführendes Handbuch in die Akteur-Netzwerk-Theorie, Bielefeld: Transcript, S. 135–174

Carlin, A. (2010): 'The Literature': Corpus Status and Problems of Differentiation in Academic Writing, Paper presented at the conference „Evaluation: a constitutive part of research practice", Faculté des lettres et sciences humaines, University of Neuchâtel, 19. November 2010

Childress, C. (2017): Under the Cover. The Creation, Production, and Reception of a Novel, Princeton und Oxford: Princeton University Press

Cicourel, A.V. (1964): Method and Measurement in Sociology, New York: The Free Press

Collins, H.M. (1981): Introduction: Stages in the Empirical Programme of Relativism; in: Social Studies of Science 11 (1), S. 3–10

Collins, H. (2011): Gravity's Ghost. Scientific Discovery in the Twenty-first Century, London und Chicago: University of Chicago Press

Collins, J. (2010): Bring on the Books for Everybody. How Literary Culture Became Popular Culture, Durham and Newe York: Duke University Press

Collins, R. (1989): Toward A Neo-Median Sociology of Mind; in: Symbolic Interaction, S. 1–32

Collins, R. (2004): Interaction Ritual Chains, Princeton: University Press

Corbin, J.M. & A.L. Strauss (1993): The Articulation of Work through Interaction; in: The Sociological Quarterly 34 (1), S. 71–83

Coulter, J. (1979): The Social Construction of Mind. Studies in Ethnomethodology & Linguistic Philosophy, London: The Macmillan Press

Davidson, D. (2001): Inquiries into Truth and Interpretation, Oxford: Clarendon Press

Deleuze, G. & F. Guattari (1972): Rhizom, Berlin: Merve

Derrida, J. (1983): Grammatologie, Frankfurt a. M.: Suhrkamp

Dörner A. & L. Vogt (2013): Literatursoziologie. Eine Einführung in zentrale Positionen – von Marx bis Bourdieu, von der Systemtheorie bis zu den British Cultural Studies, Wiesbaden: Springer VS

Ehlich, K. (1998): Text und sprachliches Handeln. Die Entstehung von Texten aus dem Bedürfnis nach Überlieferung; in: A. Assmann, J. Assmann & C. Hardmeier (Hg.): Schrift und Gedächtnis. Archäologie der literarischen Kommunikation I, München: Wilhelm Fink Verlag, S. 24–43

Emirbayer, M. & D.W. Maynard (2011): Pragmatism and Ethnomethodology; in: Qualitative Sociology 34: S. 221–261

Engert, K. & Krey, B. (2013): Das lesende Schreiben und das schreibende Lesen. Zur epistemischen Arbeit an und mit wissenschaftlichen Texten; in: Zeitschrift für Soziologie 42 (5), S. 366–384

Fahnestock, J. (2002): Rhetorical Figures in Science, New York und Oxford: Oxford University Press

Felsch, P. (2015): Der lange Sommer der Theorie. Geschichte einer Revolte 1960–1990, München: C.H.Beck

Foucault, M. (1974): Was ist ein Autor?; in: ders.: Schriften zur Literatur, München: Nymphenburger Verlagshandlung

Garfinkel, H. (1967): Studies in Ethnomethodology, Cambridge: Polity Press

Garfinkel, H. (1974): The Origins of the Term 'Ethnomethodology'; in: R. Turner (Hg.): Ethnomethodology. Selected Readings, Middlesex: Penguin Education

Garfinkel, H. (1986): Ethnomethodological Studies of Work, London and New York: Routledge & Kegan Paul

Garfinkel, H. (2002): Ethnomethodology's Program. Working Out Durkheim's Aphorism, New York: Rowman & Littlefield

Garfinkel, H. (2006): Seeing Sociologically. The Routine Grounds of Social Action, Boulder: Paradigm Publishers

Garfinkel, H., M. Lynch & E. Livingston (1981): The Work of a Discovering Science Construed with Materials from the Optically Discovered Pulsar; in: Philosophy of the Social Science 11 (2), S. 131–158

Garfinkel, H. & H. Sacks (1986): On formal structures of practical actions; in: H. Garfinkel (Hg.): Ethnomethodological Studies of Work, London: Routledge & Kegan Paul, S. 160–193

Garfinkel, H. & D. Sudnow (1975): A Conjecture About An Ignored Orderliness of Lectures As University-Specific Work; unpubliziertes Manuskript

Geertz, C. (1987): Dichte Beschreibung. Beiträge zum Verstehen kultureller Systeme, Frankfurt a. M.: Suhrkamp

Geertz. C. (2005): Deep play: notes on the Balinese cockfight; in: Deadalus 134 (4), S. 56–86

Genette, G. (2001): Paratexte. Das Buch vom Beiwerk des Buches, Frankfurt a. M. Suhrkamp

Gibson, J.J. (1986): The Ecological Approach to Visual Perception, Hillsdale: Lawrence Erlbaum Associates

Gieryn, T.F. (1983): Boundary-Work and the Demarcation of Science from Non-Science: Strains and Interests in Professional Ideologies of Scientists; in: American Sociological Review 48 (6), S. 781–795

Gilbert, G.N. & M. Mulkay (1980): Contexts of Scientific Discourse: Social Accounting in Experimental Papers; in: K.D. Knorr, R. Krohn & R. Whitley (Hg.): The Social Process of Scientific Investigation, Dordrecht: D. Reidel Publishing Company, S. 269–294

Gilbert, G.N. & M. Mulkay (1984: Opening Pandora's Box. A sociological analysis of scientists' discourse, Cambridge: University Press

Gitelman, L. (2014): Paper Knowledge. Toward a Media History of Documents, Durham and London: Duke University Press

Glaser, B.G. & A.L. Strauss (1965): Awareness of Dying, New York: Aldine Publishing Company

Goffman, E. (1963): Behavior in Public Places. Notes on the Social Organization of Gatherings, New York: The Free Press

Goffman, E. (1964): The Neglected Situation; in: American Anthropologist 66 (6), S. 133–136

Goffman, E. (1965): Embarrassment and Social Organization; in: The American Journal of Sociology 62 (3), S. 264–271

Goffman, E. (1971): Relations in Public. Microstudies of the Public, New York: Basic Books

Goffman, E. (1974): Frame Analysis. An Essay on the Organization of Experience, Boston: Northeastern University Press

Goffman, E. (1981): Forms of Talk, Philadelphia: University of Philadelphia Press

Goffman, E. (1983): The Interaction Order; in: American Sociological Review 48 (1), S. 1–17

Goldmann, L. (1974): Die Soziologie der Literatur; in: Bark, J. (Hg.): Literatursoziologie, Bd. 1: Begriff und Methodik, Stuttgart: Kohlhammer, S. 85–113

Goodwin, C. (1994): Professional Vision; in: American Anthropologist 96 (3), S. 606–633

Goodwin, C. (2000): Practices of Seeing: Visual Analysis: An Ethnomethodological Approach; in: Van Leeuwen & C. Jewitt (Hg.): Handbook of Visual Analysis, London: Sage, S. 157–182

Goody, J. (2000): The Power of the Written Tradition, Washington und London: Smithsonian Institution Press

Goody, J. & I. Watt (1963): The Consequences of Literacy; in: Comparative Studies in Society and History 5 (3), S. 304–345

Grésillon, A. (2012): Über die allmähliche Verfertigung von Texten beim Schreiben; in: Zanetti, S. (Hg.): Schreiben als Kulturtechnik, Berlin: Suhrkamp, S. 152–186

Gross, A.G. (2006): Starring the Text. The Place of Rhetoric in Science Studies, Carbondale: Southern Illinois University Press

Gumbrecht, H.U. (1998): Schriftlichkeit in mündlicher Kultur; in: A. Assmann, J. Assmann & C. Hardmeier (Hg.) (1998): Schrift und Gedächtnis. Archäologie der literarischen Kommunikation I, München: Wilhelm Fink Verlag, S. 158–174

Gusfield, J. (1976): The Literary Rhetoric of Science: Comedy and Pathos in Drinking Driver Research; in: American Sociological Review 41 (1), S. 16–34

Habermas, J. (1969): Technologie und Wissenschaft als „Ideologie", Frankfurt a.M.: Suhrkamp

Hagner, M. (2015): Zur Sache des Buches, Göttingen: Wallstein Verlag

Have, P.T. (1999): Structuring Writing for Reading: Hypertext and the Reading Body; in: Human Studies 22 (2/4), S. 273–298

Heath, C. & P. Luff (2000): Technology in Action, Cambridge: University Press

Heintz, B. (1993): Wissenschaft im Kontext. Neuere Entwicklungstendenzen der Wissenschaftssoziologie; in: Kölner Zeitschrift für Soziologie und Sozialpsychologie 45 (3), S. 528–552

Hennion, A. (2001): Music Lovers. Taste as Performance; in: Theory, Culture & Society 18 (5), S. 1–22

Hirschauer, S. (2004): Praktiken und ihre Körper. Über materielle Partizipanden des Tuns; in: K.H. Hörning & J, Reuter (Hg.): Doing Culture. Neue Positionen zum Verhältnis von Kultur und sozialer Praxis, Bielefeld: Transcript, S. 73–91

Hirschauer, S. (2005): Publizierte Fachurteile. Lektüre und Bewertungspraxis im Peer Review; in: Soziale Systeme 11 (1), S. 52–82

Hirschauer, S. (2008): Körper macht wissen – Für eine Somatisierung des Wissensbegriffs; in: K.-S. Rehberg (Hg.): Die Natur der Gesellschaft. Verhandlungen des 33. Kongresses der Deutschen Gesellschaft für Soziologie, Frankfurt a. M. und New York: Campus, S. 974–984

Hirschauer, S. (2014): Intersituativität. Teleinteraktion und Koaktivitäten jenseits von Mikro und Makro; in: Zeitschrift für Soziologie, Sonderheft 2014, S. 109–133

Hirschauer, S. (2016): Verhalten, Handeln, Interagieren. Zu den mikrosoziologischen Grundlagen der Praxistheorien; in: H. Schäfer (Hg.): Praxistheorie. Ein Forschungsprogramm, Bielefeld: Transcript, S. 45–67

Hoffmann, C. (2013): Die Arbeit der Wissenschaften, Zürich: diaphanes

Hoffmann, C. (2018): Schreiben im Forschen. Verfahren, Szenen, Effekte, Tübingen: Mohr Siebeck

Holmes, F.L. (1987): Scientific Writing and Scientific Discovery. Isis 78 (2), S. 220–235

Illich, I. (2014): Im Weinberg des Texts. Als das Schriftbild der Moderne entstand, München: C.H. Beck

Iser, W. (1972): The Reading Process: A Phenomenological Approach; in: New Literary History 3 (2), S. 279–299

Iser, W. (1984): Der Akt des Lesens. Theorie ästhetischer Wirkung, Stuttgart: Wilhelm Fink

Kalthoff, H. (1995): Die Erzeugung von Wissen. Die Fabrikation von Antworten im Schulunterricht; in: Zeitschrift für Pädagogik 41, S. 925–939

Kittler, F.A. (1987): Aufschreibesysteme 1800/1900, München: Wilhelm Fink Verlag

Kleist, H. v. (1878): Ueber die allmähliche Verfertigung der Gedanken beim Reden; Berlin: Verlag von Georg Stilke, S. 3–7

Knorr Cetina, K. (2012): Die Fabrikation von Erkenntnis. Zur Anthropologie der Naturwissenschaft, Frankfurt a. M.: Suhrkamp

Königs, F.G. (1995): Lernen im Kontrast – was heißt das eigentlich?; in: Fremdsprachen Lehren und Lernen, Themenschwerpunkt: Kontrastivität und kontrastives Lernen, S. 11–24

Krämer, S. (2005): ‚Operationsraum Schrift': Über einen Perspektivenwechsel in der Betrachtung der Schrift; in: G. Grube, W. Kogge & S. Krämer (Hg.): Schrift. Kulturtechnik zwischen Auge, Hand und Maschine, München: Wilhelm Fink Verlag, S. 23–57

Krentel, F., K. Barthel, S. Brand, A. Friedrich, A.R. Hoffmann, L. Meneghello, J. C. Müller & C. Wilke (2015): Library Life: Werkstätten kulturwissenschaftlichen Forschens, Lüneburg: meson press

Krey, B. (2011): Textuale Praktiken und Artefakte. Soziologie schreiben bei Garfinkel, Bourdieu und Luhmann, Wiesbaden: VS Verlag für Sozialwissenschaften

Krey, B. (2014): Michael Lynch: Touching Paper(s) – oder die Kunstfertigkeit naturwissenschaftlichen Arbeitens; in: D. Lengersdorf & M. Wieser (Hg.): Schlüsselwerke der Science & Technology Studies, Wiesbaden: Springer VS, S. 171–180

Krey, B. (2018): Text/Wissenschaft. Materialgeschichten qualitativer Forschung; in: M. Hagner & C. Hoffmann (Hg.): Nach Feierabend. Zürcher Jahrbuch für Wissensgeschichte 14. Materialgeschichten, Zürich: Diaphanes, S. 89–110

Kuhn, T.S. (2012): The Structure of Scientific Revolutions, Chicago and London: The University of Chicago Press

Kuzmic, H. & G. Mozetič (2003): Literatur als Soziologie. Zum Verhältnis von literarischer und gesellschaftlicher Wirklichkeit, Konstanz: UVK

Lamont, M. (2009): How Professors Think. Inside the Curious World of Academic Judgement, Cambridge: Harvard University Press

Latour, B. (1987): Science in Action. How to follow scientists and engineers through society, Cambridge: Harvard University Press

Latour, B. (1990): Drawing things together; in: M. Lynch & S. Woolgar (Hg.): Representation in Scientific Practice, Cambridge: The MIT Press, S. 19–68

Latour, B. (2014): Existenzweisen. Eine Anthropologie der Moderne, Berlin: Suhrkamp

Latour, B. & P. Fabbri (2000): The Rhetoric of Science: Authority and Duty in an Article from the Exact Sciences; in: Technostyle 16 (1), S. 115–134

Latour, B. & S. Woolgar (1986): Laboratory Life. The Construction of Scientific Facts, Princeton: Princeton University Press

Lenoir, T. (1998): Inscription Practices and Materialities of Communication; in: T. Lenoir & H. U. Gumbrecht (Hg.): Writing Science. Scientific Texts and the Materiality of Communication, Stanford: Stanford University Press, S. 1–19

Lepenies, W. (1978): Das Ende der Naturgeschichte, Wandel kultureller Selbstverständlichkeiten in den Wissenschaften des 18. und 19. Jahrhunderts, Frankfurt a. M.: Suhrkamp

Lepenies, W. (2006): Die drei Kulturen. Soziologie zwischen Literatur und Wissenschaft, Frankfurt a. M.: Fischer Taschenbuch Verlag

Lévi-Strauss, C. (1973): Das wilde Denken, Frankfurt a. M.: Suhrkamp

Liberman, K. (2013): More Studies in Ethnomethodology, Albany: State University of New York Press

Littau, K. (2006): Theories of Reading. Books, Bodies and Bibliomania, Cambridge: Polity Press

Livingston, E. (1995): An Anthropology of Reading, Bloomington und Indianapolis: Indiana University Press

Lobin, H. (2014): Engelbarts Traum. Wie der Computer uns Lesen und Schreiben abnimmt, Frankfurt a. M.: Campus

Luckmann, T. (1986): Grundformen der gesellschaftlichen Vermittlung des Wissens: Kommunikative Gattungen; in: F. Neidhardt, M.R. Lepsius & J. Weiss (Hg.): Kultur und Gesellschaft, Opladen: Westdeutscher Verlag, S. 191–211

Luhmann, N. (1981): Kommunikation mit Zettelkästen. Ein Erfahrungsbericht; in: H. Baier, H.M. Kepplinger & K. Reumann (Hg.): Öffentliche Meinung und sozialer Wandel. Für Elisabeth Noelle-Neumann, Opladen: Westdeutscher Verlag, S. 222–228

Lynch, M. (1985): Art and artifact in laboratory sciene. A study of shop work and shop talk in a research laboratory, London: Routledge & Kegan Paul

Lynch, M. (1997): Scientific practice and ordinary action. Ethnomethodology and social studies of science, Cambridge: University Press

Lynch, M. (1998): Towards a Constructivist Genealogy of Social Constructivism; in: I. Velody & R. Williams (Hg.): The Politics of Constructionism, London: Sage, S. 13–32

Manguel, A (2004): A Reading Diary. A Year of Favourite Books, Edinburgh: Canongate

Manguel, A. (2014): A History of Reading, New York: Penguin Books

Martus, S. & C. Spoerhase (2018): Gelesene Literatur in der Gegenwart; in: Text + Kritik XII/18, S. 7–17

McGurl, M. (2009): The Program Era. Postwar Fiction and the Rise of Creative Writing, Harvard: University Press

McHoul, A. (1982): Telling How Texts Talk. Essays on Reading and Ethnomethodology, London und New York: Routledge

McLaughlin, T. (2015): Reading and the Body. The Physical Practice of Reading, New York: Palgrave Macmillan

McLuhan, M. (1962): The Gutenberg Galaxy. The Making of Typographic Man, Toronto: University of Toronto Press

Mead, G.H. (1925): The Genesis of the Self and Social Control; in: International Journal of Ethics 35 (3), S. 251–277

Mead, G.H. (1938): Philosophy of the Act, Chicago: University of Chicago Press

Mead, G.H. (2002): The Philosophy of the Present, Amherst: Prometheus Books

Miller, C. (1984): Genre as Social Activity; in: Quarterly Journal of Speech 70, S. 151–167

Mills, C.W. (1940): Situated Actions and Vocabularies of Motive; in: American Sociological Review 5 (6), S. 904–913

Montgomery, S.L. (1996): The Scientific Voice, New York: Guilford Press

Morris, C. (1964): Signification and Significance, Cambridge: The M.I.T. Press

Myers, G. (1985): Texts as Knowledge Claims: The Social Construction of Two Biology Articles; in: Social Studies of Science 15, S. 593–630

Park, R.E. & E.W. Burgess (1921): Introduction to the Science of Sociology, Chicago: University of Chicago Press

Pickering, A. (1992): Science as Practice and Culture, Chicago und London: University of Chicago Press

Pollner, M. (1978): Constitutive and Mundane Versions of Labeling Theory; in: Human Studies 1 (3), S. 269–288

Pollner, M. (1979): Explicative Transactions: Making and Managing Meaning in Traffic Court; in: G. Psathas (Hg.): Everyday Language. Studies in Ethnomethodology, New York: Irvington, S. 227–255

Pollner, M. (1987): Mundane reason. Reality in everyday and sociological discourse; Cambridge: University Press

Rheinberger, H.-J. (1992): Experiment, Differenz, Schrift: Zur Geschichte epistemischer Dinge, Marburg: Basilisken-Presse

Rheinberger, H.-J. (1998): Experimental Systems, Graphemic Spaces; in: T. Lenoir & H. U. Gumbrecht (Hg.): Writing Science. Scientific Texts and the Materiality of Communication, Stanford: Stanford University Press, S. 285–303

Rheinberger, H.-J. (2002): Experimentalsysteme und epistemische Dinge. Eine Geschichte der Proteinsynthese im Reagenzglas, Göttingen: Wallstein Verlag

Rosenbaum, K. (2016): Von Fach zu Fach verschieden. Diversität im wissenschaftlichen Publikationssystem; in: P. Weingart & N. Taubert (Hg.): Wissenschaftliches Publizieren. Zwischen Digitalisierung, Leistungsmessung, Ökonomisierung und medialer Beobachtung, Berlin und Boston: De Gruyter, S. 41–74

Röhl, T. (2013): Dinge des Wissens. Schulunterricht als sozio-materielle Praxis, Stuttgart: Lucius & Lucius

Sacks, H. (1972): Notes on Police Assessment of Moral Character; in: D. Sudnow (Hg.): Studies in Social Interaction, New York: The Free Press, S. 280–293

Sacks, H. (1974): On the Analysability of Stories by Children; in: R. Turner (Hg.): Ethnomethodology. Selected Readings, Middlesex: Penguin, S. 216–232

Sacks, H., E.A. Schegloff & G. Jefferson (1974): A Simplest Systematics for the Organisation of Turn-Taking for Conversation; in: Linguistic Society of America 50 (4), S. 696–735

Sartre, J.P. (2006): Was ist Literatur?, Reinbek bei Hamburg: Rowohlt

Schaffer, S. (1998): The Leviathan of Parsonstown: Literary Technology and Scientific Representation; in: T. Lenoir & H. U. Gumbrecht (Hg.): Writing Science. Scientific Texts and the Materiality of Communication, Stanford: Stanford University Press, S. 182–222

Schatzki, T., K. Knorr Cetina & Eike von Savagny (2001): The Practice Turn in Contemporary Theory, London und New York: Routledge

Schegloff, E.A. (1980): Preliminaries to Preliminaries: „Can I Ask You a Question?"; in: Sociological Inquiry 50 (3–4), S: 104–152

Schneider, U. (2005): Der unsichtbare Zweite. Die Berufsgeschichte des Lektors im literarischen Verlag, Göttingen: Wallstein

Schmidt, R. (2012): Soziologie der Praktiken. Konzeptuelle Studien und empirische Analysen, Berlin: Suhrkamp

Schrott, R. & A. Jacobs (2011): Gehirn und Gedicht. Wie wir unsere Wirklichkeiten konstruieren, München: Carl Hanser Verlag

Schuetz, A. (1953): Common-Sense and Scientific Interpretation of Human Action; in: Philosophy and Phenomenological Research 14 (1), S. 1–38

Sellen, A. J. & R.H.R. Harper (2003): The Myth of the Paperless Office, Cambridge: The MIT Press

Sennett, R. (2009): The Craftsman, London: Penguin Books

Shapin, S. (1984): Pump and Circumstance: Robert Boyle's Literary Technology; in: Social Studies of Science 14, S. 481–520

Sharrock, W. (2011): The Project as an Organisational Environment for the Division of Labour; in: M. Rouncefield & P. Tolmie (Hg.): Ethnomethodology at Work, Farnham: Ashgate, S. 105–133

Shibutani, T. (1955): Reference Groups as Perspectives; in: American Journal of Sociology 60 (6), S. 562–569

Silbermann, A. (1981): Einführung in die Literatursoziologie, München: Oldenbourg

Silverman, D. (2007): A Very Short, Fairly Interesting and Reasonably Cheap Book about Qualitative Research, London: SAGE

Simmel, G. (1993): Soziologie der Sinne; in: Cavelli, A. & V. Koch (Hg.): Georg Simmel. Aufsätze und Abhandlungen 1901–1908, Bd. II; in: Rammstedt, O. (Hg.): Georg Simmel. Gesamtausgabe, Frankfurt a. M.: Suhrkamp, S. 276–292

Smith, D.E. (1978): 'K is Mentally Ill'. The Anatomy of a Factual Account; in: Sociology 12 (1), S. 23–53

Smith, D.E. (1993): Texts, Facts, and Femininity. Exploring the Relations of Ruling, London and New York: Routledge

Star, S.L. & Griesemer, J.R. (1989): Institutional Ecology, ‚Translations' and Boundary Objects: Amateurs and Professionals in Berkeley's Museum of Vertebrate Zoology, 1907–39; in: Social Studies of Science 19 (3), S. 387–420

Stein, P. (2010): Schriftkultur. Eine Geschichte des Schreibens und Lesens. Darmstadt: WBG

Steuer, F. (2016): Soziologie 1900–1933. Eine junge Disziplin im Spiegel ihrer Verlage, Mainz: Mainzer Buchwissenschaft

Strauss, A.L. (1988): The Articulation of Project Work: An Organizational Process; in: The Sociological Quarterly 29 (2), S. 163–178

Strauss, A.L. (1993): Continual Permutations of Action, New Brunswick: Aldine Transaction

Strauss, A.L. (2001): Professions, Work and Careers, New Brunswick und London: Transaction Publishers

Strauss, A. & Corbin J. (1990): Basics of Qualitative Research. Grounded Theory Procedures and Techniques, Newbury Park: SAGE

Strauss, A.L. & L. Rainwater (2011): The Professional Scientist. A Study of American Chemists, New Brunswick und London: Aldine Transaction

Strübing, J. (2008): Grounded Theory. Zur sozialtheoretischen und epistemologischen Fundierung des Verfahrens der empirisch begründeten Theoriebildung, Wiesbaden: VS Verlag für Sozialwissenschaften

Suchman, L.A. (2007): Human-Machine Reconfigurations. Plans and Situated Actions, Cambridge: University Press

Taubert, N. & P. Weingart (2016): Wandel des wissenschaftlichen Publizierens – eine Heuristik zur Analyse rezenter Wandlungsprozesse, in: P. Weingart & N. Taubert (Hg.): Wissenschaftliches Publizieren. Zwischen Digitalisierung, Leistungsmessung, Ökonomisierung und medialer Beobachtung, Berlin und Boston: De Gruyter, S. 3–38

Theisohn, P. (2009): Plagiat. Eine unoriginelle Literaturgeschichte, Stuttgart: Kröner

Theisohn, P. (2012): Literarisches Eigentum. Zur Ethik geistiger Arbeit im digitalen Zeitalter, Stuttgart: Kröner

Tomasello, M. (2010): Origins of Human Communication, Cambridge: The MIT Press

Turner, C. (1969): The Ritual Process. Structure and Anti Structure, New Brunswick und London: Aldine

Turner, R. (1974): Words, Utterances and Activities; in: R. Turner (Hg.): Ethnomethodology. Selected Readings, Middlesex: Penguin, S. 197–215

Turner, R. (1976): Utterance Positioning as an Interactional Resource; in: Semiotica 17 (3),
    S. 233–254
Tyagunova, T. (2016): Interaktionsmanagement im Seminar. Empirische Untersuchungen zu
    studentischen Partizipationspraktiken, Wiesbaden: Springer VS
Van Gennep, A. (1999): Übergangsriten, Frankfurt: Campus
Van Maanen, J. (1988): Tales of the Field. On Writing Ethnography, Chicago und London: University
    of Chicago Press
Vickery, B. (2000): Scientific Communication in History, Lanham: Scarecrow Press
Watkins, C. (1990): What is Philology?; in: Comparative Literature Studies 27 (1), S. 22–25
Wegmann, N. (2010): Wie kommt die Theorie zum Leser? Der Suhrkamp Verlag und der Ruhm der
    Systemtheorie; in: Soziale Systeme 16 (2), S. 463–470
Weigelin, M. (2018): Die schweigsam-hellhörige Situation – Eine kleine Ethnographie des Lesesaals
    im Hinblick auf eine Soziologie der Akustik; unveröffentlichtes Manuskript
Weingart, P. (2001): Die Stunde der Wahrheit? Zum Verhältnis der Wissenschaft zu Politik,
    Wirtschaft und Medien in der Wissensgesellschaft, Weilerswist: Velbrück Wissenschaft
Winch, P. (2008): The Idea of a Social Science and its Relation to Philosophy, London und New
    York: Routledge
Windgätter, C. (2010): Wissen im Druck. Zur Epistemologie der modernen Buchgestaltung,
    Wiesbaden: Harrassowitz Verlag
Wolf, M. (2007): Proust and the Squid. The Story and Science of the Reading Brain, New York:
    Harper
Woolgar, S. (1980): Discovery: Logic and Sequence in a Scientific Text; in: K.D. Knorr, R. Krohn & R.
    Whitley (Hg.): The Social Process of Scientific Investigation, Dordrecht: D. Reidel Publishing
    Company, S. 239–268
Woolgar, S. (1888): Reflexivity is the Ethnographer of the Text; in: Woolgar, S. (Hg.): Knowledge and
    Reflexivity. New Frontiers in the Sociology of Knowledge, London: Sage, S. 14–34
Woolgar, S. & M. Ashmore (1988): The Next Step: an Introduction to the Reflexive Project; in:
    Woolgar, S. (Hg.): Knowledge and Reflexivity. New Frontiers in the Sociology of Knowledge,
    London: Sage, S. 1–11
Woolgar, S. & D. Pawluch (1985): Ontological Gerrymandering: The Anatomy of Social Problems
    Explanations; in: Social Problems 32 (3), S. 214–227
Yearley, S. (1981): Textual Persuasion: The Role of Social Accounting in the Construction of
    Scientific Arguments; in: Philosophy of the Social Sciences 11, S. 409–435
Zimmerman, D. & M. Pollner (1971): The Everyday World as a Phenomenon; in: J.D. Douglas (Hg.):
    Understanding Everyday Life. Toward the reconstruction of sociological knowledge, London:
    Routledge & Kegan Paul, S. 80–103